이차전지

공정제조기술

이차전지 공정제조기술

발 행 일	2024년 10월 15일
저 자	이 국 환 · 김 재 광
발 행 자	최 봉 조
발 행 처	진샘미디어
주 소	서울시 은평구 연서로 5길 28 부호아파트 102동 상가5호
전 화	02-353-4421 / FAX 02)353-4431
홈페이지	www.jinsaem.co.kr
신고번호	제311-2005-000025호
I S B N	979-11-91419-41-2

정가 35,000원

PROCESS AND MANUFACTURING TECHNOLOGY OF SECONDARY CELL

이차전지 공정제조기술

공정 기술

제조기술 및 내구성시험

이국환 · 김재광 공저

JINSAEM 진샘미디어

머리말

전기자동차와 핵심부품인 이차전지/배터리는 4차 산업혁명시대에 있어 국가의 과학기술과 산업 경쟁력의 핵심 분야이다. 이는 글로벌 기술 패권의 한 축인 것인 것을 의미한다.

최근 전기차의 화재 및 폭발에 대한 포비아(phobia, 공포증) 현상이 크게 확산되고 있다. 이에 대한 여러 가지, 다양하고 복합적인 원인이 있는 데 그 중에서 대표적인 것이 분리막의 손상이나 파손으로 인한 양극과 음극의 쇼트(short, 단락)로 인한 발화이다.

본 저서는 이차전지/배터리의 4대 구성요소인 양극재, 음극재, 전해질, 분리막 중에서 화재 위험의 주요 원인이 되는 분리막에 대해 집중적으로 기술하고 또한 이차전지(배터리) 공정제조기술에 대해 상세히 서술하고 있다.

이차전지(배터리)를 연구개발(R&D, Research and Development), 설계, 제작, 테스트(test, 시험)하고 양산하는 제조공정의 전주기는 이차전지는 물론 전기차를 이해하는데 많은 도움을 줄 것이다. 특히 이차전지 점검 · 유지 · 보수 · 관리를 비롯한 운영시스템(체계)에도 커다란 영향력을 주어 공정품질면에서 AI 및 ICT와 결합된 혁신적 경쟁력을 확보하였으면 하는 바람을 가진다.

K-배터리, K-전기차의 글로벌 경제 규모는 2024년 현재 120조 원으로 추계(推計)되는 상상을 초원한 거시적 규모다. 그 규모는 계속 확대될 것으로 보이며 내수가 뒷받침되어질 때 규모의 경제로 도약해 품질 향상, 원가 절감, 생산성 혁신이 가능해진다.

이차전지와 이를 탑재하는 전기차 산업은 미래를 견인하는 세계적 핵심 산업이며 또한 대한민국을 견인하는 먹거리다. 현재 세계 선두권의 경쟁력을 확보한 이상 당연히 미래에도 그 위상을 계속 유지해야만 한다.

이차전지 제품의 품질은 고유기술(연구개발), 설계품질과 공정제조품질에 의해 좌우된다. 대한민국이 보유한 고성능 · 고품질 삼원계 이차전지의 개발설계기술과 공정제조품질은 세계 최

PROCESS AND MANUFACTURING TECHNOLOGY OF SECONDARY CELL

고 수준이다. 세계 시장에서 대한민국은 지속적인 품질의 개선과 고도화된 혁신으로 최상의 품질을 유지하는 것만이 퍼스트 무버(first mover, 선도자 · 선점자)의 위상을 계속 유지할 수 있을 것이다.

본 저서 "이차전지 공정제조기술"에서 기술한 분리막 및 이차전지의 전반적 제조공정 내용은 이차전지 개발 및 공정제조 프로세스를 충분히 이해함으로써 공정제조품질의 지속적 향상과 공정혁신, 생산성 향상에 도움이 되리라 생각한다.

이차전지의 제조공정은 양극 또는 음극활물질을 집전체에 코팅하여 전지 극판을 만드는 전극 제조공정(혹은 극판공정이라고도 한다), 제조된 극판을 전해질, 분리막 등 각종 셀 요소들과 조립하는 조립공정, 마지막으로 방전상태로 제조된 리튬이온 배터리(Li-ion battery, LIB)를 충전하여 활성화하고 불량제품을 선별하는 화성공정의 크게 3단계로 이루어져 있다.

전극 제조 공정은 전극활물질, 바인더, 도전제를 용매에 고르게 혼합하여 금속 집전체 위에 코팅하는 공정이며 전체 공정 중 30%를 차지한다. 조립공정은 전극공정(극판공정)을 통해 제조된 극판(양극판 · 음극판)을 분리막과 같이 각각의 배터리 타입(셀 형태로 원통형, 각형, 파우치형)에 맞게 조립하는 공정으로, 이차전지 제조 라인투자의 약 17%를 차지한다. 즉, 조립공정은 극판공정을 마친 양극판과 음극판 사이에 분리막을 넣어 배터리로 만드는 과정이다. 화성공정은 배터리의 충 · 방전공정, 활성화공정으로 조립된 배터리가 전기적 특성을 갖도록 활성화하고 결함 여부를 파악하는 마무리 공정이다. 즉, 화성공정은 배터리를 활성화시켜 전기화학적 반응이 유지되도록 하는 과정이다. 이는 배터리 제조 전체공정 중 약 29%를 차지한다. 마지막으로 제조된 전지들을 직 · 병렬하여 연결하는 팩 공정을 포함하는 기타공정(24%)이 포함되어 질수 있다.

이차전지 완제품을 생산하기 위하여서는 전지제조 이전에 각 공정별로 구체적인 설계가 선행되어야 하며, 제반 설계가 완료되면 전극 제조공정, 여러 부품을 전지의 형태로 조립하는 조립공정, 그리고 전지를 출하하기 전에 충 · 방전 검사 및 선별공정이 이어진다.

저자들은 실제로 전기자동차를 비롯한 전장, 메커니즘, 배터리 개발 및 문제해결, 제조공정의 개선 및 혁신을 비롯한 선도기술 구현 등을 가르치며, 연구해왔다. 따라서 오랫동안의 연구개발, 실무와 이론을 결합해 "이차전지 공정제조기술"에 있어 전문적인 내용을 보다 이해하기 쉽고, 알기 쉽게 개론적으로 저술하고자 노력하였다.

이는 이차전지에 대한 관심은 물론 전기차 개발과 발전에 있어 도움을 주고 그 가치를 확산시키고자 하는 것이다. 이차전지 산업은 미래를 향한 국가 경쟁력의 한 지표가 될 것이며 미래 먹거리의 창출이며, 고용 효과에 있어서도 큰 성장 원동력이 될 것이다. 그렇지만 지속적인 혁신이 없다면 세계 시장에서 도태되고 말 것이다.

이차전지 산업분야에서 묵묵히 헌신하며, 땀과 노력과 열정을 가지고 종사하는 많은 분들이 있다. 화학공학, 소재공학, 전기 · 전자공학, 기계공학, 컴퓨터공학 등을 비롯한 관련 융복합기술이 적용된 종합기술(개발기술과 공정제조기술)의 집합체는 그 분들의 그 동안 노고와 헌신의 결과인 놀랍고 자랑스러운 업적이며 결과물이다. 그 분들의 노고와 헌신에 진심으로 감사드린다.

저자들은 이러한 이차전지의 축적된 훌륭한 결과물을 조사하고, 분석하고, 검토하고, 탐구, 연구개발하면서, 또한 기술의 동향과 논문분석, 특허분석 등으로 각 차별 기술의 비교분석을 한 후 장점은 물론 단점과 문제점도 파악하여 내용을 충실하게 전개하였다.

공학자, 연구개발자로의 저자들의 신념은 "과학기술(Science & Technology)이란 인간의 일상생활을 풍족하고 편리하게 해주는 도구이자 수단'이 되어야 한다는 것이다. 또한 인간의 문명 발전과 번영에 유익한 도구이며 수단이 될 것이다." "급격히 변화하는 시대에 적응하고, 현실을 직시하며 좀 더 나은 미래를 개척하기 위해서는 오로지 끈기와 열정으로 자기계발에 힘쓰는 것이다"라고 강조하고 싶다.

PROCESS AND
MANUFACTURING TECHNOLOGY
OF SECONDARY CELL

각자가 꿈꾸고 희망하고 목표로 삼고 있는 미래 개척과 도전에는 본인들의 땀과 노력이 비례한다는 것을 확신한다. 보다 나은 미래 도약을 위해서 독자분들 모두의 꾸준한 호기심과 탐구심, 도전정신을 기대해본다.

아무쪼록 본 저서 "이차전지 공정제조기술"이 이차전지 고도화된 기술개발과 산업발전에 있어 훌륭한 길잡이가 되었으면 한다. 그리고 기술보국(技術報國)의 현장에서 최선을 다하는 독자들에게 큰 도움이 되기를 바라며, 끝으로 이 책을 펴내는데 있어 수고해 주신 도서출판 진샘미디어 사장님과 이사님을 비롯한 편집부 여러분께 진심으로 감사를 드린다.

2024년 10월

공학박사 이 국 환 · 김 재 광

CONTENTS

01 분리막(Separator)

02 전지(배터리)의 제조공정

PROCESS AND
MANUFACTURING TECHNOLOGY
OF SECONDARY CELL

03
분리막의 안전성 그리고 화재 및 폭발의 예방

이차전지 공정제조기술 Process and Manufacturing Technology of Secondary Cell

01 CHAPTER

분리막 (Separator)

1.1 분리막(Separator)의 역할

전기자동차(전기차)용 리튬이온 전지의 4대 핵심소재는 양극재, 음극재, 전해액, 분리막으로 이뤄졌는데, 이 중 분리막(또는 격리막)은 양극과 음극이 서로 직접 접촉하지 않도록 물리적으로 막아주는 역할을 한다. 전지가 충전 및 방전되는 과정에서 양극과 음극이 만나면 높은 발열을 일으켜 내부단락(internal short)을 발생시키게 되는데, 이 때 전기적 절연(electrical insulation)을 시켜주는 아주 중요한 역할을 한다.

동시에 이온의 전도성을 유지하여 리튬이온들은 다공성 분리막(porous separator)의 구멍을 통해서 쉽게 이동하여 반대 전극으로 이동할 수 있다.

그림 1.1은 리튬이온 배터리에 있어 전지가 충전 및 방전되는 원리와 과정을 보여준다.

분리막(separator)이란, 배터리 내 두 전극을 격리시켜 물리적 접촉에 의한 전기적 단락을 차단하며, 미세기공(pore, 구멍) 내 자리 잡은 상태 전해액을 통해 리튬이온이 두 전극 사이로 이동할 수 있는 통로를 제공함으로써 이온 전도성을 가지도록 하는 기능을

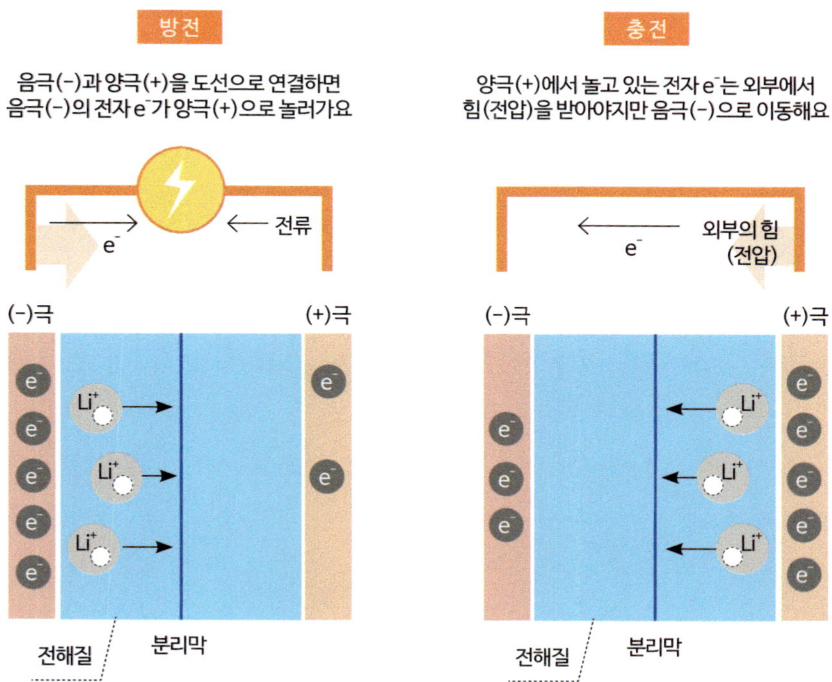

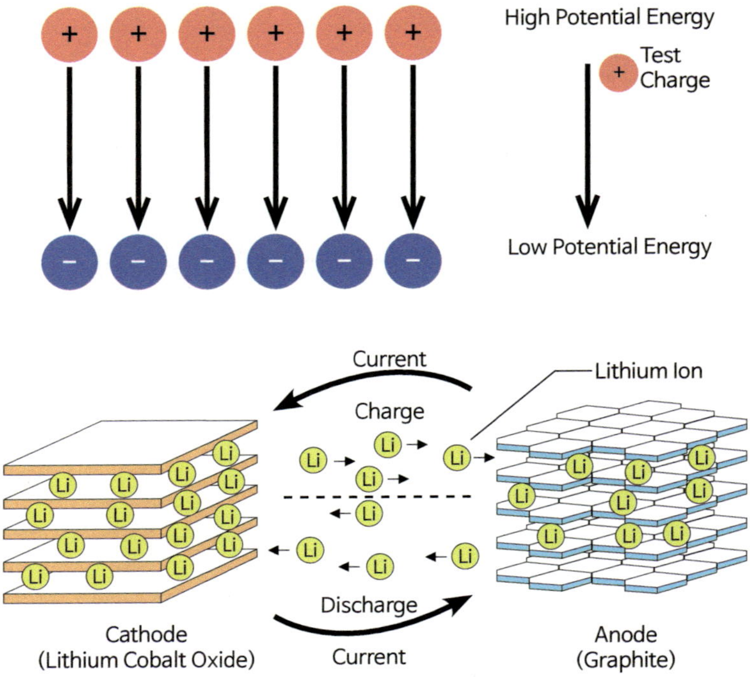

그림 1.1 **리튬이온 배터리의 충 · 방전 원리와 과정**

가진 다공성 기재의 초박막 필름이다.

분리막은 전기가 통하지 않는 절연 소재의 얇은 막으로, 양극과 음극의 직접적인 접촉을 차단하면서, 두께는 10~25μm로 0.01μm~0.5μm의 미세한 구멍으로 리튬이온만 통과시켜 전류를 발생시키는 역할을 하며, 필름 소재는 주로 PE(Polyethylene, 폴리에틸렌)와 PP(Polypropylene, 폴리프로필렌) 등으로 만든다.

양극과 음극이 직접 만나 발생할 수 있는 쇼트(short, 단락 · 합선)를 방지하고, 미세기공을 통해서 리튬이온은 전해질을 타고 이동한다. 이때, 리튬이온이 양극에서 음극으로 이동하면 충전, 음극에서 양극으로 이동하면 방전을 하며 외부 기기에 전기를 공급하게 된다. 또한, 배터리 셀의 온도가 적정 수준 이상으로 고온이 되면 미세기공이 차단(shut down, 폐쇄)돼 내부 쇼트를 방지해 주고, 높은 기계적 강도를 가지고 있어 내부에서 발생하는 부산물이나 이물질들을 막아 안전성을 확보하는 역할을 한다.

양극과 음극은 서로 닿았을 때 리튬이온의 움직임이 기하급수적으로 늘면서 폭발 위험이 크다. 반대로, 양극과 음극의 분리에만 신경 쓰면 리튬이온까지 이동이 안되어 배터리의 효율성이 크게 떨어진다. 양극과 음극이 서로 닿지 않으면서 리튬이온만 잘 지나다니도록 하는 것이 분리막의 핵심기술이다.

간단히 정리해보면, 분리막은

① 배터리 셀 내부에 있는 여러 종류의 이온들과 반응하지 않아야 한다.
② 전기화학적으로 안정적이어야 한다.
③ 절연 특성이 뛰어나야 한다.
④ 두께와 강도가 얇고, 우수해야 한다.

분리막의 주요 역할을 정리하면 크게 4가지로 요약한다.

① 배터리 내부의 양극과 음극이 접촉하지 않도록 물리적으로 분리

우선 분리막이란 이름에서 알 수 있듯이 배터리 내부의 양극과 음극이 접촉하지 않도록 물리적으로 분리하는 역할을 한다. 어떤 비정상적인 상태로 인해 배터리 내부의 온도가 올라가면 액체 전해질이 말라 양극과 음극 사이 단락(short)이 발생해 화재나 폭발로 이어질 수 있다. 따라서 절연층인 분리막은 이런 상황이 일어나지 않도록 막아준다.

② 리튬이온이 양극과 음극으로 이동할 수 있는 통로

눈에는 보이지 않는 포어(pore)라는 기공이 있어 리튬이온이 양극과 음극으로 이동할 수 있도록 통로 역할을 한다. 이 통로로 리튬이온이 양극과 음극을 오가며 충전과 방전을 계속해서 할 수 있다.

③ 배터리 내부 온도가 일정 수준 이상으로 올라가면 리튬이온 이동을 차단

배터리 내부 온도가 일정 수준 이상 올라가게 되면 분리막의 표면에 있는 기공(pore)들이 막혀 리튬이온의 이동을 차단하는 역할을 한다. 이는 뜨거운 열에 비닐이 수축해 오므라드는 것과 같은 원리다. 열이 오르는 상황에서 기공들이 닫혀 단락이 일어나지 않도록 하는 것이다.

④ 배터리 내부에서 발생하는 부산물이나 이물질의 두 극 사이의 이동을 차단

분리막은 높은 기계적 강도를 지니고 있어 강한 힘을 받을 때 배터리 내부에서 발생하는 부산물이나 이물질이 두 극 사이를 오가는 것을 차단하는 역할을 한다.

분리막은 배터리 용량과는 무관하다. 그런데 분리막의 두께가 얇으면 동일한 부피 내 양극과 음극 활물질을 더 넣을 수 있어 에너지밀도가 높아진다. 때문에 분리막의 두께를 줄이는 연구가 많이 진행되어 왔다. 리튬이온 이차전지(배터리)에서 사용하는 다공성 소재인 박막 분리막의 두께는 10~25㎛로 매우 얇고 기공의 크기는 0.01㎛~0.5㎛(10~500nm) 정도로 매우 작아서 리튬이온(Li^+)만이 빠르고 안전하게 이동할 수 있다.

그럼에도 배터리 업체들은 기계적 강도는 더 높으면서도 두께는 더 얇은 분리막 개발에 치열한 경쟁을 벌이고 있다.

분리막의 최우선 조건으로는 또한 안전성의 확보이다.

분리막이 손상되면 양극과 음극이 직접적으로 접촉하여 열이 발생하고, 계속해서 발생되는 열이 과열로 이어져 배터리 화재를 일으키게 된다.

그림 1.2는 배터리의 구조를 단면으로 도시한 간단한 기본구조로서 개념적으로 나타낸 것이다. 배터리를 구성하는 핵심적인 4대 구성요소와 분리막의 기본적인 구조와 역할을 보여준다. 분리막의 기본적인 역할은 양극과 음극의 접촉을 차단하는 역할이다.

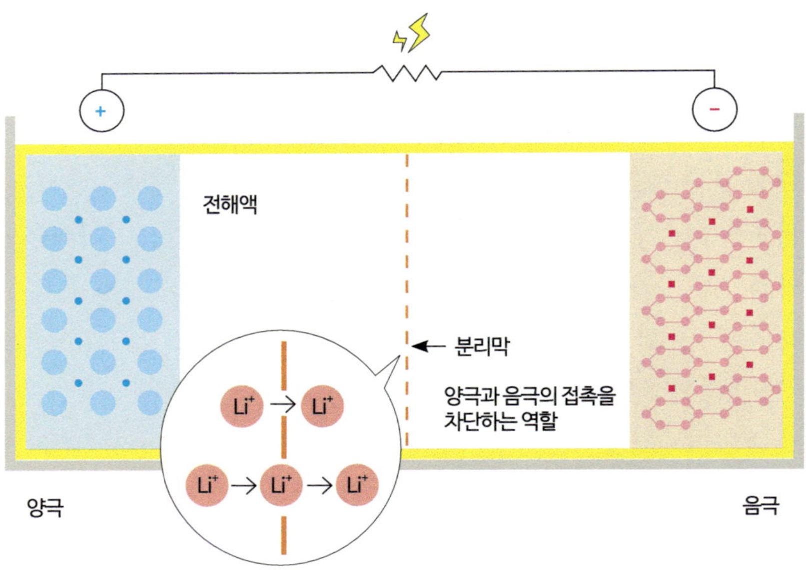

그림 1.2 분리막의 간단한 구조 및 역할(개념도)

그림 1.3은 앞에서 설명한 이차전지 구조에 있어 분리막에 대한 간단한 구조 및 역할을 좀 더 상세하게 설명한 것으로, 이차전지 타입은 작은 주머니 모양의 파우치(pouch, 작은 주머니 또는 작은 가방) 타입이다.

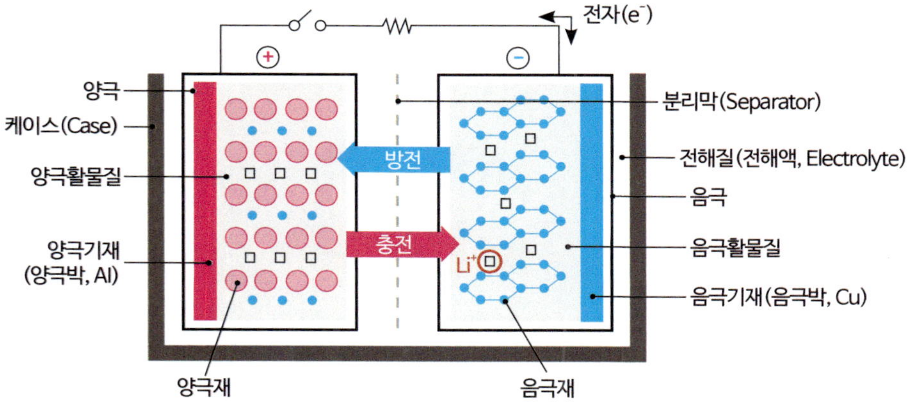

그림 1.3 분리막의 역할을 보여주는 이차전지 셀 구조의 상세 개념도(파우치형 셀)

다음 그림 1.4는 분리막의 다층 단면구조를 보여준다.

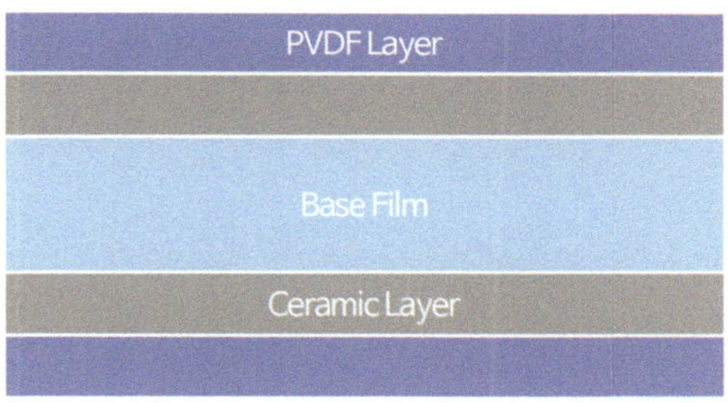

그림 1.4 PVDF 코팅된 세라믹층을 갖는 분리막 구조

분리막의 단면구조 중간에는 주로 폴리프로필렌(PP, Polypropylene)과 폴리에틸렌(PE, Polyethylene) 소재(재질)의 박막 원단(base film)이 있다. 원단과 직접 접하는 바로 위와 아래 층에는 세라믹 코팅(ceramic coating)층과 가장 바깥쪽 양면은 매우 얇은 PVDF(Polyvinylidene fluoride, 폴리비닐리덴 플루오라이드) 박막층(very thin membrane-layer)으로 된 다층 필름과 같이 결합되어 있는 다층구조(multi-layer structure)이다.

다음 그림 1.5는 분리막이 중간에 조립되어 있는 이차전지의 구조이다.

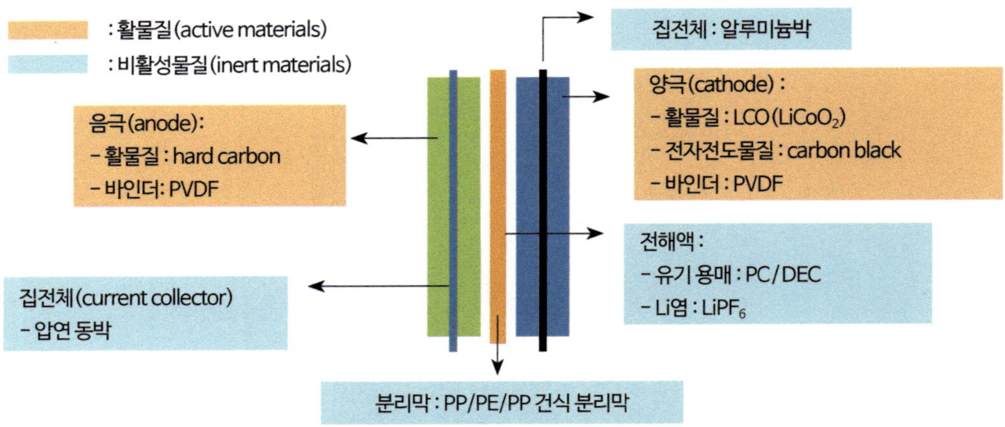

그림 1.5 분리막의 다층 단면구조 예시

1.2 분리막 접합기술 및 조립구조

01 분리막 특허

분리막 특허에 대한 예시를 살펴보도록 하자.

이차전지의 분리막은 그림 1.6에서 나타낸 바와 같이 양극과 음극사이에 있는 구조로 되어 있다. 배터리는 음극(anode, 12)을 마주보는 양극(cathode, 14) 사이에 배치되고, 표면에 막대 모양의 결정을 가지는 산화아연 입자(particle)들로 이루어진 코팅층(16)이 형성된 폴리에틸렌(PE, Polyethylene) 필름(100)을 포함하는 분리막을 포함하고, 양극은 리튬코발트 산화물(LCO, lithium cobalt oxide)를 포함하며, 음극 리튬전극 코팅층은 1 μm 내지 20 μm의 두께를 가지고, 산화금속 입자들은 길이를 가지는 막대 모양이고, 리튬 전극을 향하는 폴리에틸렌 필름의 일면에 배치되어 코팅층을 형성한다.

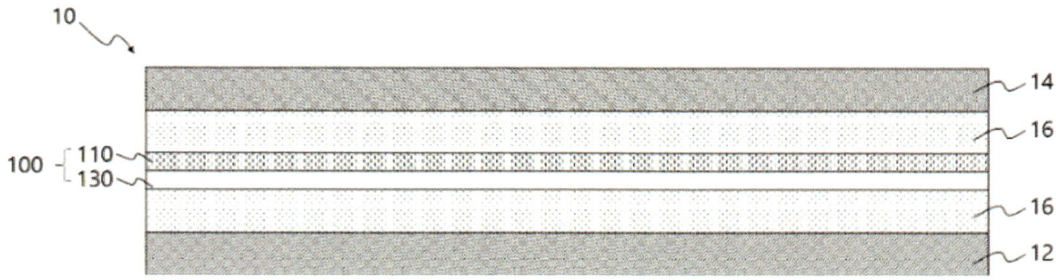

그림 1.6 이차전지의 단면구조(특허의 예시)

(1) 리튬 이차전지 원가구조

그림 1.7에서와 같이 리튬 이차전지의 구성 요소는 양극재의 가격 비중이 가장 크며 분리막은 약 14~16%의 비중을 차지한다.

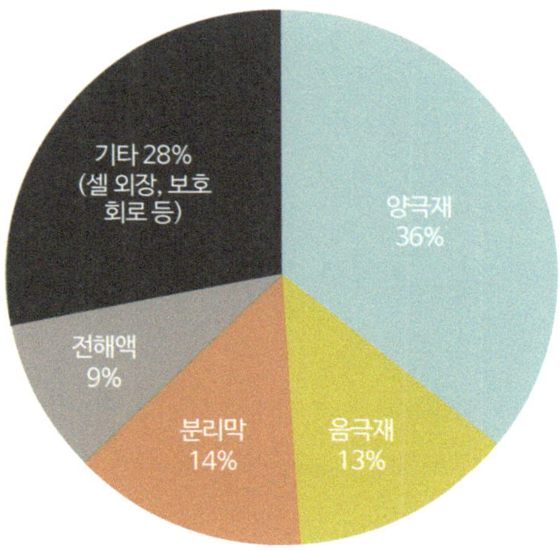

그림 1.7 리튬 이차전지 재료비 중 원가구조

02 분리막의 종류와 코팅기술의 특징

분리막의 원단은 주로 폴리프로필렌(PP, Polypropylene)과 폴리에틸렌(PE, Polyethylene)을 사용하고 부족한 물성을 만족시키기 위해서 다양한 코팅이 이뤄지고 있다. 그 중에 세라믹만 코팅을 하는 CCS(Ceramic Coated Separator)와 분리막 표면을 세라믹 코팅(ceramic coating)과 동시에 바인더 코팅(binder coating)까지 하는 MCS(Multi-layer

Coated Separator) 기술이 대표적이다.

CCS를 제조 시 코팅하는 세라믹에는 산화물 코팅이 주로 이뤄지는데 SiO_2(Silica, 이산화규소), Al_2O_3(산화알루미늄 · 알루미나, Aluminium oxide), AlOOH boehmite(고순도 알루미나 또는 베마이트 알루미늄산화물로 AlOOH 나노파우더(nanopowder, 나노입자 · 분말)이다)를 적정한 바인더(binder, 활물질과 도전재가 잘 섞여야 집전체에 균일하게 도포되고, 이것이 배터리의 안전성 성능으로 연결되기 때문이다. 슬러리가 집전체에 균일하게 도포될 수 있도록 첨가하는 물질이 바로 '바인더'로, 쉽게 말해 활물질과 도전재가 물리적으로 잘 결합하고 집전체에 골고루 도포되도록 하는 접착제 역할을 한다)와 섞어 슬러리(slurry, 전기에너지를 생산하는 활물질, 전극의 구조적 안정화를 위한 첨가물인 바인더, 전자 전도성 향상을 위한 첨가물인 도전재 등을 혼합한 물질을 의미한다. 슬러리의 균일도는 배터리의 성능을 좌우한다)로 만든 다음 원단(base film) 위에 코팅한다.

분리막에 세라믹 코팅을 하는 이유는 다음과 같은 특징과 특성을 갖게 하기 위한 것이다.

① 분리막은 배터리의 안전성과 밀접한 관련이 있다.

② 산화물 소재는 전기화학적으로 반응을 하지 않으므로 화학적으로 매우 안정되고, 열에 아주 강해서 원단에서 부족한 물성을 추가로 확보가 가능하다.

③ 세라믹 파우더(ceramic powder)는 전해액과 젖음성(wettability)이 좋아 속도가 빠를 때 적절하게 리튬의 소스(Li source)를 공급한다.

④ MCS(Multi-layer Coated Separator, 분리막 내구성을 강화해 높은 온도에서 손상이 되지 않도록 하는 다층 코팅 원리다)는 CCS에 바인더(binder, 접합제)를 코팅하여 접착 기능을 부여해 양극, 분리막, 음극 사이의 계면을 안정화시켜줌으로 셀 제조 시 물류 이동(transfer)을 원활하게 해줄 뿐만 아니라 계면 밀착력 향상에 따른 이동(kinetic, 움직임 · 운동)을 개선할 수 있다.

분리막에 세라믹 코팅을 하는 이유는 특성을 더욱 향상시키지만 한편 단점으로는 추가 공정에 따른 가격이 상승해 가격 경쟁력이 떨어지는 점이다. 그러나 분리막의 주요 역할과 더불어 최우선 조건으로는 안전성의 확보가 또한 중요하기 때문에 세라믹 코팅이 적용되고 있는 것이다.

MCS(Multi-layer Coated Separator)의 한 예로, 다층 코팅의 단계를 살펴보면, 1단계로 MCS(1 Phase, 1상), 2단계로 열유도 상분리법(TIPS : 2 Phase, 2상), 3단계로 상(相)전환법(Phase inversion : 3 Phase, 3상)으로 구별된다.

MCS 분리막은 배터리 분리막 표면을 세라믹 코팅과 동시에 바인더 코팅을 하는 공정기술이 적용되었다.

여기서 열유도 상분리법 TIPS(Thermally Induced Phase Separation) 공정에서는 고분자의 용융점을 상회하는 온도에서 고분자를 매우 미세하게 분산시켜 적당한 막의 형태로 성형한 후 가해진 열을 제거하여 냉각시킴으로 상분리를 한다.

분리막 개발 사례를 살펴보면, 다음과 같다.

삼성SDI가 내열 기능을 강화한 배터리 분리막을 2021년 상반기부터 양산한다. 얇은 두께로 150도의 온도에도 견딜 수 있어 배터리 용량은 끌어올리고 화재 위험은 크게 낮출 전망이다.

삼성SDI는 "배터리 품질 확보를 위해 두께는 얇으면서도 150도까지 견디는 초고내열 접착 분리막 개발을 진행 중"이라며 "곧 양산할 계획"이라고 밝혔다.

양극재, 음극재, 전해질과 함께 전기차 배터리의 4대 소재 중 하나인 분리막은 배터리 내부에서 양극과 음극이 접촉하지 않도록 물리적으로 분리한다. 동시에, 포어(pore)로 불리는 미세한 기공을 통해 리튬이온이 양극과 음극 사이를 이동하는 통로 역할도 한다.

업계는 분리막의 성능을 강화하기 위해 다양한 소재와 방식의 코팅을 적용하고 있다. 대표적인 것이 내열 코팅방식과 접착 코팅방식이다.

내열 방식은 고온에서 분리막 원단 필름에 세라믹 입자를 코팅해 분리막 원단의 수축을 억제하는 방식이다. 접착 방식은 극판과 분리막 원단 필름의 접착을 통해 안전성을 향상시키고 셀 변형을 방지한다.

삼성SDI가 개발하는 분리막은 배터리 분리막 표면을 '세라믹 코팅', '바인더 코팅'하는 MCS(Multi-layer Coated Separator) 기술을 적용했다. 분리막 표면을 코팅하면 화재 위험을 줄일 수 있고, 코팅면에 접착력을 더하면 내열 기능이 한결 좋아지는 원리다.

삼성SDI는 "당사는 분리막 코팅 기술 내재화를 통해 차별화된 경쟁력을 확보하고 있다"며 "초고내열성 분리막 개발을 통해 배터리 안전성을 확보하고 박막화 기술로 배터리 용량 증가에 일조하겠다"고 했다.

CCS(Ceramic Coated Separator)와 분리막 표면을 세라믹 코팅(ceramic coating)과 동시에 바인더 코팅(binder coating)까지 하는 MCS(Multi-layer Coated Separator) 구조의 차이는 그림 1.8과 같다.

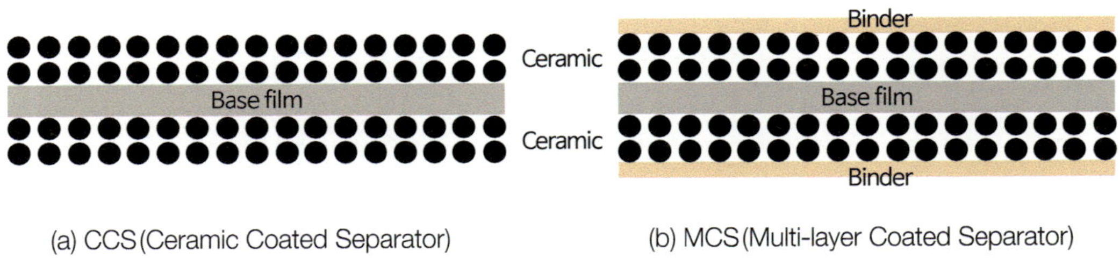

그림 1.8 CCS와 MCS의 구조 비교

03 분리막의 코팅 기술로의 차별화

분리막의 제조 방식은 리튬이온이 오가는 기공을 어떻게 만드느냐에 따라 건식과 습식 두 가지로 나눈다.

건식제조는 필름원단을 당겨 PP나 PE의 결정의 계면 사이를 벌려서 기공을 만드는 방식으로 제조 공정이 간단한 편이다. 반면 습식제조는 PE에 기름을 섞고 여러 첨가제를 넣어 고온과 고압으로 반죽해 필름을 뽑아내는 방식이다. 이후 분리막을 냉각하며 성형할 때 PE와 기름의 상분리가 일어난다. 그리고 기름을 용매 추출을 통해 뽑아내면 그 자리가 기공이 되는 것이다.

사진 1.1은 전자현미경(SEM)으로 본 습식분리막(좌)과 건식분리막(우)의 조직이다.

건식과 습식은 각각의 장단점이 있다. 건식은 제조공정이 간단하나 기공의 크기가 불균일하고 습식과 비교해 기계적 강도가 약하다. 반면, 습식은 기공의 크기를 균일하게 만들 수 있는 장점은 있으나 제조공정이 복잡해 값이 상대적으로 비싸다.

과거에는 분리막에 베이스 필름(base film)이라는 원단 필름 소재 하나만 사용했다. 그런데 최근 들어 분리막의 성능을 강화하기 위해 다양한 소재와 코팅방식을 채택하고 있다. 특히 코팅을 통해 분리막의 안전성이 한층 높아졌다.

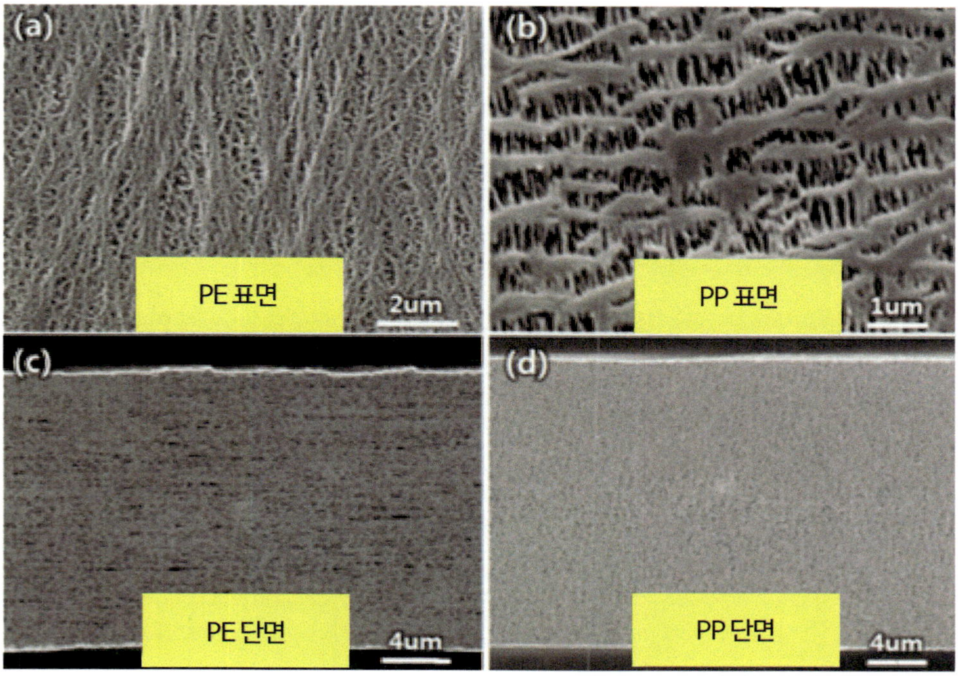

(좌) 습식분리막　　　　(우) 건식분리막

사진 1.1 **전자현미경으로 본 습식분리막(좌)과 건식분리막(우) / 삼성SDI**

코팅방식은 구체적으로 내열코팅과 접착코팅으로 나눌 수 있다. 내열코팅은 분리막 원단 필름에 고내열 바인더와 세라믹 입자를 코팅해 원단의 수축을 억제하는 방식이다. 접착코팅은 분리막 원단 필름에 접착 바인더를 코팅하고 이를 극판과 접착해 안전성을 향상하고 변형을 방지하는 방식이다.

예를 들면, 삼성SDI는 분리막 코팅기술을 내재화하여 차별화된 경쟁력을 확보하고 있다. 2013년 자체 연구 개발을 시작해 이듬해 2014년 구미사업장에 분리막 생산라인을 완성했다. 삼성SDI의 분리막은 외부에서 공급받은 원단에 세라믹과 폴리머(polymer, 고분자화합물)소재를 섞은 슬러리를 코팅해 내열성과 접착성은 물론 뛰어난 원가경쟁력을 갖추고 있다.

최근에는 배터리 분리막 표면에 세라믹코팅과 바인더코팅을 동시에 하는 기술을 개발했다. MCS(Multi-layer Coated Separator) 기술을 적용한 '고내열성 접착 분리막'이다. 분리막 표면에 코팅을 하고 접착력을 더하면 내열기능이 향상돼 배터리의 화재위험을 크게 낮출 수 있고, 물리적 충격에 대한 안전성도 높일 수 있다.

또한 SK이노베이션에서 개발한 분리막은 다공성, 내열성, 내공성, 절연성, 얇은 두께, 우수한 강도 등의 특징을 갖추고 있다.

분리막 면적의 약 70%까지 기공도를 확보하게 되면 이온의 이동이 많아져 에너지밀도는 올라가나 기계적인 물성은 약해진다. 이를 극복하기 위해 전해액과 친화성을 갖는 세라믹 코팅 처리를 한다.

세라믹 코팅 분리막(CCS, Ceramic Coated Separator)은 범용 리튬이온 분리막(LiBS, Li-ion battery separator)의 단면이나 양면에 혼합무기물층을 보강한 것으로, 성능이 뛰어난 분리막으로 2011년 SK이노베이션이 자체적으로 개발했다. 배터리의 안전성과 직결되는 내열성과 관통 성능을 크게 높여줄 수 있어 일반 습식 분리막보다 부가가치가 높다. 세라믹 코팅 분리막 기술을 통해 분리막의 내구성도 크게 높인다. CCS 기술은 미세한 세라믹층을 분리막 위에 도포하는 기술이다. 대용량 배터리로부터 나오는 열에도 분리막이 변형되거나 수축되는 현상을 최대한 방지해 화재 위험을 낮춘다.

그림 1.9는 SK이노베이션에서 개발한 세라믹입자 코팅 처리 분리막(CCS)의 모습이다.

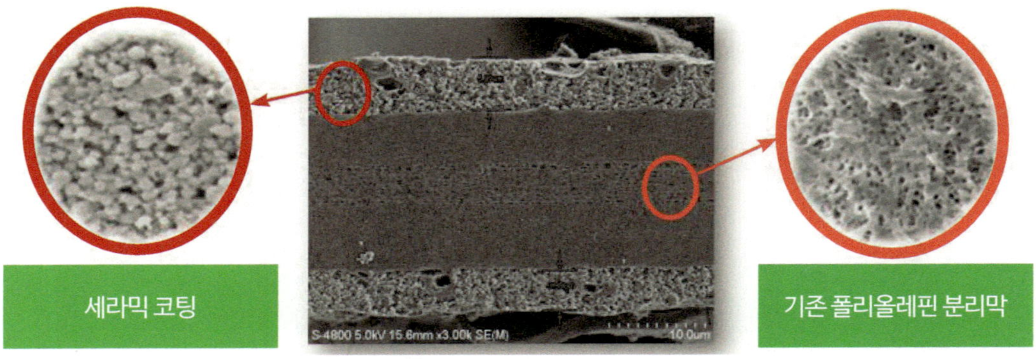

그림 1.9 SK이노베이션에서 개발한 세라믹입자 코팅 처리 분리막(CCS)

기존 분리막 기초 소재인 PE 대비 고내열, 고강도 특성을 지닌 슈퍼엔지니어링 플라스틱(super engineering plastic)을 개발 중이며 이는 세라믹 코팅이 없어 두께와 무게는 감소하고 에너지밀도는 상승한다.

그림 1.10은 세라믹 코팅 분리막 기술개발의 발전 단계를 보여준다.

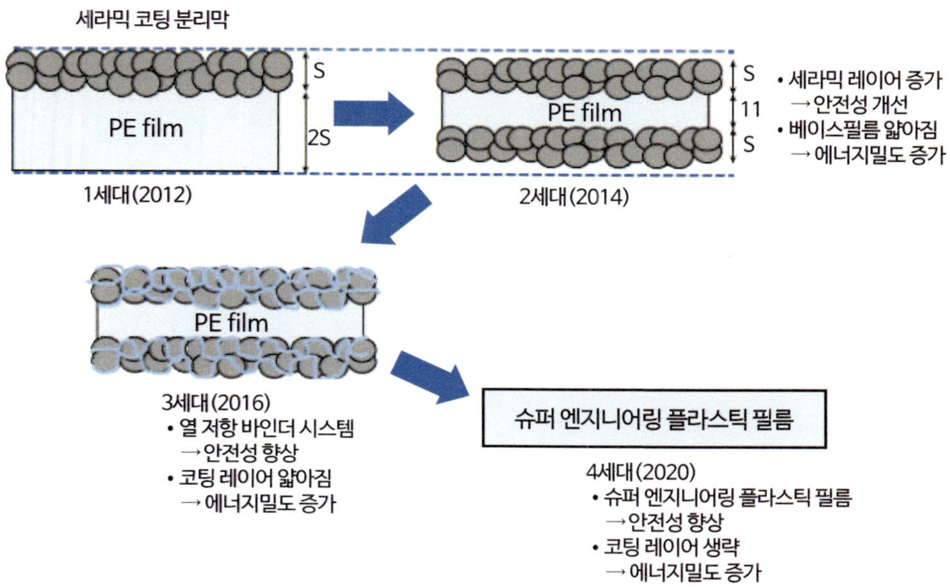

그림 1.10 세라믹 코팅 분리막 기술개발의 발전 단계

1.3 분리막의 원단

분리막은 미세 다공성 고분자로 멤브레인(membrane, 박막)으로 추출하여 필름 형태로 만들어지며, 대표적인 분리막 원단 소재는 폴리올레핀(Polyolefin)계 PE(Polyethylene, 폴리에틸렌)와 PP(Polypropylene, 폴리프로필렌)로 나뉘고 PE는 습식법(wet process), PP는 일반적으로 건식법(dry process)으로 제조한다.

습식법과 건식법의 차이를 다음과 같이 간단히 요약할 수 있다.

① 습식법

높은 분자량을 가지는 고분자와 낮은 분자량을 가지는 왁스(wax)를 섞어 필름으로 압출한 뒤 용매(solvent)를 사용해 왁스 성분을 추출하여 미세한 기공을 형성하는 방법이고 원하는 물성을 확보하기 위해서 종방향과 횡방향을 동시에 연신하는 2축 연신과 열처리 과정을 거친다.

고분자(polymer, 폴리머) 필름이 감겨진 필름롤(film roll)의 2축 연신은 필름의 연신에 필름의 길이방향(횡방향)인 MD(Machine direction)연신과 필름의 폭방향(종방향)인 TD(Transverse direction)연신으로 동시에 연신을 한다.

종이의 연신

종이를 제조하는 초지기(抄紙機, paper machine, 초지기는 제지업에서 종이를 연속적으로 빠르게 대량으로 만들어내는 기계다)에서 진행 방향 즉 가로결을 MD(Machine Direction, 기계방향)라 하고, 이와 수직인 폭 방향 즉 세로결을 CD(Cross Direction)라고 한다.
마찬가지로 습식공정에서 폴리머(고분자화합물로 플라스틱이라 부른다) 필름도 비슷한 공정으로 연신(延伸, 길이를 늘임, stretching)을 시킨다.

습식법은 상분리 후 추출 기법으로 고분자와 가소제를 고온에서 혼합한 후 냉각시키면서 상분리를 유도하고 가소제를 제거하여 다공막을 얻을 수 있다. 상대적으로 얇은 막(6 μm)을 형성하는 것이 유리하며, 인장강도도 종횡 모두 우수하다. 찌름의 강도, 전지 조립성도 좋다. 반면 내열특성, 가격, 이온 전도도는 상대적으로 건식법에 비해 불리하다.

고분자 소재인 폴리에틸렌(PE)과 상대적으로 저분자인 오일을 혼합하여 고온에서 압출하여 시트(sheet)를 만들고, 2축 연신을 통해 시트를 필름으로 제작해, 오일을 추출하고 열처리를 진행한다.

습식공정은 고가의 제조방법이지만 일반적으로 더 강력하고 얇은 분리막을 제조한다. PE는 일반적으로 사용되는 폴리머로, 다른 첨가제 왁스와 혼합되어 균질한 용액을 만들어 얇은 겔(gel)형 시트로 압출한 후 어닐링(annealing, 서냉 · 느리게 냉각) 한다. 시트는 두 방향으로 신장되고 휘발성 용매에 노출되어 다공정 시트를 떠나는 첨가제 왁스를 제거한다. 이 방법을 사용하여 40~50%의 다공성을 달성할 수 있다. 이 방식은 초기 투자비용이 많고 유해물질이 발생한다는 단점이 있지만, 제작이 간편하고 기공이 균일하다는 장점이 있어 주로 휴대폰이나 노트북 등 소형 모바일기기용 배터리에 주로 쓰인다.

건식과 습식법 중에 어느 것이 우위를 가지는 것이 아니라 요구되는 특성에 따라 다양하게 사용되며, 현재는 습식법이 주로 많이 사용되고 있다.

② 건식법

왁스를 사용하지 않고 오직 1축 연신 및 열처리로 기공을 만들고 물성을 제어한다. 길이방향(횡방향)인 MD(Machine direction)로 1축 연신만 하기 때문에 횡방향에 대한 인장강도와 찌름강도가 2축 연신을 하는 습식 분리막에 비해 많이 떨어지는 단점이 있다.

분리막에 주로 사용하는 고분자화합물 플라스틱 소재인 PE는 고분자 구조가 복잡하게 이뤄져 있으며, 분리막 공정 및 제조의 원천기술은 일본 아사히 카세이(Asahi kasei) 회사(社)가 갖고 있으며, PP는 직관 형태의 기공(pore)이 발달하고(이는 기공의 활성도가 높다는 의미다), 원천기술은 미국 셀가드(Celgard) 회사(社)가 소유하고 있다.

건식법은 연신개공법(延伸開工法)이라 불리며, 압축필름을 저온에서 연신(延伸, 가늘고 얇게 늘리는 공법)하여 라멜라 구조(lamellar structure, 층상구조) 결정 계면에 미세균열을 발생시켜 다공화한 것이다. 그러나 상대적으로 얇게 만드는 것이 어렵고, 종방향(세로방향) 인장강도는 우수하지만, 횡방향(가로방향)은 취약하다. 찌름 강도도 상대적으로 습식법에 비해 불리하다. 대신 내열 특성, 가격, 이온 전도도가 습식법에 비해서 유리하다. PE(폴리에틸렌)과 PP(폴리프로필렌) 시트를 접합하고, 어닐링, 연신, 열처리를 진행한다.

건식법의 경우 PP와 PE를 2~3층 필름으로 접합하는 다층 구조로 왁스를 사용하지 않고 물리적인 연신(늘리는 공정)과 열처리 공정만으로 기공을 만든다. 습식법과 비교하면 초기 투자비용이 덜 들고 유해물질이 나오지 않아 친환경적이지만, 균일한 기공을 내는 기술장벽이 높아 제대로 성능을 낼 만큼 만드는 것이 쉽지 않다. 이 건식 분리막은 전기자동차용 배터리 등 중・대형 모빌리티에 쓰인다.

건식공정에서 폴리프로필렌(PP) 또는 폴리에틸렌(PE) 중합체(polymer)는 얇은 시트로 압출된다. 이 전구체(前驅體, precursor : 또는 전구물질(前驅物質)은 화학반응에서 다른 화합물을 생성하는 반응에 참여하는 화합물이다. 즉, 어떤 화학반응을 통해 A라는 물질을 만들 때, 최종 물질인 A가 되기 바로 이전 단계의 물질을 의미한다) 필름은 결정구조를 개선하기 위해 어닐링(annealing, 서냉)된다. 이어서 필름은 차가울 때 단일 방향으로 연신되고, 뜨거울 때 다시 연신된다. 콜드 스트레치(cold stretch)는 기공 구조를 생성하고 핫 스트레치(hot stretch)는 기공 크기를 증가시킨다. 이 방법을 사용하여 35~45%의 다공성을 달성할 수 있다. 이 공정으로 3층(layer)의 PP/PE/PP 분리막도 생성할 수 있다.

기공(氣孔, Pore)의 형태

기공의 형태는 리튬이온(Li-ion)이 이동하는 경로(path, 유로)와 직접적인 관련이 있고, 굴곡률(tortuosity, 굴곡도, 다공성 물질이 얼마나 구부러진 유로를 가지고 있는지를 나타낼 때 사용되는 인자)는 셀(cell, 전지 · 배터리)의 내부 저항(internal resistance)에 영향을 미치기 때문에 적절한 형상을 갖고, 적절한 연신을 할 수 있어야 한다.

그림 1.11은 SEM(Scanning Electron Microscope, 주사전자현미경(走査電子顯微鏡)은 전자현미경의 한 종류로, 집중적인 전자 빔으로 주사(走査)하여 표본의 상(像)을 얻

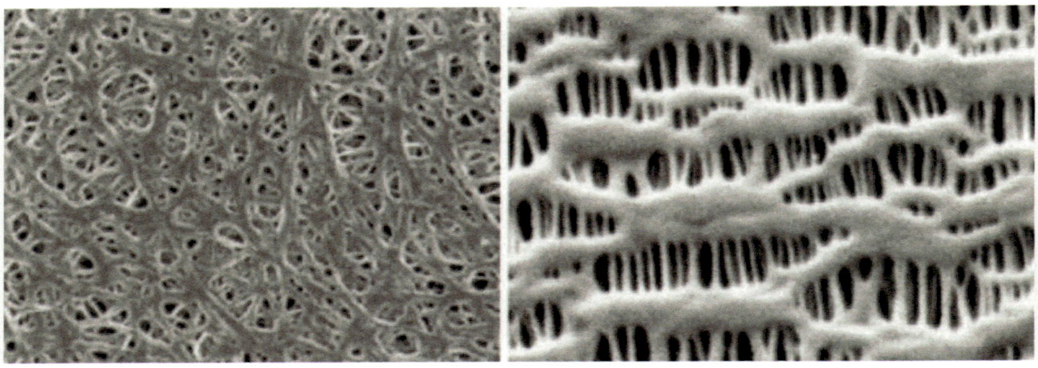

(a) 습식분리막　(b) 건식분리막

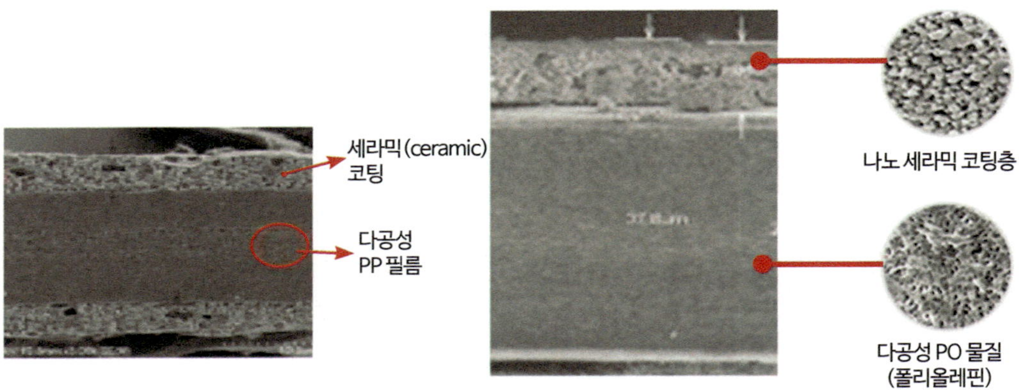

(c) 세라믹을 코팅한 강화막　(d) 강화막

그림 1.11 분리막의 조직 사진(SEM, 전자현미경)

는다)으로 본 분리막의 조직 사진이다. (a)는 습식분리막, (b)는 건식분리막, (c)와 (d)는 세라믹(ceramic)으로 코팅하여 추가 막을 만들어 강화시킨 강화막이다.

그림 1.12는 앞에서 설명한 분리막의 제조공정에 있어 습식법과 건식법의 차이를 보여준다.

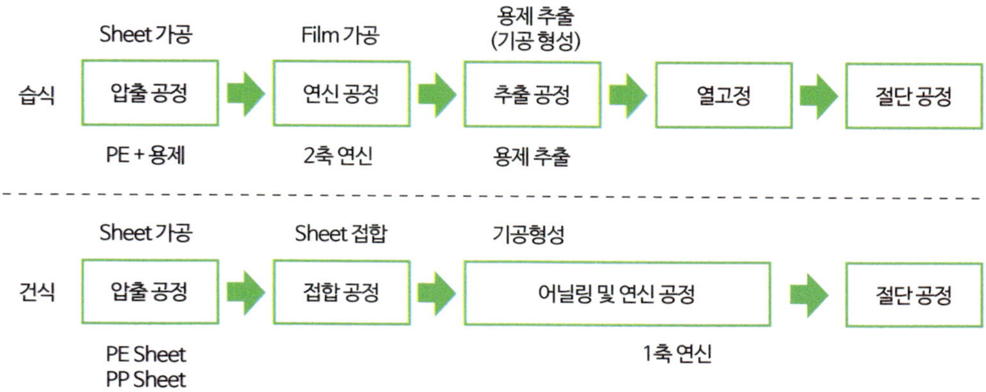

그림 1.12 분리막의 제조공정

01 분리막의 원단

표 1.1은 분리막의 종류와 구조, 특성을 비교한 내용이다. 분리막의 원단 소재로는 크게 폴리올레핀(Polyolefin)계 폴리에틸렌(PE, Polyethylene)과 폴리프로필렌(PP, Polypropylene)이 사용된다.

표 1.1 분리막의 종류와 구조, 특성의 비교

구 분	건식막	습식막	강화막
구조	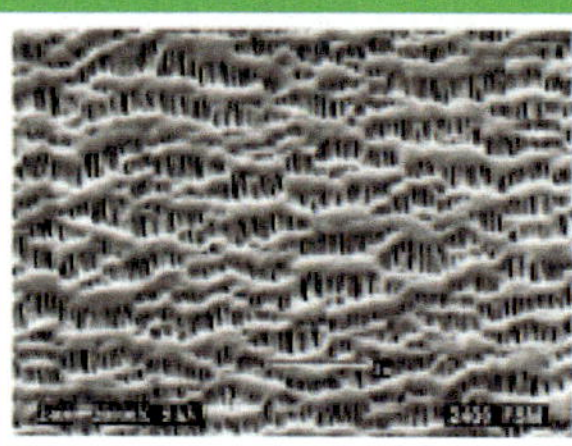	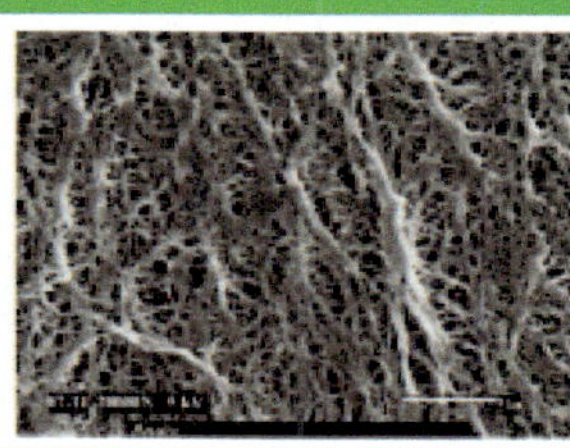	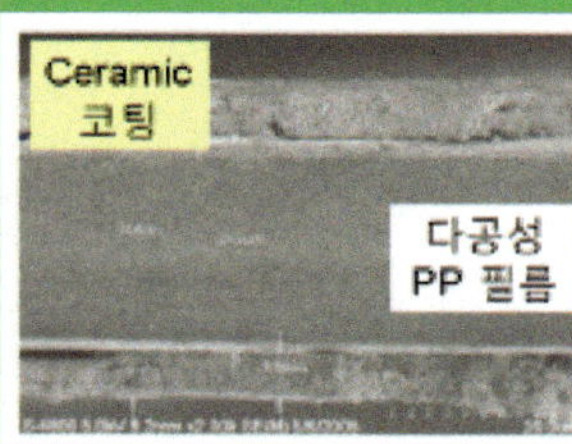
수지	폴리프로필렌 폴리에틸렌	폴리에틸렌	폴리프로필렌 폴리에틸렌

구 분	건식막	습식막	강화막
두께	10~25μm	10~25μm	15~25μm
연신	일축(Uni-axial)	이축(Bi-axial)	-
가격	$1.0\$/m^2$	$1.3\$/m^2$	$1.5\$/m^2$
국내업체	씨에스텍	SK이노베이션	LG화학
해외업체	Polypore Ube Industries	Asahi Kasei Toray Tonen	Evonik Degussa Asahi Kasei

사진 1.2는 습식분리막의 공정 및 제조 원천기술을 갖고 있는 일본 아사히 카세이(Asahi Kasei) 회사(社)의 리튬이온 이차전지용 습식분리막 제품 하이포어(Hipore™)의 조직 사진이다.

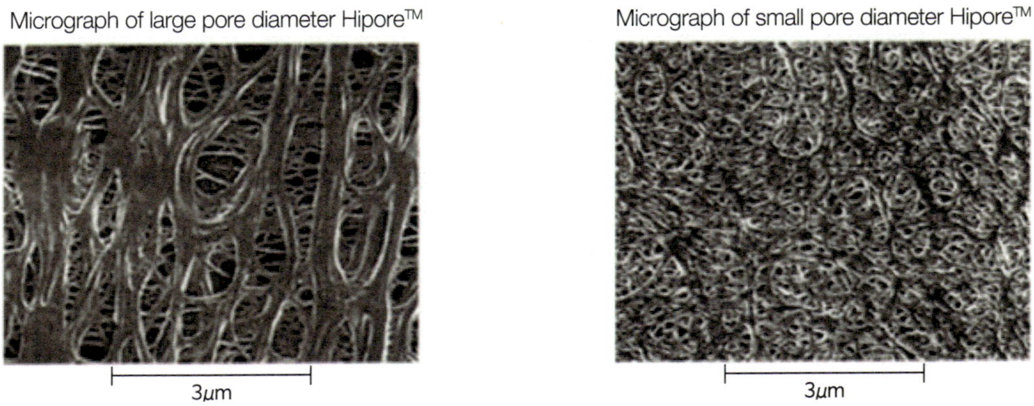

사진 1.2 아사히 카세이 회사(社)의 습식분리막 하이포어(Hipore™)의 조직

02 분리막 구조와 특성의 비교

사진 1.3은 2004년 LG화학이 분리막의 안전성을 더욱 높이기 위해 안전성강화분리막(SRS®, Safety Reinforced Separator®)을 개발했다. SRS®은 분리막 표면에 세라믹 입자와 고분자 바인더를 코팅하는 기술이다. 기존 폴리올레핀(Polyolefin)계 PP(Polypropylene, 폴리프로필렌)와 PE(Polyethylene, 폴리에틸렌) 원단(base film이라 한다)의 분리막 표면에 세라믹 코팅을 적용해 배터리의 내구성과 내열성을 강화시켰다.

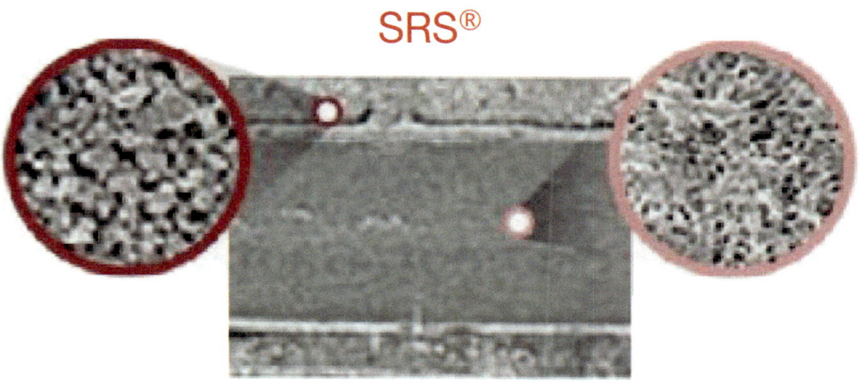

사진 1.3 LG화학의 안전성강화분리막(SRS®)

그림 1.13은 앞에서 설명한 습식분리막의 공정 및 제조에 관련한 원천기술을 갖고 있는 일본 아사히 카세이(Asahi Kasei) 회사(社)의 리튬이온 이차전지용 습식분리막 제품 하이포어(Hipore™)와 건식공정 및 제조에 원천기술을 갖고 있는 미국 셀가드(Celgard)

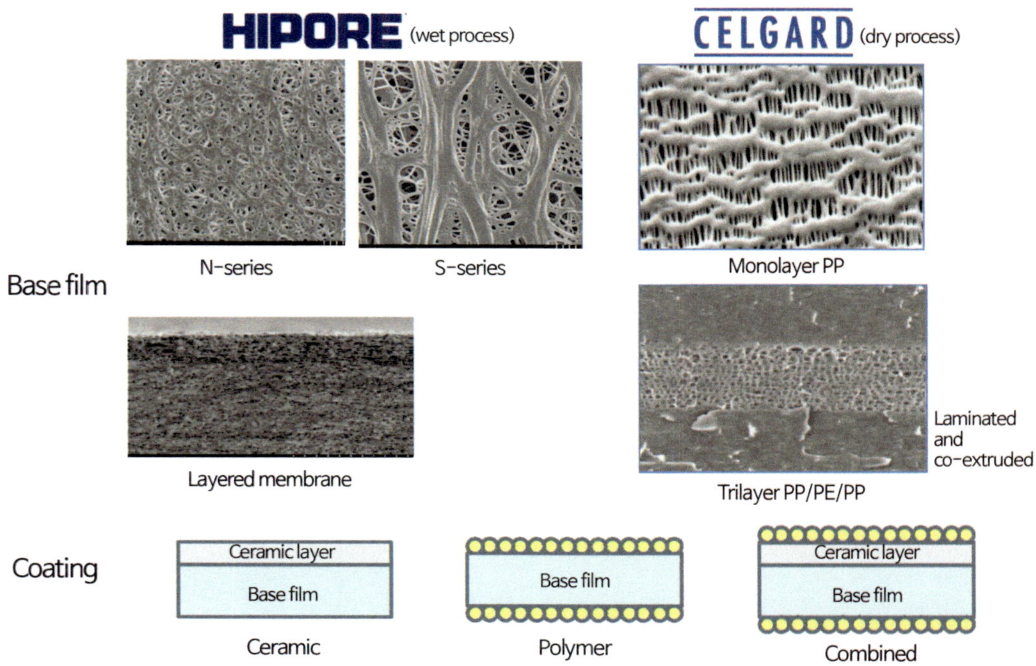

그림 1.13 습식분리막과 건식분리막의 여러 가지 강화막 코팅 공정

회사(社)의 건식분리막에 있어, 기본 원단필름(base fim)으로 사용되는 폴리올레핀(Polyolefin)계 PP(Polypropylene, 폴리프로필렌)와 PE(Polyethylene, 폴리에틸렌) 분리막 표면에 세라믹 코팅, 폴리머 코팅, 세라믹과 폴리머가 조합된 코팅 등으로 분리막을 보다 강화시키는 강화막을 만드는 코팅 공정을 보여준다.

03 분리막 시장 현황

2020년 분리막 시장 현황은 그림 1.14와 같다.

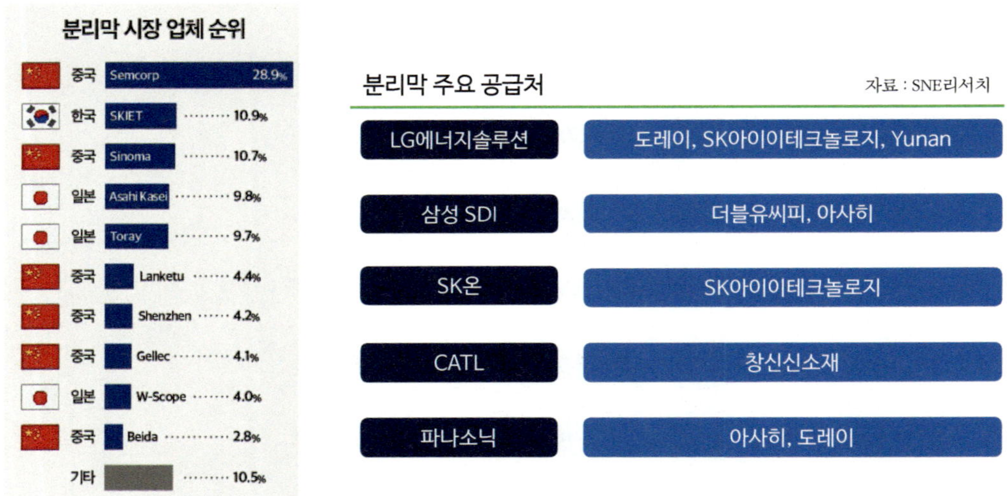

*2000년 생산량 기준 자료 : SNE리서치

그림 1.14 2020년 분리막 시장 현황(자료 : SNE 리서치)

04 분리막 요구특성

분리막은 기능(역할)과 안전성 확보를 위해 여러 가지 기계적 물성을 갖고 전기화학적, 열적 특성을 갖추어야 한다.

(1) 전기화학적 특성

① 전기적으로 절연체가 되어야 한다.

② 이온 이동에 대한 저항성이 낮아야 한다(작은 전기저항).

③ 양극 및 음극 작동전압내에서 산화, 환원되지 않아야 한다(내산화성을 가져야 한다).

(2) 기계적 물성

① 찌르고 구부리는 힘에 강해야 한다(우수한 기계적 강도).
높은 관통강도(puncture strength)와 적절한 인장강도를 가져야 한다.

② 일정한 기공 구조, 공극률, 두께를 가져야 한다.
적절한 두께(약 20 μm)와 수 μm의 기공 크기, 40%의 기공도(porosity)

③ 투과도가 커야 한다.

(3) 열적 특성

① 높은 녹는점

② 낮은 기공 폐쇄 온도

③ 높은 온도에 낮은 수축률(수축이 많이 되면 쇼트로 이어질 수 있다)

④ 열 안정성이 우수해야 한다.

리튬이온 이차전지용 분리막의 요구특성을 자세히 살펴보면 표 1.2와 같은 사항들을 만족해야만 한다.

표 1.2 **리튬이온 이차전지용 분리막의 요구특성**

요구 기능	회로 Short(합선) 방지, 리튬 이온 투과
Base Film	폴리올레핀(PO)계 PE, PP Film(두께 : 10~25 μm) Cellulose, 부직포(PO, PET 등)
핵심 기술	다층화/점착층, 미공(微孔) 형성, Sputter, 증착

〈비고〉 ① Base Film : 분리막의 원단 소재

② 셀룰로오스(Cellulose) : 셀룰로스, 또는 셀룰로오스는 수백에서 수천 개의 D-포도당 단위체들이 β(1→4) 글리코사이드 결합으로 연결된 선형 사슬이 중첩된 격자형의 다당류로, 화학식이 $(C_6H_{10}O_5)_n$인 유기화합물이다.

③ PO(Polyolefin, 폴리올레핀) : 플라스틱 원료로 올레핀(이중 결합을 1개 가진 사슬모양 탄화수소 화합물)의 중합으로 생기는 고분자화합물이다.

④ PET(Polyethylene terephthalate, 폴리에틸렌 테레프탈레이트) : 투명도가 높고 단열성이 좋다. 열가소성이며, 가벼우며 맛과 냄새가 없다. 페트(PET)라고 불리며, 전선 피복, 생활용품, 장난감, 전기절연체, 라디오와 텔레비전 케이스(case), 포장재 등에 사용한다.

⑤ 미공(微孔) : 미세한 구멍

⑥ 스퍼터링(sputtering, sputter) : 스퍼터링 방식은 다른 박막형성 방법보다 증착능력, 복잡한 합금을 유지하는 능력이 뛰어나고, 고온에서 내열성 금속의 증착능력이 뛰어나다.
스퍼터링은 집적회로 생산라인 공정에서 많이 쓰이는 진공증착법의 일종으로 비교적 낮은 진공도에서 플라즈마를 이온화된 아르곤 등의 가스를 가속하여 타겟에 충돌시키고, 원자를 분출시켜 웨이퍼나 유리 같은 기판상에 막을 만드는 방법을 뜻한다.

분리막은 앞에서 설명한 요구특성들을 만족하는 PE(폴리에틸렌)와 PP(폴리프로필렌) 같은 미세 다공성 고분자필름으로 제조하며, 제조 공정방법에 따라 건식막과 습식막으로 나뉜다.

표 1.3은 건식과 습식분리막의 특성을 서로 비교한 내용이다.

표 1.3 **건식과 습식분리막의 특성 비교**

구 분	건 식	습 식
필름 단면 구조	2~3층	단층
주요 원재료	PP, PE, 기타 재료	PE, 용제, 기타 첨가제
기공 형성 방식	연신을 통한 물리적 힘	용매를 이용한 화학적 추출
내열 특성	강함	약함
기계적 강도	약함	강함
기공 크기	불균일	균일
박막화	어려움	쉬움
가격	저가	고가
초기 투자비용	낮음	높음

1.4 분리막의 접합기술(Joining technology of separator)

특허기술의 예시

사진 1.4와 그림 1.15에서 나타낸 바와 같이 특허기술의 요지를 설명하면, 변성 부직포 리튬이온 배터리 분리막에 있어 분리막은 부직포 모재(1) 및 그와 복합되는 충전제(2)를 포함하며, 부직포 모재의 저용융점 재료와 고용융점 재료를 포함하고, 저용융점

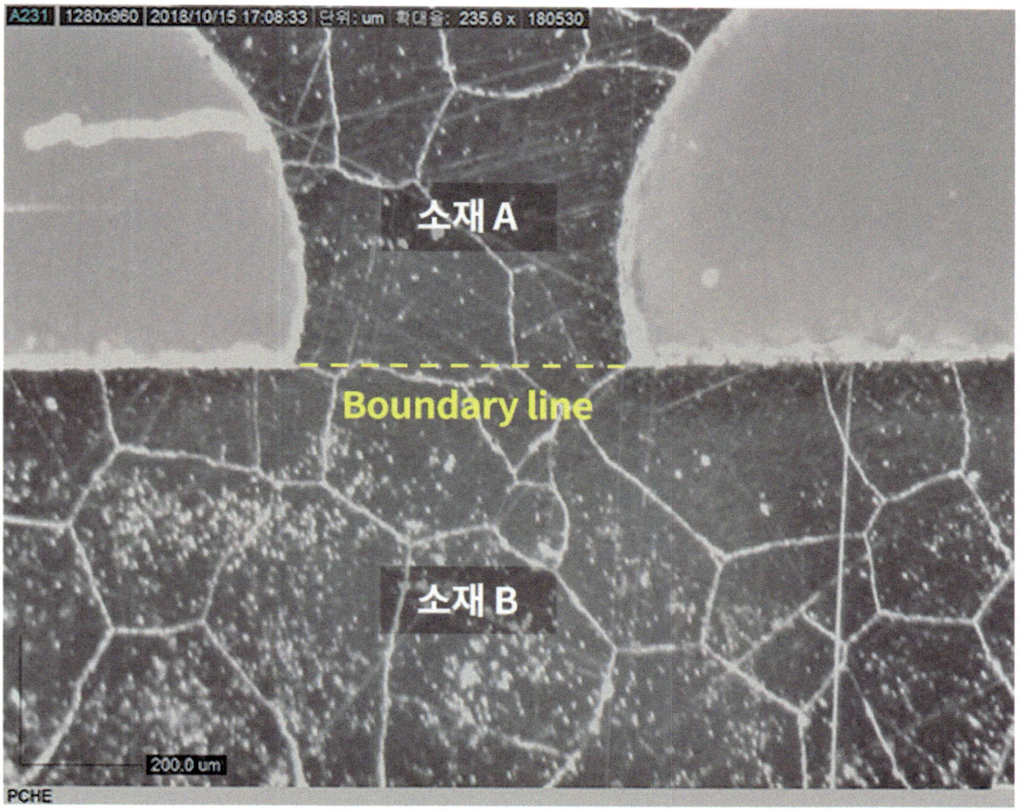

사진 1.4 변성 부직포 모재와 복합 충전제로 구성된 분리막

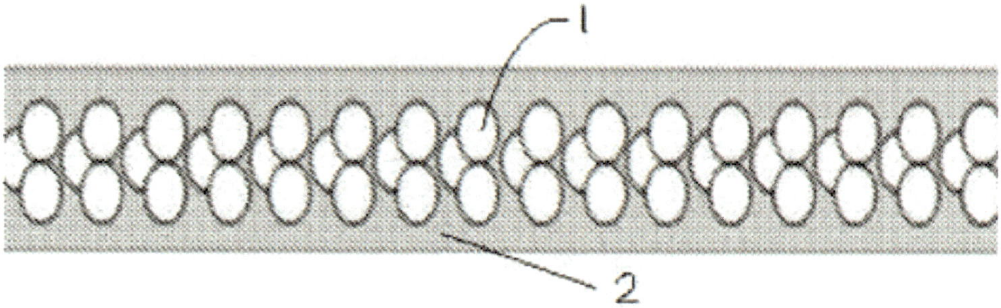

그림 1.15 변성 부직포 모재(1)와 충전제(2)로 된 분리막 특허의 예시

재료는 용융 결정화 처리를 거치며, 고용융점 재료의 중량은 모재 총 중량의 85~99.9%이고 나머지는 저용융점 재료이며, 변성 부직포 모재(1)에 복합되는 충전제(2)는 유기폴

리머 및 제1 충전재료 또는 제2 충전재료를 포함한다.

① 제조방법

분리막의 제조방법은 순서대로 부직포 섬유층을 제작하고, 변성 부직포 모재(1)를 제작하는 단계, 충전제(2) 슬러리를 제조하는 단계, 충전단계, 용제 제거 단계를 포함한다.

② 특징

- 조작이 간단하다.
- 가격이 저렴하다.
- 수분함량이 낮고, 화학 안전성이 우수하다.
- 기계강도가 높다.
- 사용 수명과 안전성이 향상된다.

01 분리막의 접합방법

이차전지용 분리막은 종합체, 종합체용 용제 시스템 및 용제 중에 분산된 세라믹 재료로 구성된 피복 용액을 사용 전극 위에 직접 형성시킬 수 있다. 전극층 위에 용액으로부터의 분리막 전구체 용액을 전극 표면 위에 피복하여 액제층을 형성한다. 용제를 층으로부터 제거하여 중합체 및 세라믹 재료로 구성된 고체 다공체를 남긴다.

이러한 종합체는 종합체 융용온도(T_m) 또는 유리전이온도(T_g)보다 높은 온도로 일정시간 동안 가열하여 경화시키고, 분리막을 전극 표면에 직접 결합시켜, 분리막이 전기활성층에 접착하게 한다.

우수한 접착성은 전극과 분리막 사이의 계면 저항을 감소하여 성능을 개선시킨다.

다공성 분리막을 고정하기 위해 사용되는 용제 시스템 중의 전극 결합제의 용해도로부터 기인하며, 용제는 기저 전극층의 결합제를 용해시켜, 결합제가 팽윤(膨潤, 고분자물질의 용매를 흡수하여 부피가 팽창하는 현상)하고 침착(沈着, 가라앉아 들러붙는 것)된 다공성 복합체와 혼합하게 된다. 다공성 복합체는 승온에서 어닐링(annealing)될 수 있으며, 이는 분리막 층의 종합체 함량이 기저 전극층과 용융 및 용합되게 할 수 있다.

이러한 방식으로 인접한 다공성 복합 전극층에 분리막이 접착하는 것을 '용제 접합'이라 한다.

용제 접합에서 전기 활성층 및 분리막층의 결합제에 대해 공통되는 용제는 종합체들을 용해시켜 용액 상태로 함께 혼합하게 할 수 있다.

용제 제거 시 종합체들의 입자들은 보다 효율적으로 결합시키도록 재침착된다. 결합제들은 유사한 온도 체계에서 용융 또는 연화되어, 두 종합체 결합제가 용해보다는 연화에 의해 함께 혼합되게 한다.

분리막은 임의의 기판에 도포될 수 있다. 하나의 전극에 목적하는 총 두께로 도포되거나 음극(anode) 및 양극(cathode) 둘다가 동일하거나 상이한 조건 및 두께의 다공성 복합층으로 피복될 수 있다.

분리막은 2㎛~40㎛ 범위의 두께를 가질 수 있다.

분리막층이 가능한 얇으면 이온 전도성이 증가하고 전지 용량이 증가하므로 바람직하다.

02 분리막의 제조

리튬이온 전지용 막(membrane)은 훈증 실리카(fumed silica, '흄드 실리카(SiO_2 · 이산화규소)'라고도 하며, 침전형이 아닌 연기형 실리카이다)와 PVDF(Polyvinylidene Fluoride, 폴리비닐리덴 플루오라이드 · 이소불화비닐)의 65 : 35 혼합물로부터 제조된다. 슬러리는 오비탈 혼합기를 사용하여 고도로 분산될 때까지 저속에서 PVDF/NMP(N-Methyl-2-pyrrolidone, 메틸피롤리돈) 용액내로 실리카를 먼저 균일하게 혼입시킨 다음 안전한 현탁액(현탁액(懸濁液) 또는 서스펜션(suspension)은 진흙물처럼 작은 알갱이들이 용해되지 않은 채 액체 속에 퍼져 있는 혼합물을 의미한다)이 형성될 때까지 초기엔 저속에서, 이후엔 고속에서 혼합시키면서 분산액에 아세톤을 서서히 첨가하여 제조하며, HVLP(High Volume Low Pressure) 분무건(gun) 내로 부하한다. HVLP 스프레이(spray, 분무)건은 많은 양의 공기를 낮은 압력으로 분사하는 스프레이건의 분사기술로 도료의 도착효율을 높이고, 도료의 사용량을 줄이며, 필터의 수명을 연장하고, 대기오염을 감소시킨다는 장점이 있다.

피복 후 전극은 80℃에서 1시간 동안 진공 건조된 다음, 최종 피복층이 도포된 후 주변 압력에서 공기 중에 15~60분 동안 200℃에서 최종적으로 경화된다.

03 분리막의 안전성

분리막의 안전성을 강조하기 위해 모터 구동의 경우를 들어 설명하면 다음과 같다.

(1) 리튬 배터리 원리(모터 구동의 경우)

모터를 구동하기 위한 전력원으로 리튬이온 이차전지의 음극에는 그림 1.16과 같이 리튬이온이 만 충전 즉, 100% 충전되어 있는 상태이다.

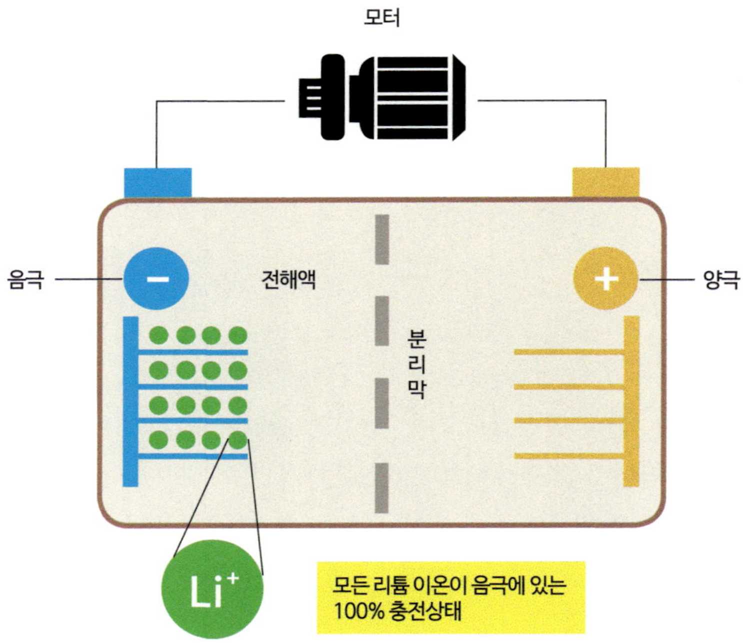

그림 1.16 **만 충전(100% 충전)되어 있는 상태**

그림 1.17과 같이 음극에서 리튬이온이 이온화하면서 전자는 도선을 타고 모터쪽으로 흘러 모터가 구동하고(회전운동을 한다), 리튬이온은 전해액을 통해 분리막을 통과해서 양극으로 이동한다(리튬은 전자를 싫어한다).

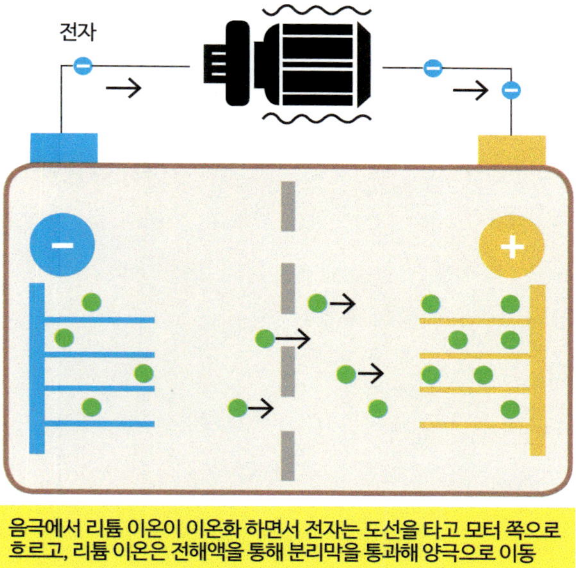

그림 1.17 전자의 이동과 리튬이온의 이동

그림 1.18과 같이 리튬이온이 모두 양극으로 이동한 경우는 배터리가 완전히 소모되는 100% 방전상태가 된다.

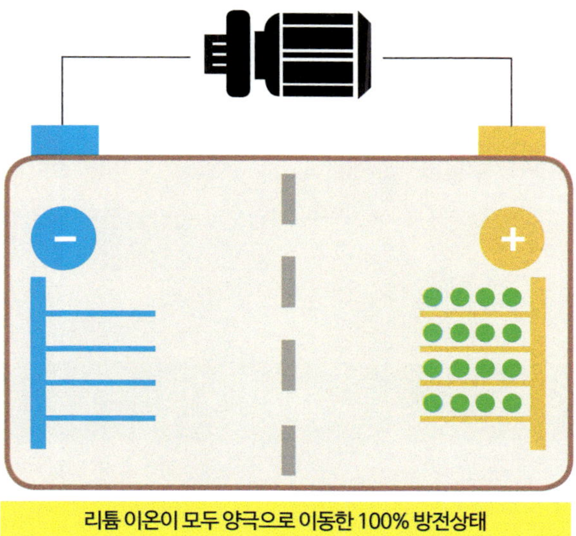

그림 1.18 방전되어 있는 상태

(2) 리튬 배터리 화재 원인

분리막이 손상되면 양극과 음극의 국부적 단락(short, 합선)이 발생하면서 방전량에 따라 LIB(Li-ion battery, 리튬이온 배터리)의 내부 온도를 상승시킨다. 이로 인해 자기 발열(self-heating)이 지속되면서, 과열로 인한 열폭주에 진입하여 가스 분출과 폭발이 발생하고 화재로 이어진다.

따라서 LIB가 열폭주 상태에 도달하면 물 분사 또는 냉각 등의 방법으로는 열폭주를 중단시킬 수 없다. 따라서 전기적 단락으로 인한 화재 및 열폭주를 막기 위해서는 분리막은 절연체가 되어야 한다.

그림 1.19 (a)는 분리막의 역할을 보여주는 개념도이고, (b)는 폴리올레핀계 미세 다공성막(미세기공이 형성된 박막)으로 분리막의 원단 소재이다. 롤(roll) 형태로 감겨있으며 연신 공정을 거친다.

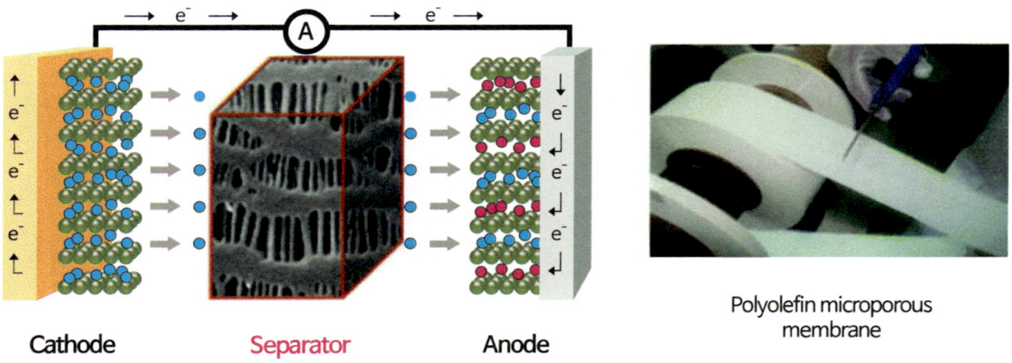

(a) 분리막의 역할을 보여주는 개념도 (b) 폴리올레핀 미세 다공성 막

그림 1.19 분리막의 개념도와 분리막 원단

1.5 분리막과 케이스(Case)와의 접합 조립구조

리튬 이차전지의 성능과 수율을 향상시키기 위한 아주 다양한 기술개발이 공정과 조립방법 등에서 이뤄지고 있다. 우선 다음의 특허 사례를 통해 살펴보자.

리튬 이차전지는 다양한 조립방법에 의해 제조가 가능하며, 권취(winding)형, 적층(lamination, stack)형 등이 있다. 예컨대, 적층 타입의 리튬 이차전지에서는, 전극활물질, 선택적으로 바인더 및 도전제를 혼합한 전극 물질을 집전체에 도포하여 각각 양극과 음극을 제조하고, 이를 분리막의 양측에 적층하여 형성된 소정 형상의 전극 조립체를 케이스에 삽입하고 밀봉함으로써 전지가 완성된다. 위와 같은 방법에 의하여 제조되는 리튬 이차전지는 전지의 조립공정 중, 예컨대 양극, 분리막, 음극의 순서로 적층(lamination) 시, 내부 또는 외부 요인에 의해 양(兩) 전극의 내부 단락(short)이 발생할 수 있다. 이러한 내부 단락은 조립공정 이후 전지를 충방전하여 활성화시키는 포메이션(formation) 단계를 거치게 되면 저전압 불량으로 이어져서 결과적으로 최종 제조되는 전지의 수율 저하가 필수적으로 초래된다.

따라서 발명이 이루고자 하는 기술적 과제는 전술한 문제점을 고려하여, 리튬 이차전지의 조립공정 중 제조 수율의 저하를 일으키는 원인 및 그 수율을 개선시킬 수 있는 방법을 찾고자 연구하였다. 그 결과 분리막 또는 분리막과 맞닿도록 배향되는 전극의 표면상에 절연성 분말을 살포시켜 전극 조립체를 형성하면, 외부 또는 내부 요인에 의해 발생되는 내부 단락(short) 및 이로 인한 저전압 불량을 현저히 감소시켜 전지의 제조공정 수율을 향상시킬 수 있다는 것을 발견하였다. 본 발명은 이에 기초한 것이다.

배터리를 만들기 위한 첫 단계인 전극 공정을 통해 양극판과 음극판이 완성되면 분리막, 전해질까지 이차전지의 4대 요소들을 한데 모아 조립하게 되는데 전극 공정의 다음 단계인 이 단계를 조립공정이라 한다.

그림 1.20은 파우치형 배터리의 조립공정에 있어 하나의 예시이다.

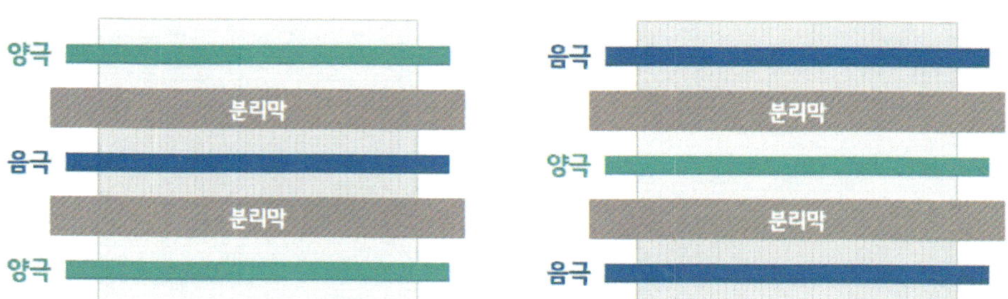

그림 1.20 바이셀(bi-cell) 구조

바이셀(bi-cell)은 전극, 분리막이 여러 개가 적층되어 쌓인 배터리의 기본단위 셀이다(그림 1.20 참조). 여기서 가장 외곽에는 동일한 전극이 위치하며 전극과 분리막 수의 제한은 없다.

조립공정에 있어 스태킹(stacking) 방식의 재료가 바로 바이셀(bi-cell)이다. 스태킹 방식의 근본적인 개념은 바이셀을 한장 한장 쌓아 올리는 방식이다.

하지만 공정의 정밀도를 높이고 시간을 단축하기 위해 LG에너지솔루션과 SK이노베이션(SK온) 두 회사는 각각 대표적인 두 가지 방법을 사용하고 있다.

바로 라미네이션&스태킹(lamination&stacking) 방식과 Z폴딩(folding) 기법이다.

여기서는 LG에너지솔루션의 최대 강점인 파우치형 배터리의 라미네이션&스태킹 방식을 간략히 설명하고자 한다.

원통형 또는 각형에 비해 파우치 케이스 안 공간 효율이 극대화 돼, 에너지밀도가 높고 생산 속도가 스태킹 방식임에도 빠르다는 장점이 있다.

바이셀(bi-cell)에 분리막과 음극으로만 구성된 하프셀(half-cell)을 붙이는 작업인 라미네이션(lamination)을 통해 정렬한 뒤, 분리막을 기준으로 음극, 양극을 쌓는 스태킹 작업을 반복하면 극판과 분리막이 차례로 쌓인 배터리 소재를 만들어 이를 묶어 하나의 셀로 만드는 방식이다. LG에너지솔루션은 이 공법을 사용해 2mm 미만의 초슬림 배터

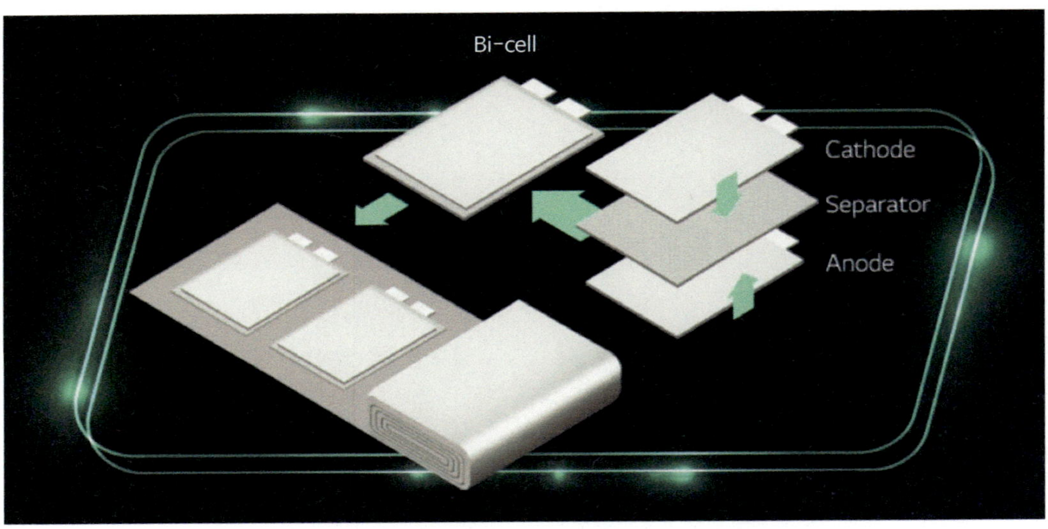

그림 1.21 **파우치형 배터리의 바이셀(bi-cell) 조립공정 예시**

리부터 길이가 긴 롱셀(long cell)까지 다양한 파우치형 배터리의 생산이 가능하다. LG 에너지솔루션이 적용하고 있는 방식으로 조금 더 효율적인 배터리 생산이 가능하다. 그렇지만 적층 시 약간의 오차로 인해 결함이 생길 확률이 조금 높아지게 된다.

바이셀(Bi-cell)이란?

바이셀(bi-cell)은 전극과 분리막 여러 개가 결합한 배터리의 반제품 단위이다.
'양극/분리막/음극/분리막/양극' 또는 '음극/분리막/양극/분리막/음극'과 같이 가장 외곽 자리의 전극이 서로 같은 전극인 적층구조를 가지고 있으며, 전극과 분리막 수의 제한은 없다.
바이셀은 전극과 분리막 여러 개가 결합한 배터리의 기본 단위 셀로 즉 전극, 분리막이 여러 개가 적층되어 쌓인 배터리의 기본단위 셀이다.
가장 바깥쪽 자리의 전극은 서로 같은 극을 가진 구조를 가지고 있다.

다음 그림 1.22는 분리막을 조립하는 일반 캔 타입 원통형 배터리의 권취형(권회형, winding) 방식과 파우치형 배터리의 적층형(lamination & stacking) 방식의 특징과 장단점을 비교한 것이다.

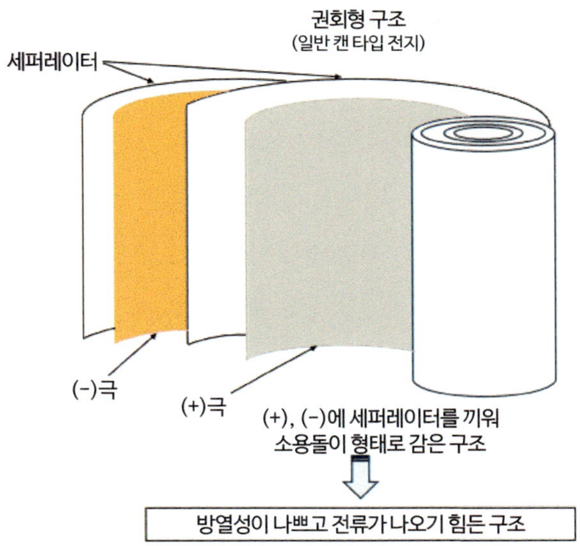

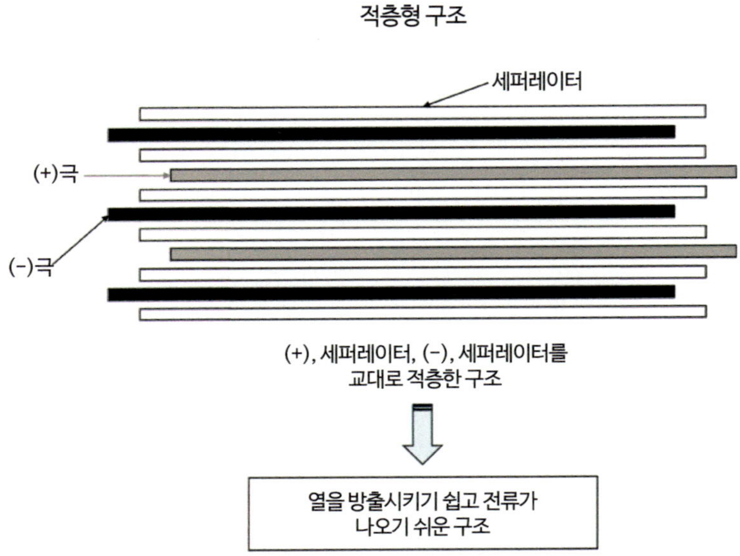

그림 1.22 **분리막을 조립하는 방법 - 권회형(권취형) 방식과 적층형 방식**

① 권취형(권회형, winding) 방식

특허 사례

권취형 전극 조립체의 양극 활물질 및 음극 활물질의 양이 대등하도록 형성함으로써, 전지 용량이 향상된 원통형의 권취형 전극 조립체 및 그를 구비하는 원통형 리튬 이차전지에 관한 것으로, 음극 집전체와, 상기 음극 집전체의 적어도 일면에 코팅된 활물질층을 구비하는 음극 전극판과; 상기 음극 전극판과 소정 간격이 이격되며, 양극 집전체와, 상기 양극 집전체의 적어도 일면에 코팅된 활물질층을 구비하는 양극 전극판과; 상기 음극 전극판과 양극 전극판의 사이에 개재되어 이들을 절연시키는 분리막(separator)을 포함하며, 상기 양극 전극판 및 음극 전극판 중 적어도 어느 하나의 전극판의 권취 시 외측면 상의 활물질층이 내측면 상의 활물질층보다 두께가 두꺼운 원통형의 권취형 전극 조립체를 제공하는 것을 특징으로 한다.

② 적층형(lamination & stacking) 방식

특허 사례

적층형 이차전지는, 복수 개의 제1 전극판과, 상기 제1 전극판과 반대되는 극성을 가

지며 분리막을 사이에 두고 상기 제1 전극판과 교대로 적층되는 복수 개의 제2 전극판을 포함하는 전극 조립체; 상기 전극 조립체를 수용하기 위한 내부 공간이 형성되는 외장 캔; 상기 외장 캔의 개방된 측을 덮도록 상기 외장 캔과 결합하는 외장 캡; 및 상기 복수 개의 제2 전극판 중 최외측에 위치한 제2 전극판과 상기 외장 캡 사이에 배치되어 상기 제2 전극판과 상기 외장 캡을 전기적으로 연결하거나, 상기 최외측에 위치한 제2 전극판과 상기 외장 캔 사이에 배치되어 상기 제2 전극판과 상기 외장 캔을 전기적으로 연결하되, 압축성을 갖는 메탈 폼;을 포함한다. 본 발명에 의하면, 전극판과 외장 케이스 사이의 충분한 전도성을 안정적으로 확보하여 이차전지의 성능을 향상시킬 수 있다.

01 접합 기술

각각의 셀을 모듈화하고, 모듈 단위를 팩 레벨로 연결하는 접합기술에 있어서는 여러 가지 물리적 특성 외에 반복 사용에 대한 내구성과 안정성 및 생산과정에서의 효율성도 고려되어야 한다. 접합기술에는 다음과 같은 방식이 사용된다.

(1) 초음파 용접

① 장점 : 파우치(pouch) 타입의 배터리 셀 접합에 적합한 기술로 비교적 넓은 접합 면적의 확보와 다층 접합에 유리하다.

② 단점 : 접촉에 의한 마모 또는 공정 변수에 의한 이슈(issue)가 존재한다.

특허 사례 – 분리막의 용제 접합(초음파 용접)

그림 1.23에서 도시한 바와 같이 본 발명은 음극에 리드를 용접하는 방법, 이에 의해 제조된 배터리용 음극에 관한 것으로서, 보다 자세하게는 foil층, 상기 foil층 상면에 코팅된 음극 활물질층 및 상기 foil층 하면에 코팅된 음극 활물질층을 포함하고, 상기 foil층 하면 중 음극 활물질이 제거된 부분에 리드가 레이저 용접되어 상기 리드 용접을 위한 추가 영역을 갖지 않는 것을 특징으로 하는, 각형 또는 원통형 이차전지용 리드 음극에 관한 것이다.

그림 1.23 초음파 용접에 의한 분리막의 용제 접합

(2) 레이저 용접

① 장점 : 높은 생산성과 정밀한 공정제어를 통해 열에 의한 영향을 최소화할 수 있다.

② 단점 : 대면적일수록 고비용이 든다.

특허 사례 – 분리막의 용제 접합(레이저 용접)

그림 1.24에서 도시한 바와 같이 본 발명은 음극에 리드를 용접하는 방법, 이에 의해 제조된 배터리용 음극에 관한 것으로서, 보다 자세하게는 foil층, 상기 foil층 상면에 코팅된 음극 활물질층 및 상기 foil층 하면에 코팅된 음극 활물질층을 포함하고, 상기 foil층 하면 중 음극 활물질이 제거된 부분에 리드가 레이저 용접되어 상기 리드 용접을 위한 추가 영역을 갖지 않는 것을 특징으로 하는, 각형 또는 원통형 이차전지용 리드 음극에 관한 것이다.

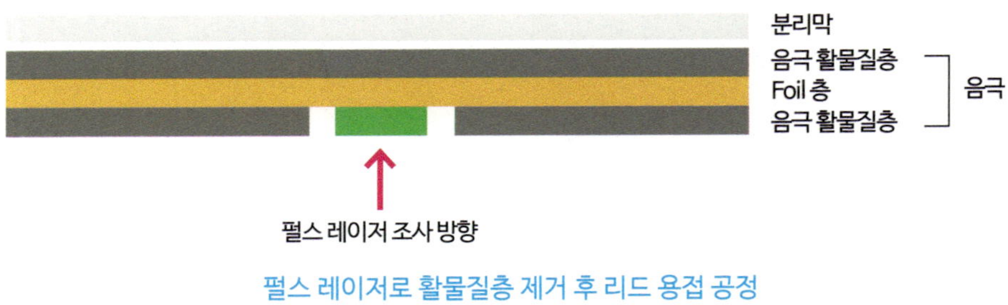

그림 1.24 레이저 용접에 의한 분리막의 용제 접합

(3) 저항 용접

① 장점 : 대부분의 배터리 셀에 유연하게 적용이 가능하고 높은 내구성과 안정성을 가진다.

② 단점 : 용접 과정에서 셀 주변에 열 영향을 줄 수 있는데, 이는 접합기술에서 해결해야 할 문제점으로 남아있다.

(4) 솔더링(Soldering)

솔더링 기술에서는 국부적 접합공정 개발과 더불어 금속간 화합물 제어를 통한 접합부의 기계적, 전기적 안정성을 확보할 수 있는 기술개발이 요구된다.

02 분리막과 케이스의 조립구조(특허기술의 예시)

(1) 케이스 제조방법

특허기술의 예를 사례로 하여 이차전지용 케이스(case)의 제조방법을 살펴보면 다음과 같다.

① 소재를 준비하는 단계
② 소재를 다이(die)와 펀치(punch)를 이용하여 임팩트 단조에 의해 임팩트 성형품을 성형하는 단계
③ 임팩트 성형품을 아이어닝(ironing, 아니어닝은 프레스 가공의 일종으로 제품의 측벽 두께를 얇게 하면서 제품의 높이를 높게 하는 훑기 가공을 말한다)에 의해 완성품으로 성형하는 단계를 포함하는 것을 특징으로 한다.

이에 따라, 임팩트 단조로 케이스의 형상을 90% 달성하고, 아이어닝에 의해 치수 정밀도와 표면 광택을 달성하여 딥 드로잉(deep drawing) 대비 제조공수와 원재료 비용을 크게 줄일 수 있는 효과가 있다.

양극, 분리막, 음극을 순차적으로 사용하여 기본 적층체를 구성하고, 복수로 중첩함으로써 전지의 용량에 따라 필요한 수만큼 적층을 진행한다. 여기에서는 대한민국 공개특허 10-1999-0059180과 같이 단위 적층체를 만드는 데 있어서, 제3의 성분을 사용한다.

이는 양극 전극과 음극 전극의 단락방지를 위해 사용하는 다공성 분리막 또는 고분자 전해질용 고분자 필름에 접착제를 도포한 뒤 양면에 각각의 전극을 고정한 뒤 열융착을 진행하는 구조이다. 이는 분리막을 접착제로 도포하는 공정과 적층후 열융착하는 공정

을 추가적으로 포함하게 되어 작업성이 나빠질 수 있다. 또한 열융착 작업 시 열에 의한 분리막 손상을 입게 될 가능성도 있다.

(2) 분리막과 케이스의 조립방법

리튬 이차전지는 다양한 조립방법에 의해 제조가 가능하며, 권취(winding)형, 적층(lamination, stack)형 등이 있다. 예컨대, 적층 타입의 리튬 이차전지에서는 전극활물질, 선택적으로 바인더 및 도전제를 혼합한 전극 물질을 집전체에 도포하여 각각 양극과 음극을 제조하고, 이를 분리막의 양측에 적층하여 형성된 소정 형상의 전극 조립체를 케이스(case)에 삽입하고 밀봉함으로써 전지가 완성된다.

상기와 같은 방법에 의하여 제조되는 리튬 이차전지는 전지의 조립 공정 중, 예컨대 양극, 분리막, 음극의 순서로 적층(lamination) 시, 내부 또는 외부 요인에 의해 양(兩) 전극의 내부 단락(short)이 발생할 수 있다. 이러한 내부 단락은 조립공정 이후 전지를 충·방전하여 활성화시키는 포메이션 단계(formation process, 화성공정 : 조립이 끝난 이차전지 셀은 화성공정을 거치게 된다. 화성공정은 배터리를 활성화시켜 전기를 띠게 하는 과정이다)를 거치게 되면 저전압 불량으로 이어져서 결과적으로 최종 제조되는 전지의 수율 저하가 필수적으로 초래된다.

따라서 특허발명이 이루고자 하는 기술적 과제는 전술한 문제점을 고려하여, 리튬 이차전지의 조립공정 중 제조 수율의 저하를 일으키는 원인 및 그 수율을 개선시킬 수 있는 방법을 찾고자 연구하였다. 그 결과 분리막 또는 상기 분리막과 맞닿도록 배향되는 전극의 표면상에 절연성 분말을 살포시켜 전극 조립체를 형성하면, 외부 또는 내부 요인에 의해 발생되는 내부 단락(short) 및 이로 인한 저전압 불량을 현저히 감소시켜 전지의 제조공정 수율을 유의적으로 향상시킬 수 있다는 것을 발견하였다. 본 발명은 이에 기초한 것이다.

권취형 전극 조립체의 양극 활물질 및 음극 활물질의 양이 대등하도록 형성함으로써, 전지 용량이 향상된 원통형의 권취형 전극 조립체 및 그를 구비하는 원통형 리튬 이차전지에 관한 것으로, 음극 집전체와 상기 음극 집전체의 적어도 일면에 코팅된 활물질층을 구비하는 음극 전극판과; 상기 음극 전극판과 소정 간격으로 이격되며, 양극 집전체와 상기 양극 집전체의 적어도 일면에 코팅된 활물질층을 구비하는 양극 전극판과; 상기 음극 전극판과 양극 전극판의 사이에 개재되어 이들을 절연시키는 세퍼레이터를 포함하며, 상기 양극 전극판 및 음극 전극판 중 적어도 어느 하나의 전극판의 권취 시 외측면 상의 활물질층이 내측면 상의 활물질층보다 두께가 두꺼운 원통형의 권취형 전극 조립체를 제공하는 것을 특징으로 한다.

적층형 이차전지는 복수 개의 제1 전극판과 상기 제1 전극판과 반대되는 극성을 가지며 분리막을 사이에 두고 상기 제1 전극판과 교대로 적층되는 복수 개의 제2 전극판을 포함하는 전극 조립체; 상기 전극 조립체를 수용하기 위한 내부 공간이 형성되는 외장 캔(can); 상기 외장 캔의 개방된 측을 덮도록 상기 외장 캔과 결합하는 외장 캡; 및 상기 복수 개의 제2 전극판 중 최외측에 위치한 제2 전극판과 상기 외장 캡 사이에 배치되어 상기 제2 전극판과 상기 외장 캡을 전기적으로 연결하거나, 상기 최외측에 위치한 제2 전극판과 상기 외장 캔 사이에 배치되어 상기 제2 전극판과 상기 외장 캔을 전기적으로 연결하되, 압축성을 갖는 메탈 폼을 포함한다. 본 발명에 의하면 전극판과 외장 케이스 사이의 충분한 전도성을 안정적으로 확보하여 이차전지의 성능을 향상시킬 수 있다.

03 배터리팩 구성요소 및 조립공정

보통 배터리의 최소 단위를 셀(cell)이라고 하며, 셀 하나는 용량이 작기 때문에 에너지출력과 에너지밀도를 높이기 위하여 여러 개의 모듈을 용량에 맞게 연결 사용한다.

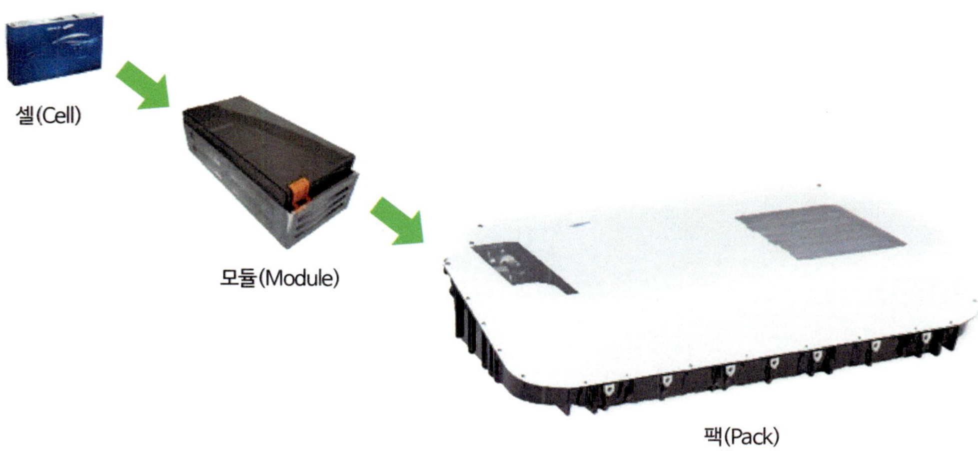

그림 1.25 **배터리 셀, 배터리 모듈, 배터리팩의 실물의 예시**

팩 레벨은 접합용 모듈과 모듈을 전기적, 구조적으로 연결하는 단계이며 대부분 볼트, 너트 또는 와이어를 사용한 기계적 체결이 사용된다.

그림 1.25는 일반적으로 사용하는 배터리를 구성하는 단계로, 낱개를 의미하는 단위(유닛, unit)로 배터리 셀, 많은 배터리 셀들이 직렬과 병렬로 모여서 이루어진 배터리 모듈 그리고 모듈이 집합·조립된 최종 단계인 배터리팩의 실물의 예시이다.

(1) 배터리 셀의 형태와 종류

1) 배터리팩 접합공정

배터리팩의 접합공정은 그림 1.26과 같이 일반적으로 셀 레벨, 셀과 셀을 연결하는 유닛 레벨, 모듈 레벨 그리고 팩 레벨로 나눈다.

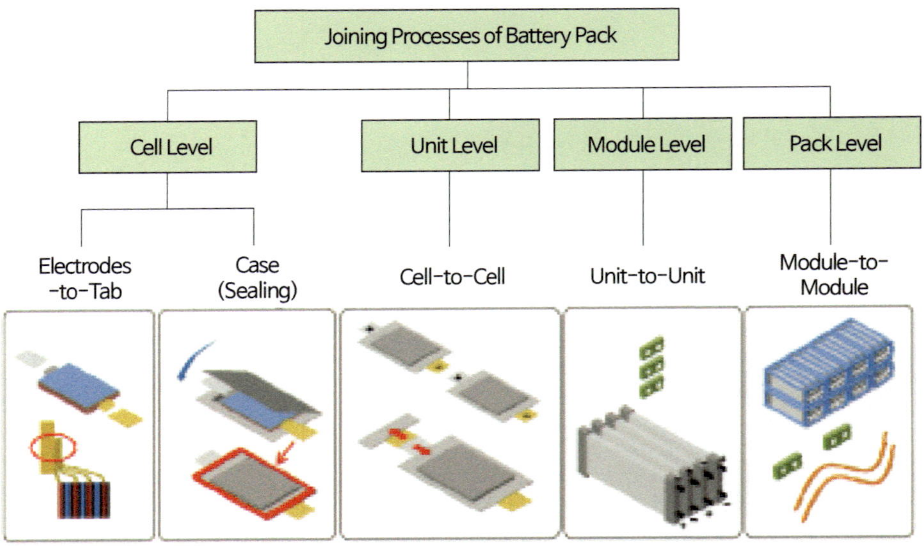

그림 1. 26 **배터리팩의 접합공정**

2) 배터리 셀의 형태(폼 팩터, Form factor)

폼 팩터(form factor)는 배터리 제품의 구조화된 형태를 의미하며, 제품의 물리적 외형을 뜻하는 말이다. 폼 팩터는 제품 외형이나 크기, 물리적 배열로 사용성과 호환성에 매우 중요한 요소이다.

배터리 셀 형태는 표와 같이 크게 원통형(원기둥형), 각형(각주형), 파우치형(작은 주머니 · 작은 가방) 등 3가지 종류로 나뉜다.

표 1.4 **배터리 셀 형태(폼 팩터, form factor)**

Cell types					
Cylindrical		Prismatic		Pouch	
Cell	Module	Cell	Module	Cell	Module

① 전기차 배터리 셀 형태 및 장단점 비교

전기차에 사용하는 배터리 셀 형태(폼 팩터, form factor) 및 장단점 비교는 다음 표 1.5와 같다.

표 1.5 **전기차 배터리 셀 형태(폼 팩터, form factor) 및 장단점 비교**

	파우치형	각형	원통형
외관	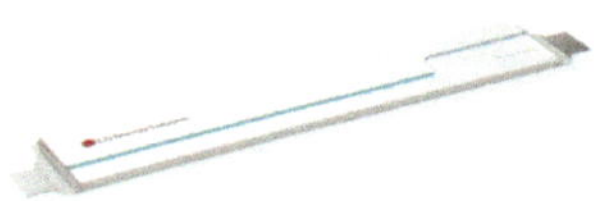		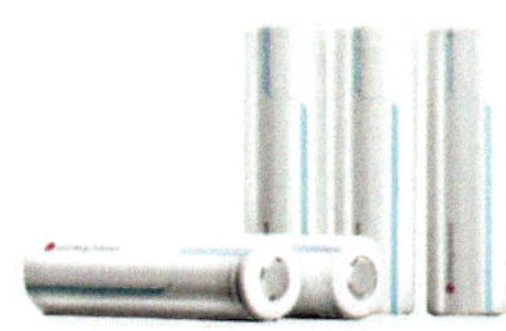
에너지밀도 (팩 단위)	100%	100% 이하	88% 이하
장점	• 높은 에너지밀도 • 높은 디자인 유연성 • 배터리 압력 유지에 유리	• 각종 안전장치 탑재 가능 • 외부 충격에 강함 • 한 셀에 문제가 발생해도 옆 셀로 전이 차단 가능	• 표준화된 크기, 대량 생산에 따른 원가 절감 • 외부 충격에 강함 • 한 셀에 문제가 발생해도 옆 셀로 전이 차단 가능
단점	• 높은 생산 원가 • 비교적 낮은 안전성	• 낮은 공간 효율성 • 배터리 무게 증가	• 낮은 공간 효율성 • 배터리 무게 증가 • 에너지밀도(팩 단위) 하락

표 1.6은 전기차 배터리 타입별 특성 비교를 나타낸다.

표 1.6 **전기차 배터리 타입별 특성 비교**

타 입	파우치형	원통형	각형
특징	 비닐 파우치, 부피가 작아 다양한 형태 적용 중대형	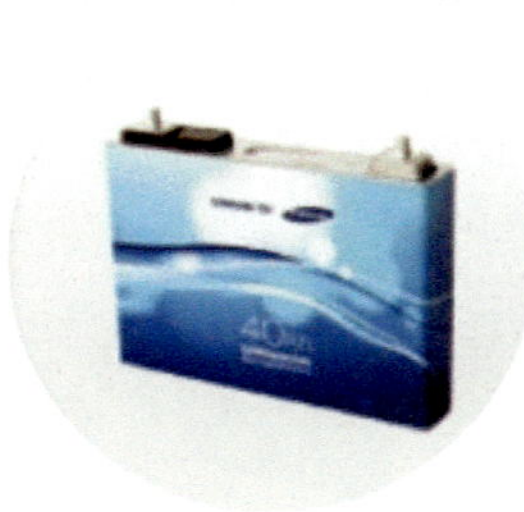 소형	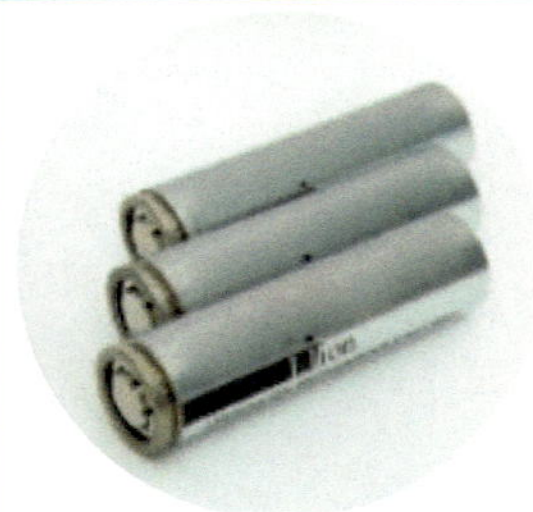 알루미늄 금속 외관 외부충격과 발열에 강함 중대형
주요 제조사	LG에너지솔루션, SK온 등	LG에너지솔루션, 삼성SDI, 파나소닉	삼성SDI, 도시바 등
자동차 메이커	현대자동차, GM, 포드, 르노, 볼보, 닛산 등	테슬라	BMW, 아우디, 폭스바겐, 포르쉐, 페라리 등

② 배터리 업체의 배터리 셀 형태 전략

전기차에 쓰이는 배터리 셀의 형태를 파우치형으로 만드느냐, 각형으로 만드느냐, 아니면 둘 다 개발하느냐가 국내 배터리 개발 제조를 주도하고 있는 주요 3사 LG, 삼성, SK온의 폼 팩터(form factor, 배터리 형태)에 대한 경쟁이 치열하다.

국내 배터리 업체들이 전기차 배터리 폼팩터(형태)를 두고 신경전을 벌이고 있다. LG에너지솔루션은 파우치형, 삼성SDI는 각형을 주력으로 한다. 후발 주자 SK온은 파우치 · 각형 · 원통형 폼팩터를 모두 개발하고 있지만, 경쟁사 수준으로 품질을 끌어올리는 게 관건이다.

2024년 3월 17일 업계에 따르면 LG에너지솔루션은 파우치형 배터리를 주력으로 생산하면서 이르면 오는 8월 4680(지름 46mm · 높이 80mm) 원통형 양산을 시작한다. 아직 각형 배터리 생산 계획은 없다.

김제영 LG에너지솔루션 CTO(최고기술책임자)는 "원통형과 파우치형은 상호 보완적 성격을 갖고 있어, 두 폼팩터로 현재와 미래에 사용될 다양한 케미스트리(화학 구성)를 모두 수용할 수 있을 것"이라고 밝혔다.

파우치형 배터리는 얇은 알루미늄 필름 형태의 외장재를 사용해 무게는 줄이면서, 단위 공간당 더 높은 에너지밀도를 구현한다. 규격도 정해져 있지 않아 고객사 요청에 맞춰 디자인할 수 있다. 다만 외부 충격에 대한 보호력이 낮다는 게 단점이다.

LG에너지솔루션은 실리콘 음극재를 탑재한 배터리나 전고체 배터리에도 파우치형이 강점을 갖는다고 본다. 우선 실리콘 음극재는 기존 흑연 음극재 대비 리튬 저장 능력을 4~10배 높이고 충전 시간을 단축할 수 있지만, 충 · 방전 시 부피 변화가 크다는 문제가 있다.

전고체의 경우 액체 대신 고체 전해질을 사용하기 때문에, 고체끼리 맞닿는 계면(접촉면 · interphase)의 저항이 높아진다. 이 경우 이온 전도도와 배터리 수명이 낮아지는 문제가 생긴다. 실리콘 음극재와 전고체의 문제를 해결하기 위해선 배터리셀 전체에 균일한 압력을 가해야 하는데, 파우치형이 폼팩터 중 가장 유리하다고 LG에너지솔루션은 설명한다.

반면 삼성SDI는 각형 배터리를 주력으로 생산하고, 파우치형은 만들지 않는다. 3사 중 유일하게 에너지밀도가 높으나 열 안정성은 떨어지는 NCA(니켈 · 코발트 · 알루미늄) 양극재를 채택했기 때문에 안전에 더 힘을 주는 모습이다.

각형 배터리는 직육면체 형태의 알루미늄 캔을 외장재로 사용해 외부 충격에 강하다. 또 파우치형과 달리 하나의 배터리셀에 문제가 생겨도, 주변으로 문제가 전이되는 것을 차단할 수 있다. 다만 배터리가 무거워지는 게 단점이다.

삼성SDI는 각형 배터리 공정을 고도화하고 있다. 기존 젠(Gen4) 제품까지는 배터리 소재를 엮어서 돌돌 말아 캔에 넣는 와인딩(Winding) 방식으로 생산했지만, 젠5부터 양극 · 분리막 · 음극 등 소재를 계단처럼 층층이 쌓는 '스태킹(Stacking)' 공법을 접목해 에너지밀도와 내구성이 더 높아졌다.

삼성SDI는 오는 2027년 양산을 예고한 전고체 배터리도 각형 폼팩터를 채택할 전망이다. 회사는 최근 '인터배터리 2024'에서 각형 전고체 배터리 시제품을 공개했다(그림 1.27 참조).

그림 1.27 삼성SDI가 2027년 양산을 목표로 한 전고체 배터리 ASB(All Solid Battery) 모형

업계 후발 주자인 SK온은 파우치형 배터리만 만들어 왔으나, 작년부터 각형과 원통형 모두 개발에 나섰다. 국내 기업 중 유일하게 3가지 폼팩터를 모두 생산할 수 있는 기술력을 갖추는 게 목표다.

다만 품질을 높이는 게 관건이다. 최재원 SK그룹 수석부회장은 올해 초 CES2024에서 "각형 배터리는 개발이 완료됐고, 원통형도 개발이 상당 수준 진전됐다"고 밝혔다(발췌 : 조선비즈, "파우치형 vs 각형 … LG · 삼성, 배터리 형태 신경전", 2024. 03. 17).

(2) 배터리 모듈용 접합 소재

셀 및 모듈 레벨(level, 수준) 접합에서 전극(電極, electrode : 전극은 회로 내의 도체로 전류를 흘러들어가게 하거나 나오게 하는 단자이다. 전원에서 전류를 내보내는(자유전자를 받아들이는) 쪽이 양극(양전극, +)이고, 전류를 받아들이는(자유전자를 내보내는) 쪽이 음극(음전극, −)이다), 탭(tab, 배터리 탭은 셀의 음극 및 양극 전극에서 유도하는 금속 도체이며, 완전한 배터리 탭은 주로 고온 절연성 접착제 및 금속 전도성 기판으로 구성된다), 버스바(busbar, 부스바라고도 하며 전류를 전달하는데 사용되는 단단한 금속막대이다. 전력 손실을 억제하면서 전력을 전도할 수 있기 때문에 전력망에 필수적인 부품이 되고 있다. 전기적인 연결을 가능하도록 하는 막대형 전도체로 주로 전선을 이용한 고전류 통전이 어려울 시 사용된다. 일반적으로 구리 또는 알루미늄으로 만들어지며 시스템의 여러 회로 사이에 상호 연결점을 만드는데 사용되며, 자동화 공정의 필요성도 버스바의 채택을 가속화하고 있다) 등에 사용되는 소재로는 Cu, Al, Ni, Fe 등이 있으며, Cu-Cu, Cu-Al, Cu-Ni 또는 Al-Ni 등 동종 또는 이종소재 접합이 적용된다.

그리고 다음과 같은 접합 특성을 갖는 소재가 있다.

① Al-Al, Cu-Cu, Ni-Ni : 동종 소재 간 접합으로 물성이 양호하다.
② Cu-Al, Cu-Ni : 이종 소재 간 접합은 낮은 접합강도와 계면에서 취성을 가진다.

1) 배터리 탭(Tab)

전기차에 들어가는 파우치형 배터리에는 리드탭(lead tab, 파우치 배터리의 양극과 음극 단자로, 파우치형 배터리 셀의 주요부품이다. 안정적인 전력 공급과 지속적인 배터리 수명을 결정하는 핵심재료이기도 하다)이 핵심부품으로 탑재된다.

리드탭은 배터리 소재인 양극판과 음극판에 연결해 외부로 전기를 입출력하는 부품이다. 전기차 배터리에는 대형 리드탭이 사용되는 데 배터리의 전기적 저항을 낮추고 충・방전 속도를 개선하는 역할을 한다.

사진 1.5는 파우치형 배터리에서의 리드탭이 조립된 모양을 보여준다.

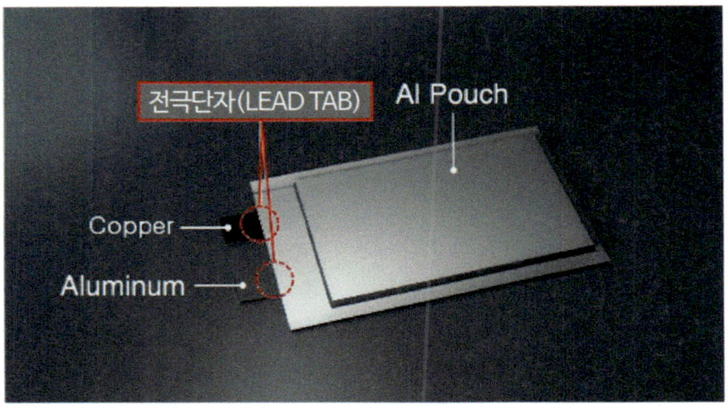

사진 1.5 **파우치형 배터리의 리드탭**

사진 1.6은 양극판(+) 소재로 Al과 음극판(−) 소재로 Ni, Ni-Cu를 주로 사용되는 접합소재를 나타낸다.

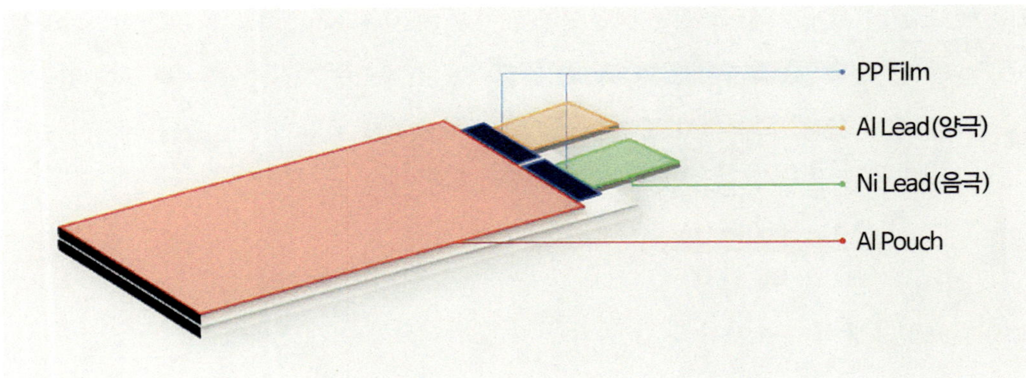

(a) 양극(Al) (b) 음극(Ni-Cu)

사진 1.6 **양극판(+)과 음극판(-)으로 사용되는 접합소재**

그림 1.28은 파우치 배터리에 리드탭(lead tab, 파우치형 배터리의 양극과 음극단자)이 조립된 두 가지 경우를 보여준다.

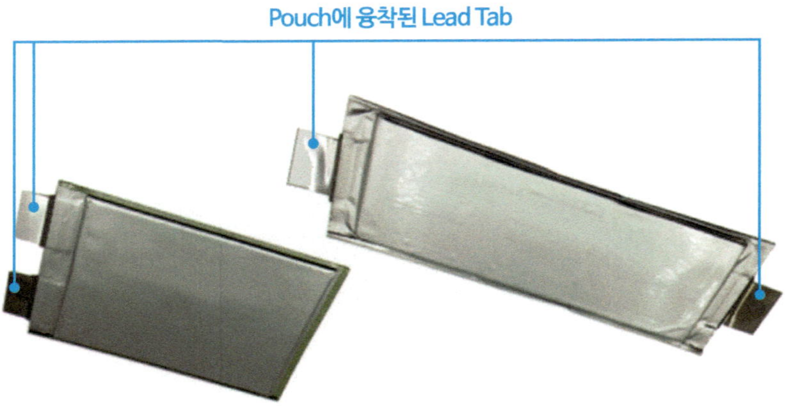

그림 1.28 **파우치 배터리에 융착된 리드탭**

그림 1.29는 파우치 배터리에 리드탭(lead tab, 파우치형 배터리의 양극과 음극단자)이 조립된 구조로, 주요부품이 조립된 구성도를 부분 조립단면으로 나타낸다.

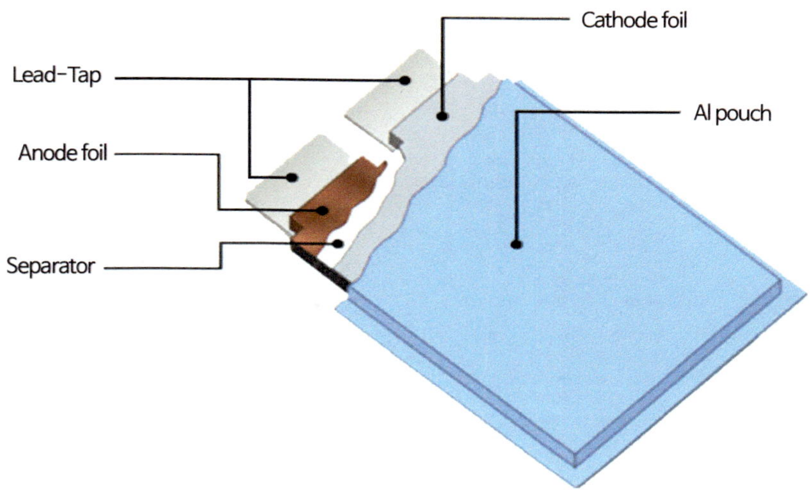

그림 1.29 **리드탭 조립구조 및 구성도**

2) 탭이 없는 배터리

한편으로 탭이 없는(tabless, 탭리스) 배터리가 있다.

기존의 리튬이온 배터리는 원통, 각형, 파우치형 등 형태에 관계없이 양극과 음극 사이의 전자이동을 위해 탭을 달고 있다. 특히 원통형 배터리에서는 양끝의 뾰록하게 튀어나온 부분이 바로 탭으로 양극과 음극을 집합시키는 곳으로 즉 단자이다.

사진 1.7에서 보면 (a)는 일반적으로 탭이 있는 원통형 배터리이고, (b)는 탭이 없는 원통형 배터리이다.

배터리 탭의 역할은 물이 담겨 있는 깔때기를 생각해보면 이해하기 쉽다. 용적이 넓은 위에서 지름폭이 좁은 아래쪽 방향으로 물을 몰아넣게되면, 물의 유속이 강해지고 큰 파워(power, 힘으로 여기서는 수압이다)로 나가게 되듯이, 물의 흐름이든 공기의 흐름이든 유체의 흐름은 압력이 높은 곳에서 낮은 곳으로 이동하게 된다.

(a) 탭이 있는 원통형 배터리　　(b) 탭이 없는 원통형 배터리

사진 1.7 **일반적인 탭과 탭이 없는 원통형 배터리의 비교**

배터리에서도 마찬가지로 전기는 전압이 높은 곳에서 낮은 곳으로 흐르게 된다. 전압은 전기회로에 전류(current, 전기의 흐름)를 흐르게 하는 능력이다. 전압(電壓, electric pressure)은 전위차(電位差, electric potential difference, 전기장 안에서 전하가 갖는 전위의 차이 즉, 회로 상 두점 간의 전위차)라고도 한다. 이것은 전기적 위치에너지의 차를 말하며, 영어 명칭은 볼트(voltage)이다. 따라서 전압(voltage)은 회로에서 전하를 이동시키는(전류를 일으키는) 힘이다. 배터리 탭의 역할은 바로 배터리 내에서 전하를 이동시키는 힘을 크게 해 신속히 전기를 흐르게 하는 것이다.

그러나 배터리 내 전자의 흐름의 경우에 있어서는 아무래도 좁은 곳으로 전자가 집중되다보니, 온도가 올라가게되고 계면에서는 병목현상(bottleneck 현상, 병목현상은 병의 목부분처럼 넓은 길이 갑자기 좁아짐으로써 전체 시스템의 성능이나 용량이 하나의 구성요소로 인해 제한을 받는 현상을 말한다. 병목이라는 용어는 물이 병 밖으로 빠져나갈 때 병의 몸통보다 병의 목부분의 내부 지름이 좁아서 물이 상대적으로 천천히 쏟아지는 것에 비유한 것이다)이 발생하는 단점이 있다.

이런 문제를 해결하고자 양쪽 각 면 전체를 도체로 활용하게 된 것이 바로 탭이 없는

(tabless, 탭리스) 배터리인 것이다. 좁은 깔때기 모양이 아니라, 그냥 원통형 전체를 쓰게됨으로써 전기의 통과(접촉)면적이 넓어지다보니, 전자가 넓은 면적으로 수월하게 움직이게 된다. 따라서 탭 배터리가 갖고 있는 단점인 전자가 집중되지 않아 온도가 올라가는 정도도 낮아지게될 뿐더러, 병목(bottleneck)현상도 줄어들어 계면저항도 낮아지게 된다. 이를 통해 전기차의 핵심요소 중 하나인 충전출력의 확보를 통해 충전시간도 단축을 할 수 있게 되는 것이다.

그림 1.30의 (a)는 기존 탭이 있는 리튬배터리 셀 구조와 구성요소를, (b)는 탭이 없는 탭리스 배터리(tabless battery) 셀의 구조를, (c)와 (d)도 탭과 탭리스 배터리의 구조와 구성요소를 단면도로 도시한 것이다.

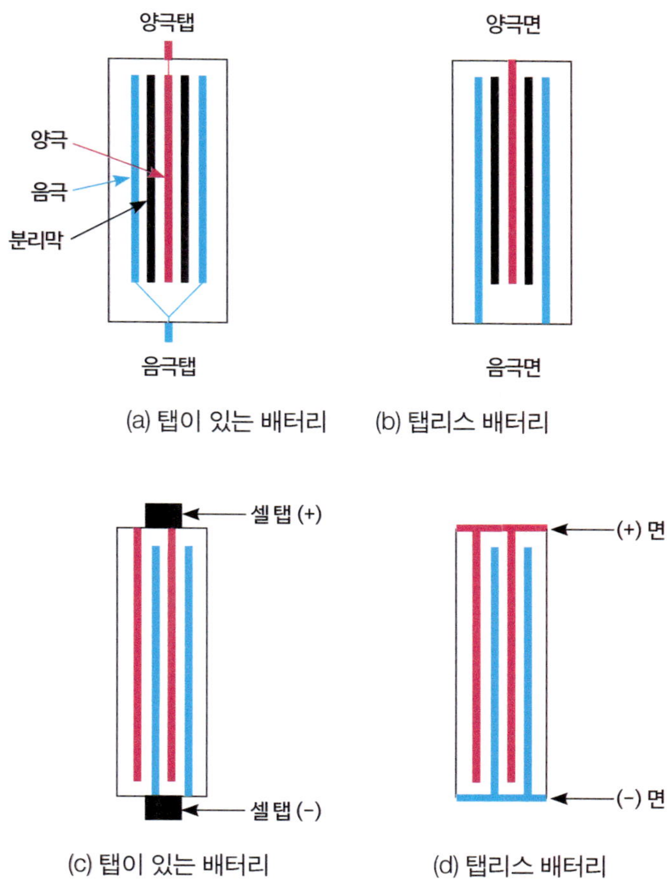

그림 1.30 **탭과 탭리스 배터리의 단면구조의 비교**

(3) 배터리 모듈 접합기술

그림 1.31은 배터리 모듈 접합기술에 관한 것이다.

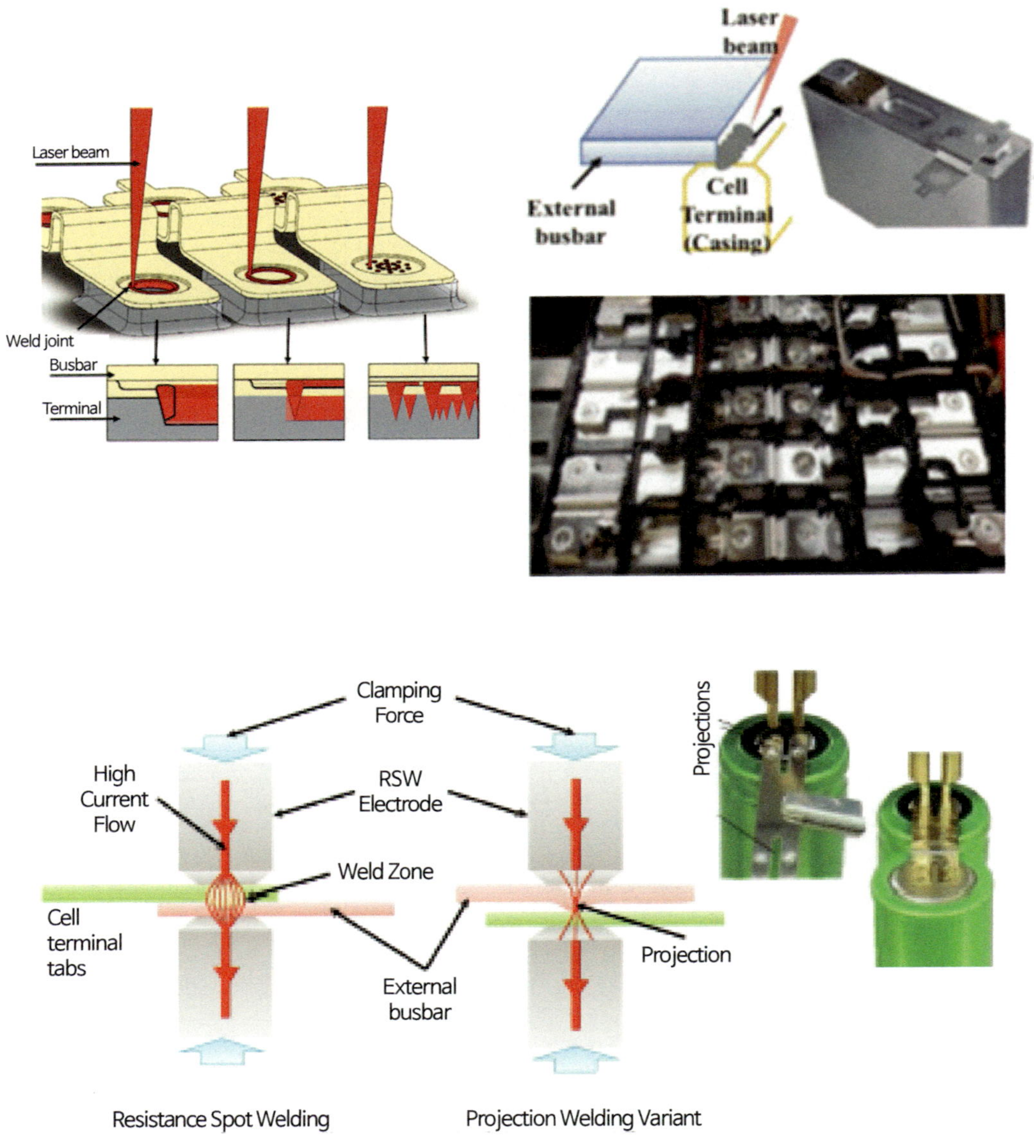

그림 1.31 배터리 모듈 접합기술

(4) 클린칭(Clinching) 접합기술

그림 1.32와 같이 관재의 소성가공을 통해 상·하관의 직접적인 체결이 이뤄지는 방식이다.

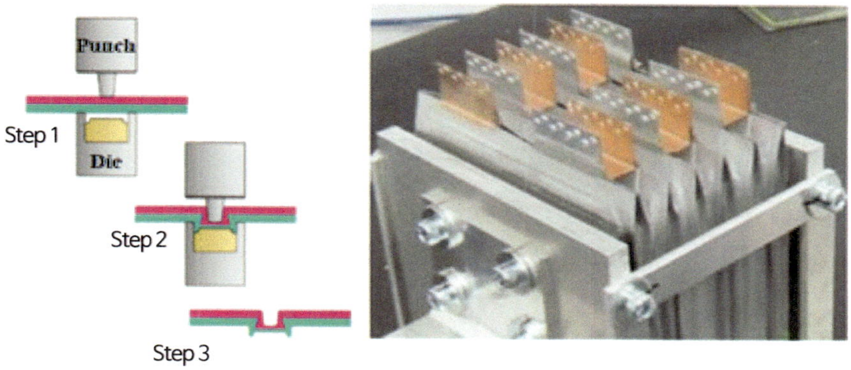

그림 1.32 클린칭 공정 및 적용

그림 1.33은 클린칭 접합(clinching joint)공정의 생성 과정을 보여준다.

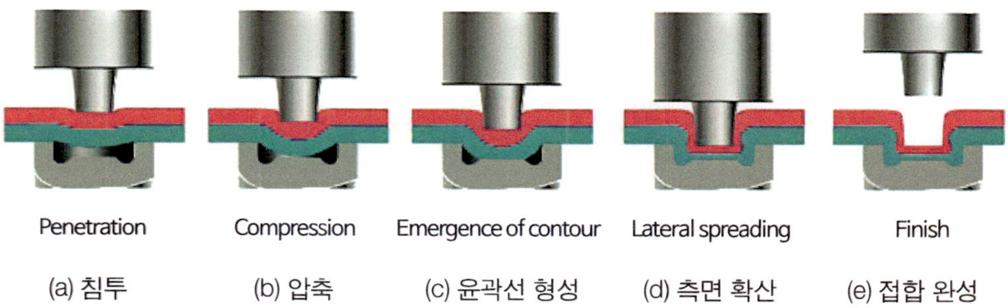

그림 1.33 클린칭 접합 공정의 순서(생성 과정)

그림 1.34에서 보면 펀치(punch)의 선단부가 결합시키고자 하는 판재를 눌러 다이(die, 금형) 구멍으로 딥드로잉(deep drawing, 깊은 인발)하면 판재는 양옆으로 확산(lateral spreading) 되어져 접합된다. 내구성이 강한 판금접합으로 아주 유용하게 사용된다.

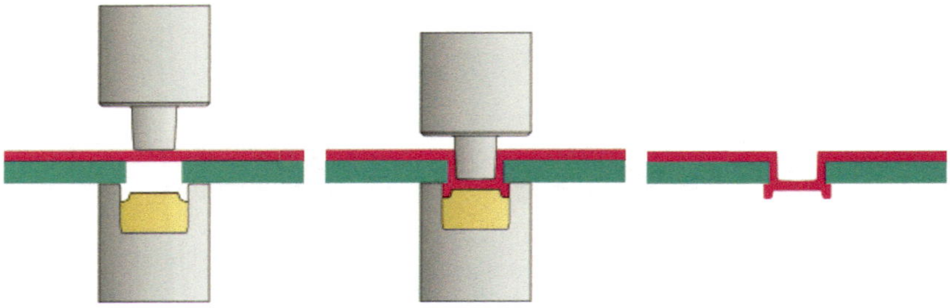

그림 1.34 **클린칭 기술**(clinching technology)

클린칭이라는 것은 특수한 형상의 금형을 통해 2장의 판재를 펀치로 딥드로잉(deep drawing, 깊이 오므리기 가공)하는 프레스 가공으로, 아래 그림 1.35와 같이 평활한 금속판재를 펀치를 이용하여 다이구멍에 밀어넣어 이음매가 없이, 소성 압착으로 결합력을 가지게 만드는 접합공법이다.

별도의 리벳이나 열을 이용하지 않는 간단한 접합으로, 클린칭 공정은 냉간 성형 공정을 이용하여 버튼 타입의 판재를 형성해 빠지지 않도록 2~3장의 금속 접합을 생성한다.

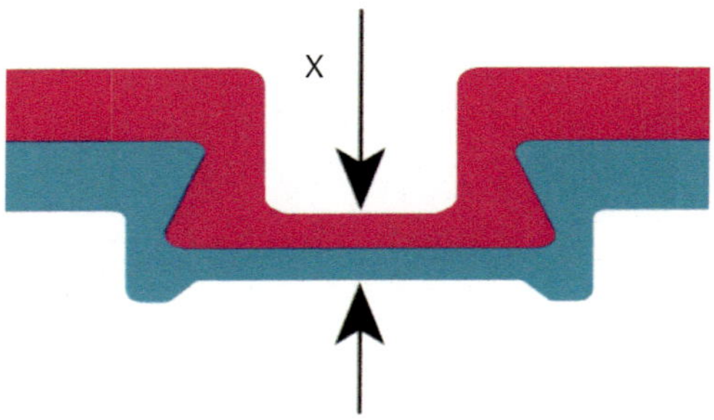

그림 1.35 **클린칭 가공에 의한 판재의 접합**

서로 접합된 판재의 인장강도와 전단강도에 대한 저항력은 위의 그림 1.35에서 표시한 관리치수 "X"에 따라 달라진다.

다음 사진 1.8에서 보여주는 바와 같이 여러 소재 간의 클린칭이 가능하다.

(a) 이종 소재간 접합

(b) 이종 표면처리 소재간 접합

(c) 이종 두께 소재간 접합

(d) 다층 소재간 접합

사진 1.8 **여러 소재 간의 다양한 클린칭 접합**

클린칭 접합기술의 장점은 다음과 같다.

① 경제적 : 클린칭은 스폿 용접보다 훨씬 더 비용이 저렴하며 효율적이다. 또한 체결을 위한 별도의 소모재가 필요 없다.
② 신뢰성 : 조인트(joint) 강도 값을 보장한다.
③ 다용도 : 클린칭은 수많은 소재 조합에 유용하다.
④ 환경 친화적 : 클린칭은 에너지를 절약하고, 가공이 깨끗하며, 조용하게 할 수 있다.
⑤ 이종소재의 접합 : 일정 이상의 신율(연신율)이 확보된 소재의 경우 이종접합이 가능하다.

그러나 단점으로는 타 공정과 비교 시 접합력이 비교적 낮다.

이차전지 공정제조기술 Process and Manufacturing Technology of Secondary Cell

CHAPTER 02

전지(배터리)의 제조공정

2.1 전지 제조공정의 개요 - 각형 및 원통형

전지의 제조공정은 양극 또는 음극활물질을 집전체에 코팅하여 전지 극판을 만드는 전극 제조공정(혹은 극판공정이라고도 한다), 제조된 극판을 전해질, 분리막 등 각종 셀 요소들과 조립하는 조립공정, 마지막으로 방전상태로 제조된 리튬이온 배터리(LIB)를 충전하여 활성화하고 불량제품을 선별하는 화성공정 등으로 이루어져 있다.

리튬이온 배터리(LIB) 제조공정이 기존 전지공정과 다른 점은 전지 조립을 드라이룸(dry room, 건조실)에서 진행하고 화성공정 기간이 최장 28일로 길다는 것이다.

화성공정 기간 중에 전지의 발화, 폭발 가능성이 있기 때문인데, 그만큼 안전성이 중요하기 때문에 세밀하게 공정이 나뉘어져 있는 것이다.

리튬이온전지는 폼 팩터(form factor) 종류별로 제조공정이 조금씩 다르며, 표 2.1에 각 전지 종류별 제조공정의 차이점을 나타냈다.

배터리 제조 4대 공정은 크게 전극공정, 조립공정, 화성공정, 기타공정(팩 공정)으로 구분된다.

표 2.1 **전지 종류별 제조공정의 비교**

공정	리튬이온전지	리튬폴리머전지		
	원통형/각형	권취(winding)		스택(stack)
		물리젤	화학젤	벨코어 방식
전처리	없음	없음	없음	기재 전처리
극판	활물질 혼합	활물질 혼합	활물질 혼합	활물질 혼합
	양/음극 제조	양/음극 제조 전해질 도포	양/음극 제조	양/음극 제조 분리막 제조
조립	권취 젤리롤 삽입 용접 전해액 주입	권취 젤리롤 삽입 용접 전해액 주입	권취 젤리롤 삽입 용접 파우치 Sealing	라미네이션 추출/진공건조 스택/용접 전해액 주입
	용접	파우치 Sealing		파우치 Sealing
후처리	없음	후처리(압착)	후처리(열중합에 의한 전해질 겔화)	없음
화성	에이징(aging)/ 충방전	에이징/충방전	에이징/충방전 degasing/resealing	에이징/충방전 degasing/resealing

배터리의 3가지 타입(원통형, 각형, 파우치형)은 조립공정에서 권취(winding, 와인딩) 방식과 스태킹(stacking, 적층) 방식으로 나뉘게 된다.

각형(prismatic. 직각기둥)과 원통형(cylindrical, 원기둥) 전지는 공정이 비슷하기 때문에, 여기서는 각형 전지의 제조공정 위주로 설명을 하였다. 폴리머전지(polymer cell)는 고분자 전해질의 종류에 따라 화학젤과 물리젤로 나눌 수 있다.

특히, 미국 벨코어(Bellcore)사에서 개발한 타입은 권취(捲取, winding, 두루마리 형태로 둥글게 말거나 감는 공정)가 아닌 스택(stack, 적층해 쌓는 공정) 구조이다.

리튬이온전지(cell, 셀)의 제조공정은 크게 전극(극판)공정(electrode process), 조립공정(assembly process), 화성공정(formation process)의 3단계로 구분된다. 단, 여기서는 배터리팩 공정은 제외한다.

조립공정은 전극공정(극판공정)을 통해 제조된 극판(양극판 · 음극판)을 분리막과 같이 각각의 배터리 타입(셀 형태로 원통형, 각형, 파우치형)에 맞게 조립하는 공정으로, 이차전지 라인투자의 약 17%를 차지한다. 즉, 조립공정은 극판공정을 마친 양극판과 음극판 사이에 분리막을 넣어 배터리로 만드는 과정이다.

화성공정은 배터리의 충 · 방전공정, 활성화공정으로 조립된 배터리가 전기적 특성을 갖도록 활성화하고 결함 여부를 파악하는 마무리 공정이다. 즉, 화성공정은 배터리를 활성화시켜 전기를 띠게 하는 과정이다. 배터리 제조 전체공정 중 약 29%를 차지한다.

전지제조 이전에 각 공정별로 구체적인 설계가 선행되어야 하며, 제반 설계가 완료되면 전극 제조공정, 여러 부품을 전지의 형태로 조립하는 조립공정, 그리고 전지를 출하하기 전에 충 · 방전 검사 및 선별공정이 이어진다.

이차전지(배터리) 제조공정은 크게 전극공정(30%), 조립공정(17%), 화성공정(충 · 방전공정, 29%), 팩 공정을 포함하는 기타공정(24%)으로 이루어진다.

① 전극공정

원재료가 투입된 후 전극을 구성하는 활물질과 도전재, 바인더를 섞어서 양극과 음극을 만드는 공정

② 조립공정

전극공정에서 넘어온 극판을 쌓고 전해액을 주입하여 캡(cap)을 씌우거나 파우치형

인 경우는 밀봉 후 전해액을 주입하는 공정

③ 화성공정

전지의 특성을 띠게 만드는 공정(조립공정으로 만들어진 셀은 화성공정을 통해 비로소 전지의 특성을 갖게 된다)

④ 기타공정

검사장비를 통해 셀의 불량을 점검하고 난 뒤 포장 및 출하의 과정을 거치게 되며, 배터리팩으로 제작 및 검사 후 포장하여 출하하는 공정을 포함한다.

그림 2.1은 리튬이온 이차전지 중의 각형전지에서의 제조공정을 간략히 나타낸 것이다. 각 공정에 대해서 구체적으로 살펴보기로 한다.

	전극 공정		조립 공정		화성 공정	
1	Mixing	1	Winding	1	Aging 1	전해액 함침
2	Coating	2	Jelly Roll Press	2	IR_OCV 검사/선별	전해액 함침 정도 검사
3	Pressing	3	Jelly Roll Insert	3	충 전	
4	Slitting	4	Tap 용접	4	Aging 2	전지활성화 자기방전 정도 검사
5	Vacuum Drying	5	Can-Cap 용접	5	OCV 검사/선별	Hard Short 불량 검출
		6	전해액 주입	6	Aging 3	전지활성화 불량 검출
		7	Ball 용접	7	IR_OCV 검사/선별	Soft Short 불량 검출
		8	Bottom Plate 용접	8	방전 후 용량선별	용량선별 위한 예비방전
				9	외관검사/입고검사	
				10	IR_OCV 검사/선별	출한 전 Soft Short 불량 검출

그림 2.1 전지 제조공정 흐름도(각형전지 기준)

그림 2.2는 앞에서 설명한 이차전지(배터리)의 제조공정을 입체적으로 도시하고 공정마다 간략하게 역할을 설명하고 있다.

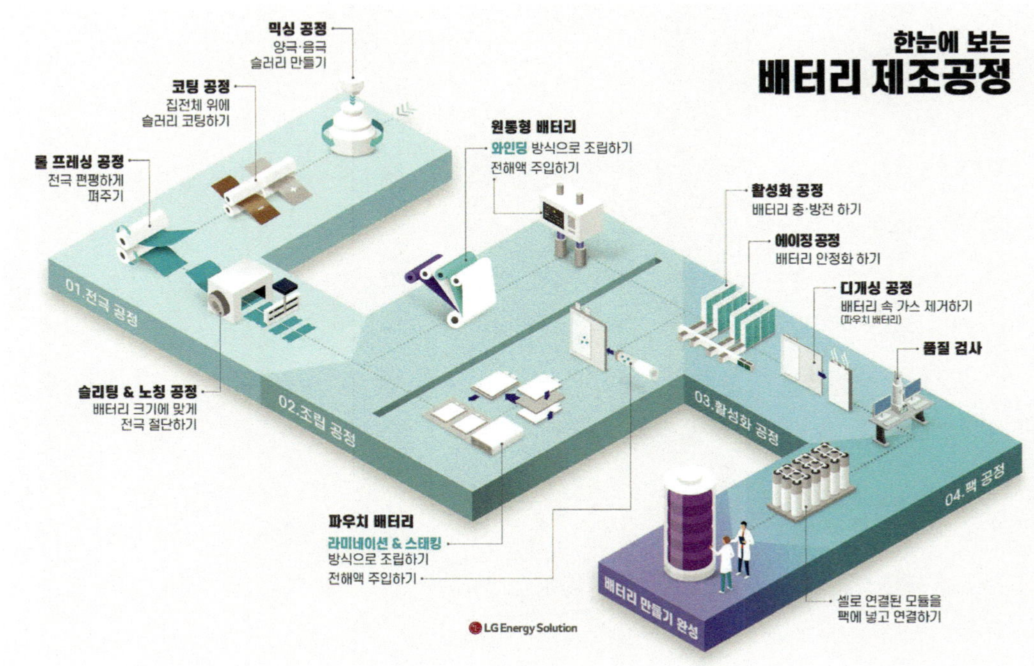

그림 2.2 이차전지(배터리) 제조공정(자료 : LG에너지솔루션)

일본 배터리 제조업체인 요코가와(Yokogawa)는 리튬이온 이차전지 제조공정에 있어서, 다음 그림 2.3과 같은 상세한 핵심제조 공정을 통해 배터리를 생산하는 데 다양한 배터리 제조공정을 지원하는 장비와 솔루션을 제공하고 있다.

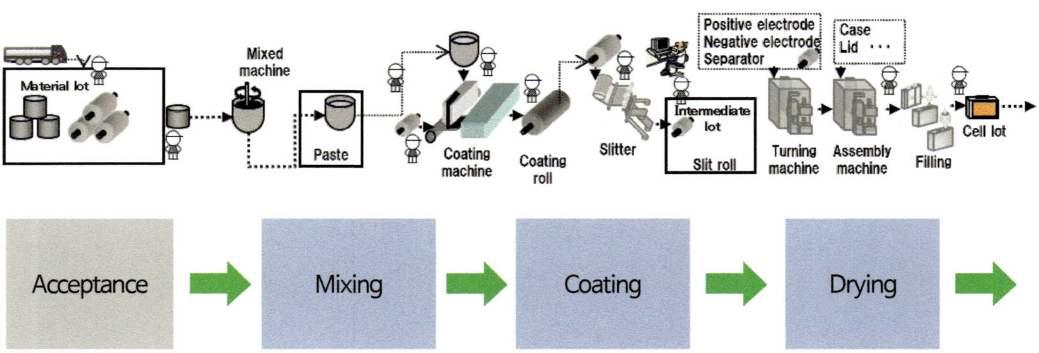

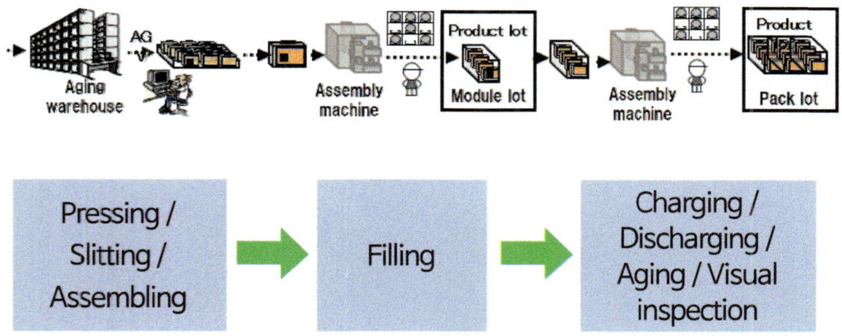

그림 2.3 요코가와(Yokogawa)의 리튬이온 이차전지 제조공정

01 전극 제조공정 – 전극(극판)공정

우리가 일상에서 편리하게 사용하는 배터리는 전극공정, 조립공정, 활성화공정 등의 제조과정을 거쳐 생산된다.

그중 첫 단계이자, 핵심 공정인 전극(극판)공정(Electrode process)은 쉽게 말해 그림 2.4와 같이 양극과 음극을 만드는 공정이다.

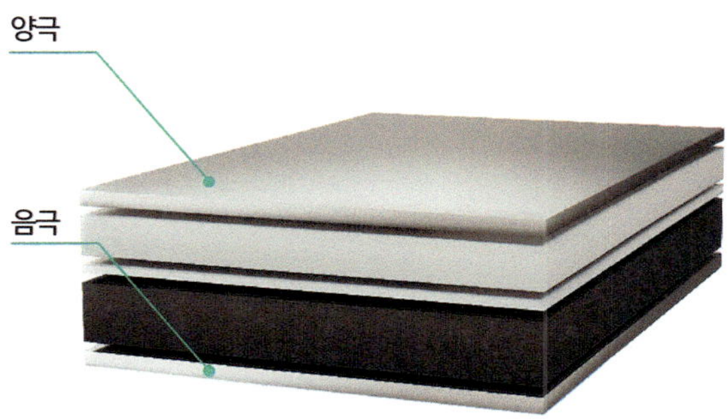

그림 2.4 전극(극판)공정

전극공정은 그림 2.5에서와 같이 원재료를 혼합하는 믹싱공정, 혼합된 슬러리를 포일에 도포하고 건조시키는 코팅공정, 전극의 두께를 낮추는 롤 프레싱공정, 전극을 잘라주는 슬리팅공정, 그리고 전극에 탭을 만들어 주는 노칭공정 순으로 진행된다.

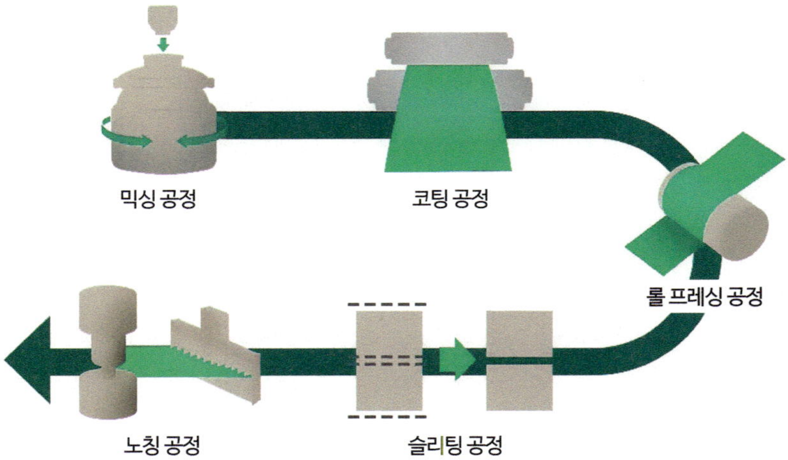

그림 2.5 **전극(극판)공정의 순서(자료 : LG에너지솔루션)**

전극공정(극판공정)은 양극재와 음극재를 각각 알루미늄 극판과 동판 극판에 붙이는 공정이다. 그림 2.5와 같이 혼합(mixing, 믹싱)공정, 코팅 및 건조공정, 압연공정, 슬리팅공정, 진공 건조공정 등으로 세분화된다. 코팅 및 건조공정, 압연공정은 롤투롤(roll to roll) 장비를 기반으로 구성되어 있으며, 양극과 음극의 섞임을 방지하기 위해 제조설비가 분리되어 있어 동일한 장비가 2세트씩 필요하다.

전극 제조공정은 양극과 음극간의 상호 오염을 방지하기 위해서 라인을 완전히 분리한다. 그렇기에 동일한 제조 장비가 두 세트씩 필요하며, 하지만 장비를 충분히 세척할

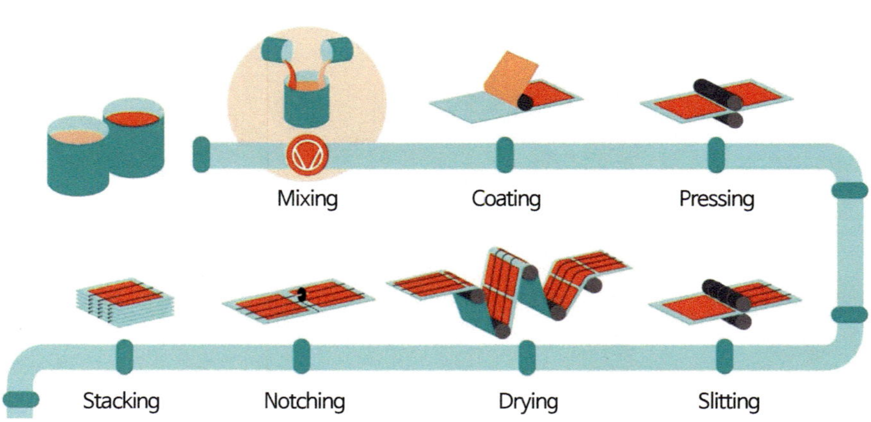

(a) 전극(극판)공정의 순서

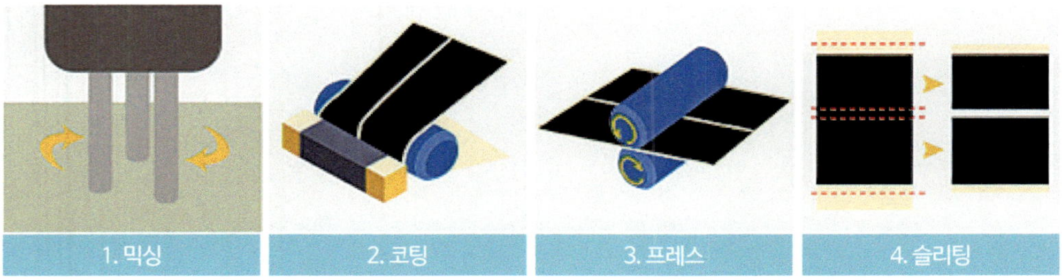

(b) 전극공정(출처 : 삼성SDI)

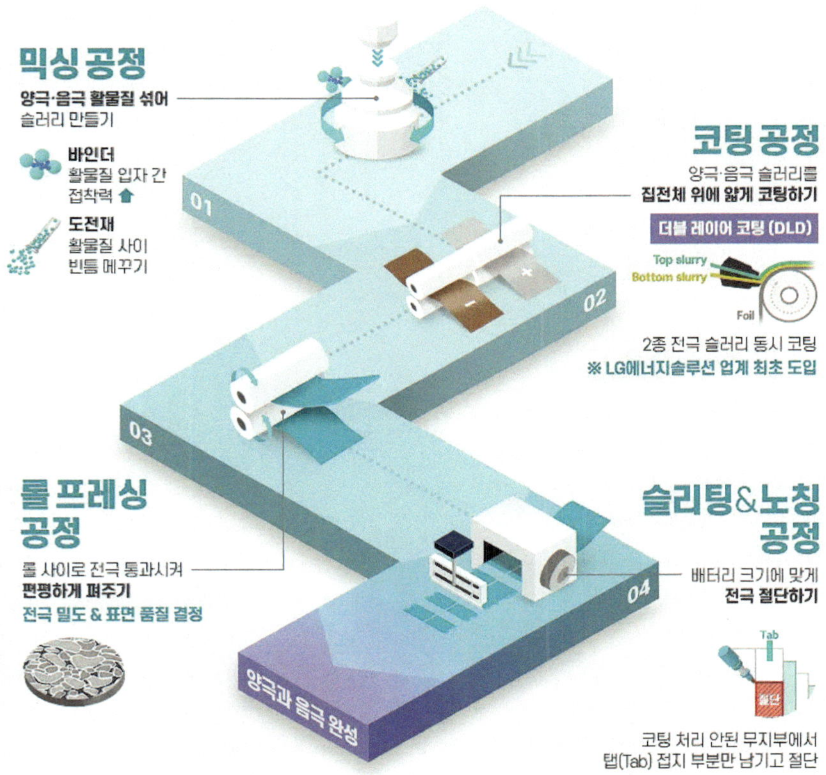

(c) 전극 제조공정(자료 : LG에너지솔루션)

그림 2.6 전극공정(극판공정)의 순서

시간이 있는 파일럿 플랜트는 장비 크기에 상관없이 동일 장비로 양극과 음극을 제조하고 있다. 전극 제조공정은 일반적으로 6단계를 거친다.

그림 2.6은 전극공정의 프로세스를 형상화 시켜 공정의 순서로 나열한 것이다.

전극공정을 좀 더 세분화하여 순차적으로 나타낸 체계도 즉 공정도는 그림 2.7과 같다.

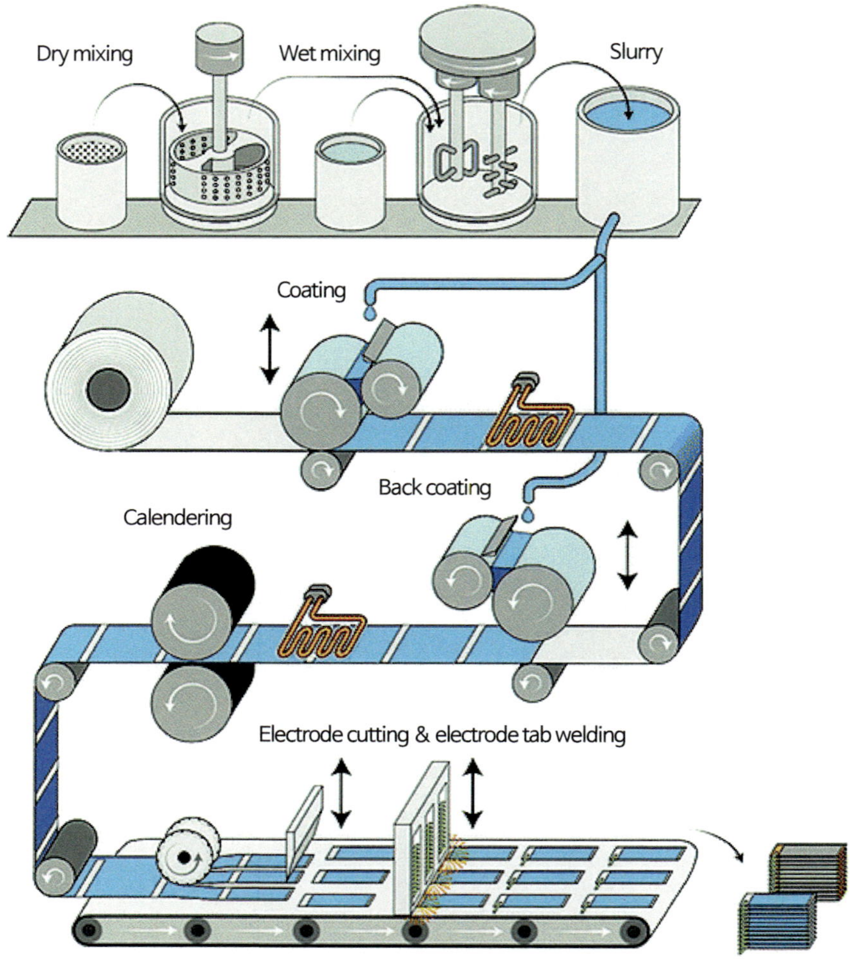

그림 2.7 **전극공정의 체계도(공정도)**

(1) 활물질 혼합공정

활물질 혼합공정은 바인더인 폴리비닐리덴 플루오라이드(PVDF, Polyvinylidene fluoride)를 용매인 NMP(N-methyl pyrrolidone, N-메틸 피롤리돈)에 분산·용해시켜 바인더 용액을 제조한 후 활물질과 도전재를 혼합·분산시켜서 슬러리(slurry, 고체와 액체의 혼합물 또는 미세한 고체입자가 물 속에 현탁(懸濁)된 현탁액)를 제조하는 공정이다. 이 공정은 바인더 용액 제조공정, 바인더 용액 이송공정, 슬러리 제조공정, 슬러리 보관공정 및 이송공정으로 구분될 수 있다. 그림 2.8에 활물질 혼합공정의 각 단계를 구체적으로 표시하였다. 우선, 바인더 용액 제조공정에서는 활물질 혼합공정 중 바인더와 용매를 교반(攪拌, 물리적 또는 화학적 성질이 다른 둘 이상의 물질을 외부적인 기계에

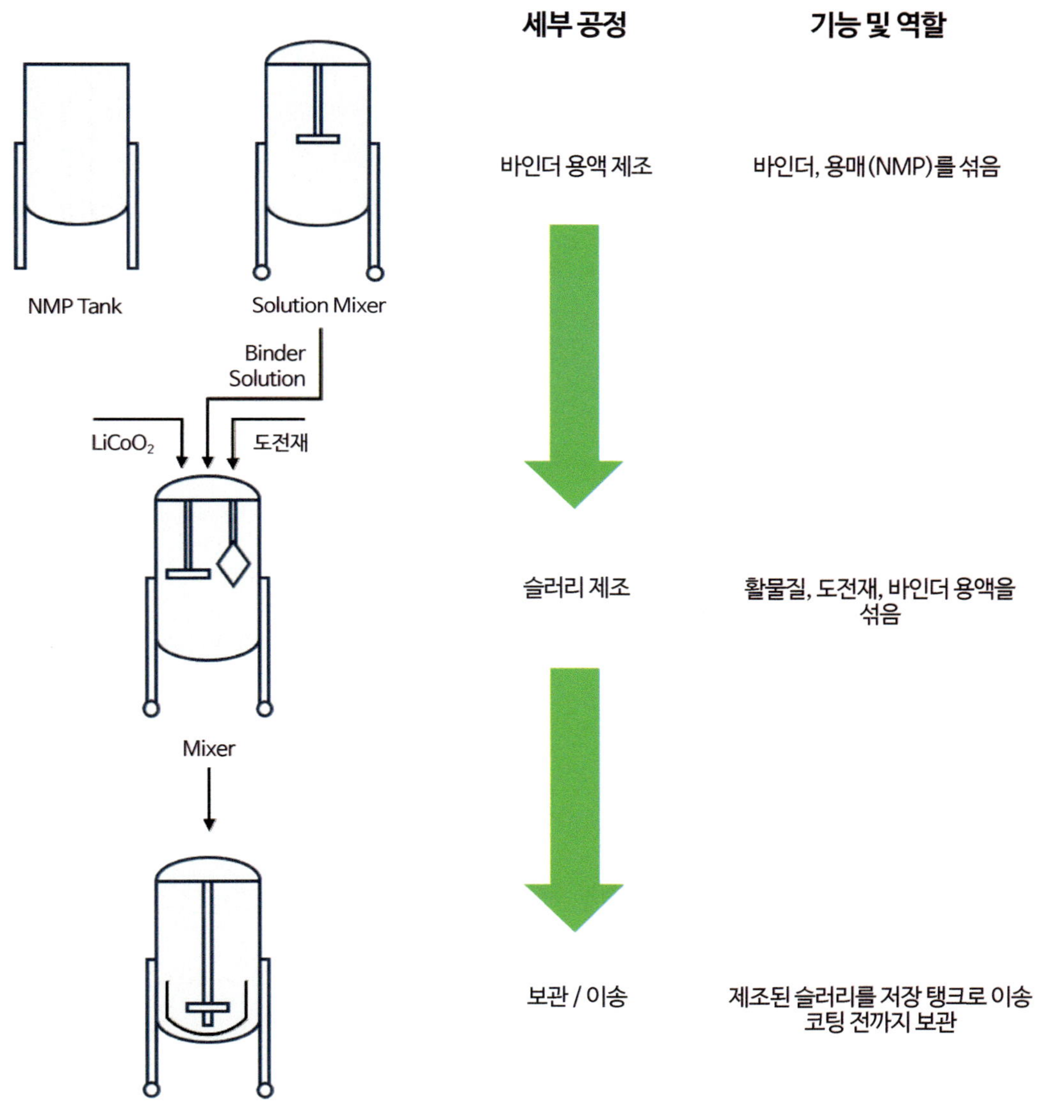

그림 2.8 활물질 혼합공정의 개요

너지를 이용하여 균일한 혼합상태로 만드는 일이다. 교반은 휘저어 함께 섞는 일로 (휘저어 섞기작업을 뜻한다) 및 분산하여 바인더 용액을 제조한다. 바인더 용액 이송공정에서는 제조된 바인더 용액을 버퍼탱크(buffer tank, 가스펄스 흐름을 줄이고 버퍼 역할을 하여 시스템의 압력 변동을 줄이고, 압축공기가 압축공기 정화 구성요소를 부드럽게 통과하여 물과 같은 불순물을 완전히 제거하고 부하를 줄여주는 역할을 한다)의 위치로 이송하여 배관과 공압선을 연결한다.

슬러리 보관공정에서는 믹서(mixer, 혼합기)에서 제조된 슬러리를 펌프를 이용하여 저장믹서로 이송하여 보관 시 슬러리가 굳지 않도록 교반시키는 공정 및 코터에서 코팅할 경우 슬러리를 저장믹서에서 헤드탱크(head tank)로 이송하여 헤드탱크에서 슬러리를 보관하는 공정을 포함한다.

슬러리 이송공정은 코터(coater, 코팅기)에서 코팅할 경우 펌프를 이용하여 저장믹서로부터 헤드탱크로 슬러리를 자동으로 공급하여 헤드탱크 내의 일정한 레벨이 유지되도록 하고 코터에 슬러리를 자동으로 공급하는 공정이다.

코터(coater)는 전지에 있어, 특히 전극코터는 알루미늄박 및 구리박 위에 리튬이온전지 활물질을 코팅하고 건조하는 설비이다. 리튬이온폴리머 이차전지를 생산하는 공정의 한 부분으로서, 구리 또는 알루미늄박(Aluminium箔, 알루미늄포일(foil)이라고도 하며, 알루미늄, 알루미늄 합금을 종이(schlagmetal, 슐라그메탈)처럼 얇게 만든 금속박으로 은박지라고도 부른다)에 혼합된 활물질(전극물질, electrode material)을 폭과 두께 등 정해진 규격으로 코팅하는 장비인 코팅기이다.

혼합(Mixing, 믹싱)공정

전극공정의 첫 단계로, 믹싱공정(mixing process)은 각종 원자재들을 계량하고 투입하여 혼합하는 과정으로, 배터리 소재의 기초가 되는 활물질에 도전재, 바인더, 용매를 넣고 섞어 슬러리(slurry)를 만든다.
분말 형태의 활물질+도전재를 건식 mixing → 바인더를 녹인 용매와 습식 mixing →슬러리 정량의 다양한 혼합물 재료 배합과 균일한 슬러리 조성 및 이물질 관리 능력이 필요하다.

그림 2.9는 혼합공정의 프로세스를 보여준다.

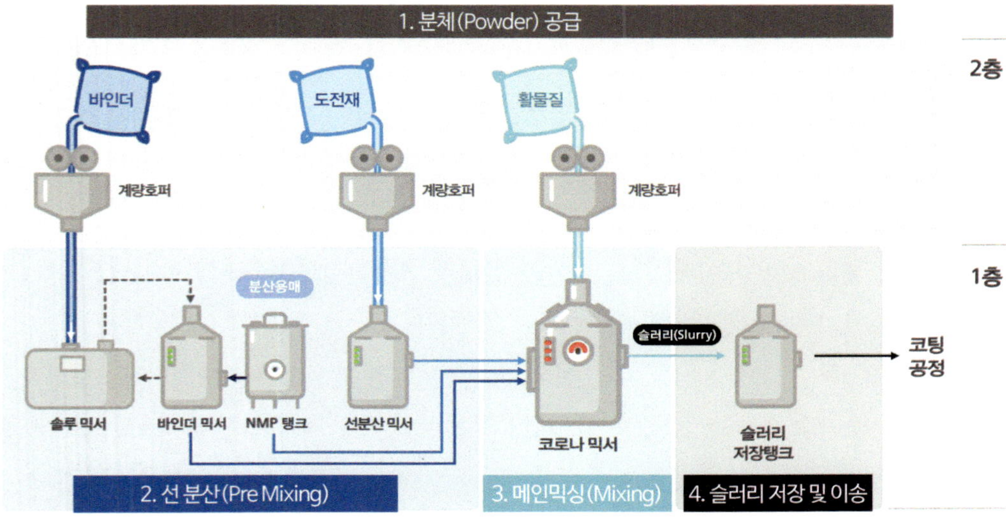

그림 2.9 혼합공정의 프로세스

1) 혼합(Mixing)공정 : 바인더 용액 제조 → 바인더 용액 이송 → 슬러리 제조 → 슬러리 보관 및 이송

혼합공정(믹싱공정)은 양극활물질 중 NCM(니켈 · 코발트 · 망간)은 공침법(여러 가지 서로 다른 화학물질들을 수용액 혹은 비수용액에서 동시에 침전시키는 법)과 같은 방법

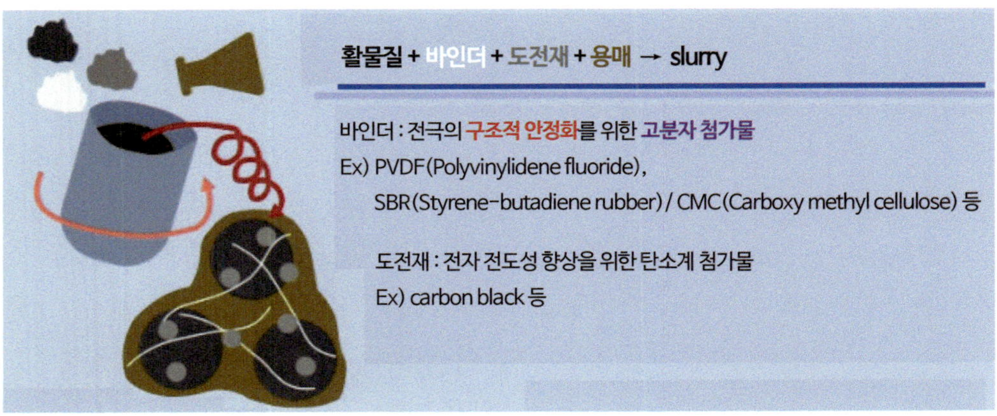

그림 2.10 혼합공정(믹싱공정)

으로 합성된다. 그림 2.10과 같이 합성된 이 활물질을 바인더, 도전재, 용매 그리고 각종 첨가제와 섞어 슬러리의 형태로 만드는 단계가 바로 혼합공정이다.

슬러리(slurry)를 만드는 이유는 집전체인 알루미늄(+양극)이나 구리(−음극)에 코팅하기 적합한 액체상태이기 때문이다.

바인더(binder)란 전극의 구조적 안정화를 위한 고분자 첨가물이다. 충방전을 반복하다보면 활물질의 부피와 구조가 변하게 되는데, 이로 인한 전극성능 저하도 막아준다.

도전재(conductive additive)는 전자 전도성 향상을 위한 탄소계 첨가물로, 활물질과 집전체 사이, 혹은 고분자인 바인더로 인한 전도성 감소를 보정해 준다.

혼합(믹싱)법에는 크게 다음과 같이 2가지가 있다.

첫 번째, 유기용매를 사용하는 비수성 공정은 NMP(용매)+PVDF(바인더)로 폴리머 체인이 풀어진 바인더 용액을 제조한 뒤, 거기에 분말인 활물질과 카본블랙(carbon black, 도전재)를 분산시킨다. NMP(N-Methyl-2-pyrrolidone, 메틸피롤리돈)는 N-메틸-2-피롤리돈으로, 5원 락탐으로 구성된 유기화합물이다. 무색의 액체로 물 및 대부분의 일반적인 유기 용제와 섞일 수 있는 용매이다.

용매(solvent)는 용액의 매체가 되어 용질을 녹이는 물질로, 주로 액체나 기체상(相)을 띤다. 예를 들어 액체에 물질을 녹여 용액을 만들 때나 액체에 액체가 녹아들어가는 경우에 그 양이 많은 쪽의 액체를 용매라고 하며, 용액 중에서 용매는 용질에 비해 용액을 구성하는 비율이 높다.

바인더인 PVDF(Polyvinylidene Fluoride, 폴리비닐리덴 플루오라이드)는 불투명한 반결정성 열가소성 플루오로폴리머이다. 활물질과 도전재가 집전체에 잘 붙을 수 있도록 넣어주는 일종의 접착물질인 바인더(binder, 결합제) PVDF는 다른 불소수지에서 나타날 수 있는 낮은 기계적값 및 가공 상의 어려움이 없는 우수한 내화학성 특징을 가지며, 융점은 171℃이다.

두 번째, 물을 사용하는 수성 공정이다. 수계 바인더의 경우는 계면활성제인 CMC(Critical Micelle Concentration)의 분산이 어렵기에 분말 믹싱법으로 분말끼리 먼저 섞은 후(활물질+SBR/CMC(바인더))에 용매인 탈이온수(deionized water)를 넣어준다. SBR(Styrene Butadien Rubber, 스틸렌 부타디엔 고무)는 스틸렌(Styrene)과 부타디엔(Butadiene)을 유화 중합법으로 제조한 합성고무이다.

전극의 특성과 용량을 결정하는 활물질이기에 혼합 순서가 중요하다. 또한, 슬러리에 이물질이 혼입되지 않도록 믹서기 속 관리도 철저히 해야만 한다.

(2) 전극코팅(Electrode coating)

전극코팅 공정은 혼합공정에서 제조된 슬러리를 코터 헤드(coater head)를 통과시켜 정해진 패턴 및 일정한 두께로 금속 집전체 상에 코팅한 후 건조하는 공정이다. 이 공정은 권출(unwinding)공정, 코팅공정, 건조공정, 밀도측정공정, 권취(winding)공정으로 구성되며, 전극구조 특성 상 전극전면 및 전극후면 코팅 2가지로 이루어진다.

전극코팅공정은 양극 및 음극 모두 동일한 형태로 진행되며, 양극 집전체로는 알루미늄 박막을, 그리고 음극 집전체로는 구리 박막을 사용한다. 권출(unwinding)공정은 코팅작업을 진행하기 위해 일정한 장력으로 금속 집전체 또는 전면 코팅된 전극(전극후면 코팅일 경우)을 공급하는 공정이다.

코팅공정은 혼합공정에서 제조된 슬러리를 코터 헤드를 통해 정해진 패턴 및 일정한 두께로 박막의 금속 집전체 위에 도포(塗布, 표면 즉, 겉에 바르는 것을 뜻한다)하는 공정이다.

건조공정은 금속 집전체에 코팅된 슬러리를 건조하기 위하여 슬러리 내의 용매 및 수분을 제거하는 공정이다. 밀도(두께)측정공정은 전극에 코팅된 슬러리가 원하는 양만큼 코팅되었는지 확인하는 공정이다.

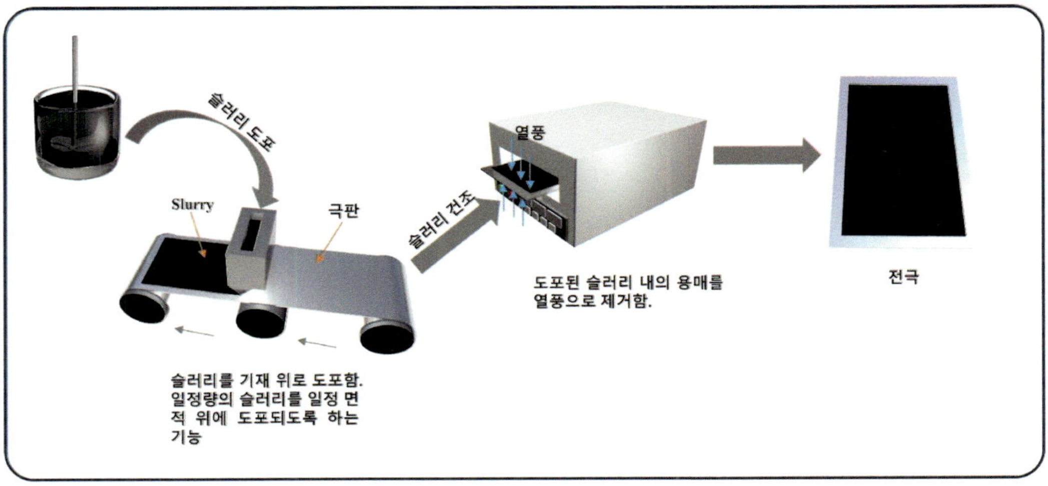

그림 2.11 전극 슬러리를 집전체 상에 코팅하는 전극코팅공정 모식도(도식도)

권취공정은 밀도측정공정이 완료된 전극을 적당한 장력을 유지하면서 롤(roll) 형태로 감는 공정이다. 한편, 전극후면 코팅공정은 전면코팅된 전극의 후면에 앞에서 설명한 코팅 과정들을 반복하는 공정이다. 그림 2.11에서는 다이(die, 금형) 코터를 이용하여 슬러리를 금속 집전체 상에 코팅하는 공정에 대한 모식도(模式圖, 사물의 진행 · 체계 등을 도식적(圖式的)으로 정리, 배열한 그림으로 영어로는 diagram 또는 layout이라고 표시한다)를 도시하였다.

전극코팅공정은 중간재에 포함된 바인더(binder, 결합제)를 전극에 골고루 배치하여, 배터리의 균일한 성능과 수명을 향상시키기 위한 과정이다. 배터리를 만드는 전체 공정에서 약 18%의 비율을 차지하는 코팅공정은 전지 설계 대부분의 변수를 결정하는 중요한 공정이라고도 할 수 있다. 이때, 알루미늄과 구리 집전체가 손상되지 않도록 그림 2.12와 같이 롤투롤(roll-to-roll) 장비 제어기술과 함께 일정하고 균일하게 코팅할 수 있는 기술이 필요하다.

롤투롤(roll-to-roll)공정은 플라스틱 필름이나 금속포일(foil) 롤에 유연하고 큰 표면의 전자기기를 생산하는 방법으로, 롤투롤 공정의 중요성은 제조공정을 간소화하고 비용을 절감하며 제품품질을 향상시킬 수 있다는 점이 있다.

여러 개의 휘어질 수 있는 플라스틱이나 금속박에서 전자기기를 만드는 것으로 배터리 전극공정에서 롤투롤 장비가 사용되는 곳은 크게 4가지 공정(coating, heating, laminating, slitting) 등이 있다.

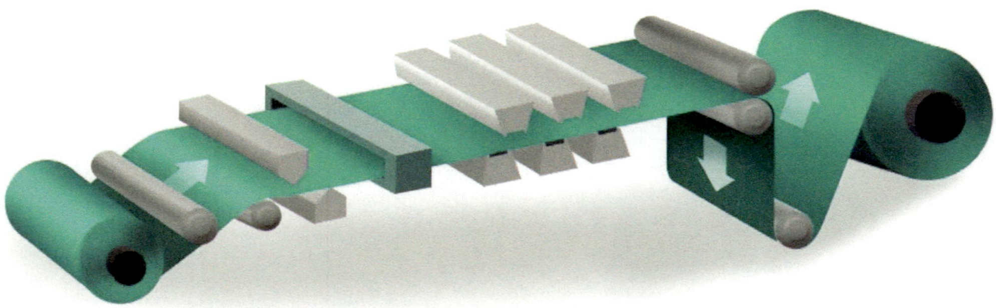

그림 2.12 **전극코팅공정으로 롤투롤(roll-to-roll) 공정**

코팅 및 건조공정(Coating and Dry process)

양극판은 알루미늄 기재, 음극판은 구리 기재를 사용하는 데 활물질, 도전재, 바인더가 고루 섞인 슬러리를 기재 위에 정해진 패턴 및 일정한 두께로 코팅한 후, 드라이 에어(dry air)로 용매를 증발시키는 공정이다.

그림 2.13, 2.14는 양극판 알루미늄 기재 위에 활물질, 도전재, 바인더가 고루 섞인 합재를 정해진 패턴 및 일정한 두께로 코팅한 후의 단면형상을 나타낸 것이다.

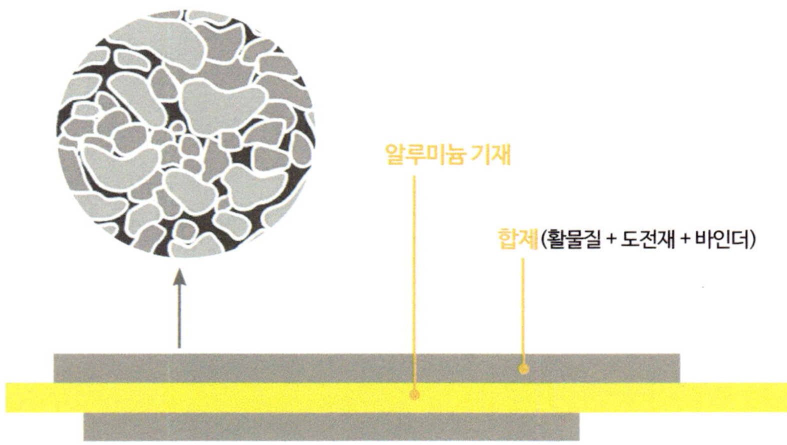

그림 2.13 알루미늄 기재와 합재(자료 : 삼성SDI)

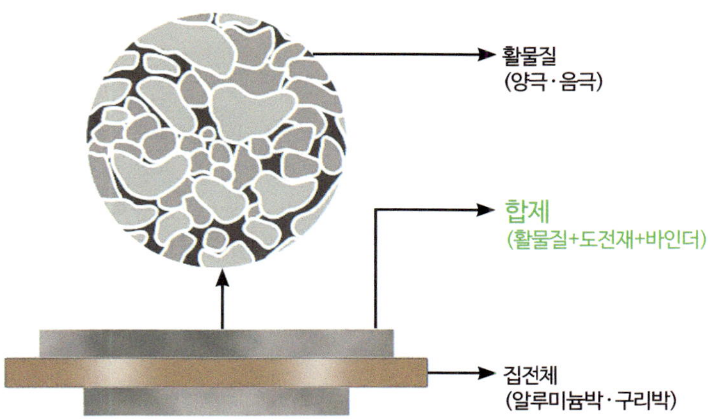

그림 2.14 알루미늄 기재와 합재(자료 : LG에너지솔루션)

1) 코팅(Coating)공정 : 권출(unwinding, 언와인딩) → 코팅(coating)

코팅공정은 일정한 장력으로 금속 집전체 또는 전면 코팅된 전극(후면 코팅일 경우)을 풀어 코터 헤드를 통과시켜 슬러리를 정해진 패턴과 일정한 두께로 집전체 필름 위에 활물질을 코팅하는 단계이다.

이 공정의 목적은 바인더를 전극에 골고루 배치시켜 균일한 성능과 원하는 수명을 확보하는 것이다. 코팅의 균일성을 위해서는 공정 안의 진동을 최소화해야 한다.

전극이 수평으로 이동하기 때문에 한 번에 양면 코팅은 불가능하다. 그래서 한 면이 코팅된 전극을 이어지는 건조공정을 거쳐 다시 코팅 헤드 쪽으로 가져와서 반대편을 코팅하는 방법으로 양면 코팅을 진행한다.

코팅방식에 따라 슬롯 다이(slot die), 더블 레이어 코팅(double layer slot die coating, DLD), 닥터 블레이드(doctor blade), 콤마 롤(comma roll)과 같은 방식이 있다. 여기서는 대표적인 2가지 코팅방식을 소개한다.

① 슬롯 다이(slot die)

특히, 리튬이온배터리 제조에서는 사진 2.1과 같이 빠른 속도로 코팅이 가능한 슬롯 다이(slot die) 방식을 주로 사용하고 있다. 이는 금형(金型, die, 금속틀) 역할을 하는 코팅기 헤드인 슬롯 다이에 중간재인 슬러리를 통과시켜 일정한 패턴과 두께로 코팅하는 방식이다. 일반적으로 슬롯 다이 공정에서는 전극이 수평으로 이동하기 때문에 양면을

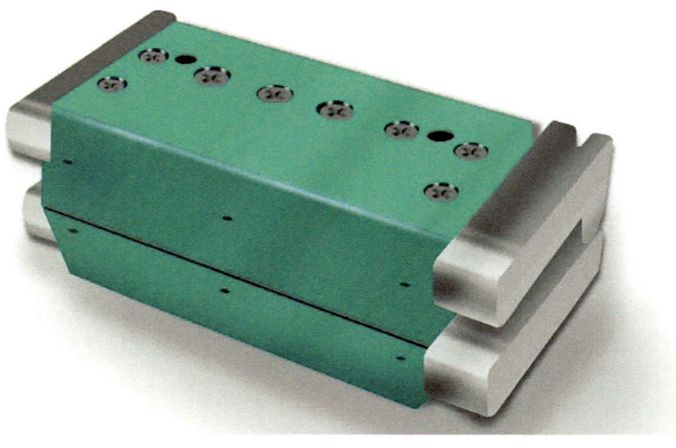

사진 2.1 슬롯 다이(slot die)를 이용한 코팅방식

동시에 코팅할 수 없고, 단지 단면 코팅만 가능하다. 그래서 한쪽 면의 코팅이 완료되면 100℃ 이상의 오븐에서 건조한 후 다시 코팅기 헤드에서 반대쪽 면의 코팅공정을 시작하게 된다.

② 더블 레이어 코팅(double layer slot die coating, DLD)

한편 LG에너지솔루션은 전극 슬러리를 집전체에 동시에 양면을 코팅할 수 있는 더블 레이어 코팅(double layer slot die coating, DLD)기술을 업계 최초로 도입해서 적용하고 있다. DLD는 기존 싱글 레이어(single layer, 단면 코팅)기술과 비교했을 때 바인더를 전극 내 더욱 균일하게 분포시킬 수 있고, 바인더의 효율성을 높여 배터리 충전속도를 비롯해 전반적인 배터리 성능과 생산성을 함께 향상시킬 수 있는 기술이다. 이미 전기자동차용 이차전지와 소형전지 등에 DLD 기술이 적용되어 안정적으로 생산되고 있다. 사진 2.2는 양면 코팅을 동시에 수행할 수 있는 DLD 기술을 보여준다.

사진 2.2 **양면 코팅을 동시에 수행할 수 있는 DLD 기술**

코팅공정에서 음극과 양극의 활물질 용량 비율을 결정하게 되는데, 음극과 양극의 용량 비율을 엔피 비율(N/P ratio, N/P 비율 : 음극의 총용량을 양극의 총용량으로 나눈 값)이라고 한다. N/P 비율은 코팅공정의 아주 중요한 설정 요소이다. 리튬이온 배터리(LIB)는 리튬원자의 공급원이 한정된 전지이므로, 이 비율에 따라 성능과 안전성이 결정되기도 한다. N/P 비율이 낮으면 용량이 증가하지만 안전성이 악화되고, 높으면 수명

성능이 향상되기에 각 회사에서는 원하는 특성에 맞는 N/P 비율을 찾아내고 있다. 최소 N/P 비율은 대략적으로 1.12라고 한다.

그림 2.15는 리튬이온 배터리(LIB)에서의 코팅공정을 나타낸다.

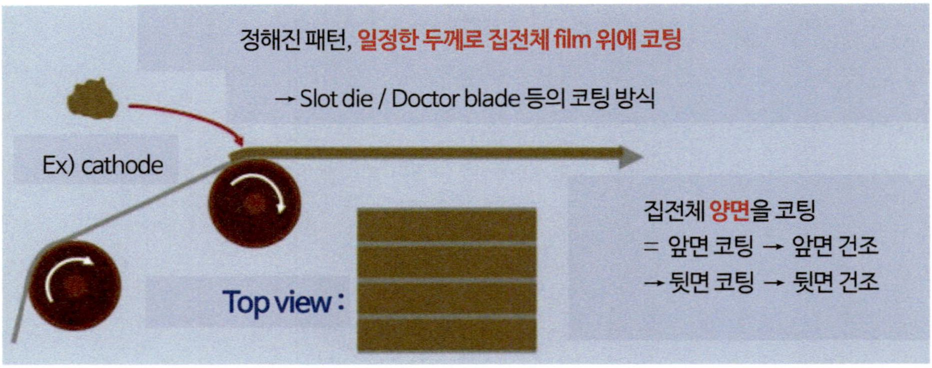

그림 2.15 리튬이온 배터리(LIB)에서의 코팅공정

배터리 전극 제조공정에서 양극 활물질과 음극 활물질을 섞는 혼합(mixing, 믹싱)공정이 끝나고 나면 코팅(coating)공정에 돌입한다. 코팅공정에서는 혼합(믹싱)공정에서 만든 중간재인 슬롯다이와 호일의 간격을 조절하여 코팅 두께를 설정하여 코팅하도록 한다. 그림 2.16은 전극 코팅에 사용되는 코팅기계이다.

그림 2.16 전극코팅을 위해 사용하는 코터기(코팅기계)

2) 건조(Drying)공정 : 건조 → 밀도측정

슬러리 내의 용매 및 수분을 제거하기 위해 건조공정을 거친다. 건조방식은 주로 건조 공기를 위에서 노즐을 통하여 분사하는 방법을 사용한다. 건조공정 안에는 별도의 건조박스가 나란히 붙어있는 형태인데 각각의 역할이 다르다. 개별적으로 온도와 건조공기 분사속도를 조정 가능하기에 파트별로 나누어 건조로 내부의 풍속과 온도를 조절하여 코팅을 진행하고 이때 내부에 있는 NMP용매의 배출 풍량 설정에 따라서 건조 조건이 달라진다.

그림 2.17에서는 표시되어 있지 않지만, 코팅을 마친 극판은 베타(β)선을 이용하여 원하는 만큼의 슬러리가 코팅되었는지 확인을 하고 있다.

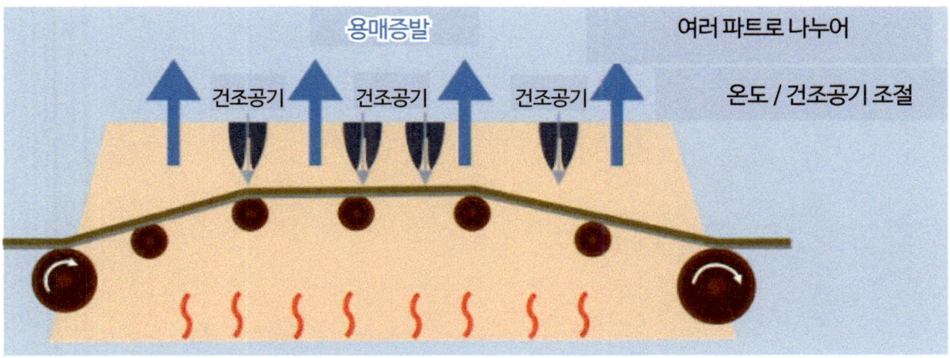

그림 2.17 리튬이온 배터리의 전극제조에 있어 건조공정

(3) 압연공정(Roll press process)

코팅공정까지 마무리되면, 코팅이 완료된 슬러리를 원하는 두께로 압축하는 공정에 들어가게 된다. 전극 제조공정의 세 번째 단계인 '롤 프레싱 공정(roll pressing process)'이라고도 불리는 압연공정(roll press)에 대해 알아보도록 하자.

압연공정은 코팅공정이 끝난 전극의 용량밀도를 높이고 집전체와 활물질간의 접착성을 증가시키기 위해, 예열 후 고온 가열된 2개의 롤 사이로 전극을 통과시켜 원하는 두께로 압연하는 공정이다. 이 공정은 권출(unwinding)공정, 트리밍(trimming)공정, 예열(pre-heating)공정, 클리닝(cleaning, 세정)공정, 권취(winding)공정으로 구성된다.

권출공정은 압연작업을 위해서 전극에 장력을 유지하면서 점보 롤(jumbo roll, 너비가 큰 롤이다. 예를 들면, 알루미늄포일 점보 롤은 너비(폭)가 넓은 연속 알루미늄포일 롤을 말한다. 일반적으로 너비가 200mm 이상인 경우는 압연을 통해 알루미늄 합금소재로 절단, 연삭 및 기타 공정을 거쳐 제작된다) 상태의 전극을 풀어 압연 롤로 공급하는 공정이다.

트리밍공정은 전극의 코팅부분과 가장자리 무지부를 잘라주는 공정이다.

트리밍공정의 원래 의미는 프레스 가공이나 주조 가공으로 생산된 제품의 불필요한 테두리나 핀(fin, 지느러미) 등을 잘라내거나 따내어 정형(整形)하는 작업을 의미한다. 그러나 전극 제조공정에 있어서 그림 2.18과 같이 트리밍공정은 전극에 코팅부분과 가장자리 무지부(non-coating 부분, 무지부(無脂部)는 양극 · 음극활물질이 도포되지 않은 빈 공간이다. 활물질이 코팅된 부분을 유지부(有脂部, coating 부위), 활물질없이 금속박만 있는 부분을 무지부라고 한다)의 두께 편차에 의해 생기는 주름을 없애기 위해 전극의 가장자리 무지부를 잘라주는 공정이다.

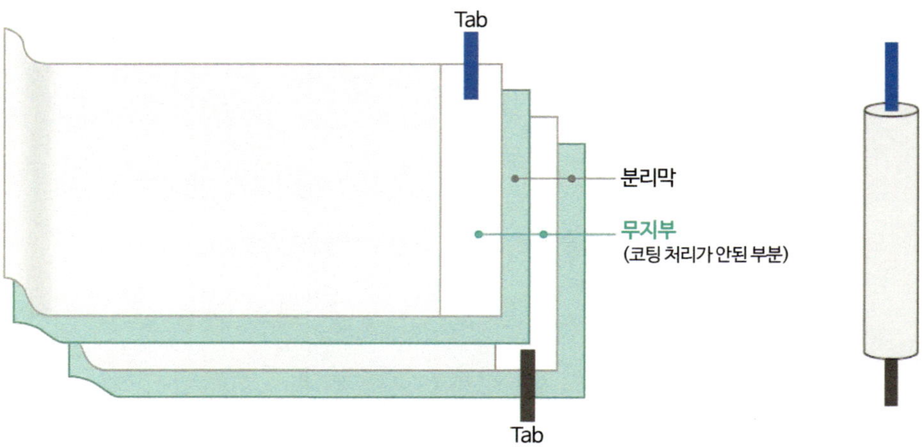

그림 2.18 **전극의 코팅부분과 가장자리 무지부(non-coating 부분)**

예열공정은 전극의 압축 효과를 높이기 위해 롤로 투입되기 전에 전극을 예열하는 공정이다.

클리닝공정은 압연 후 전극이 권취되기 전에 롤 상태의 부직포로 전극표면의 이물질을 제거하는 공정이다.

권취공정은 클리닝공정이 완료된 전극의 장력을 유지하면서 롤의 형태로 감는 공정이다. 그림 2.19에 코팅된 전극을 금속 롤로 압착하는 압연기 및 공정 모식도를 도시하였다.

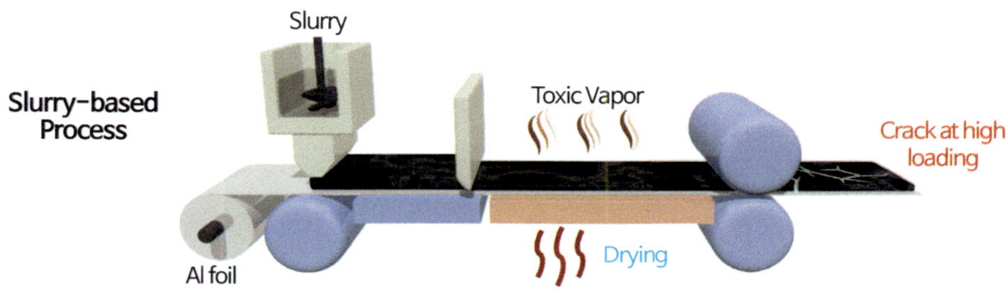

그림 2.19 압연기 및 압연공정 모식도

혼합(mixing, 믹싱)공정과 코팅공정 그리고 롤 프레싱(roll pressing)공정을 거친 전극은 공정의 마지막 단계인 슬리팅(slitting)과 노칭(notching)공정에 들어가게 된다.

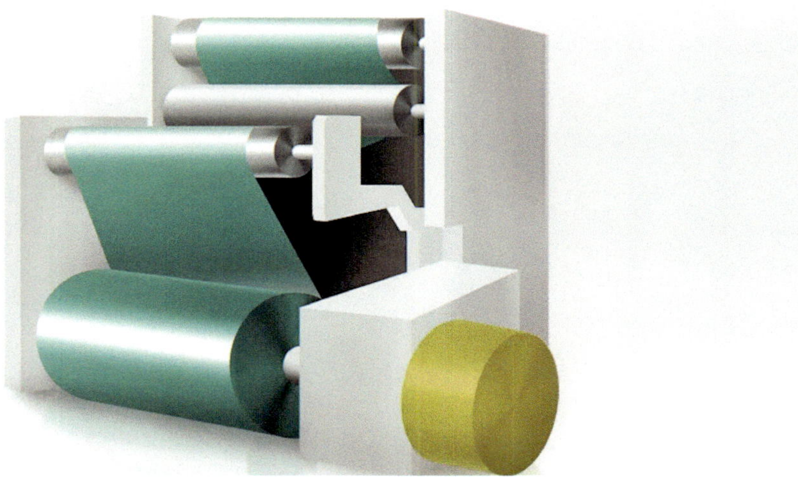

그림 2.20 롤 프레싱(roll pressing)공정

그림 2.20과 같이 롤 프레싱공정을 거쳐 얇게 펴진 전극이 나오면, 배터리 크기에 맞게 절단하는 작업이 필요하다. 이 절단과정은 총 두 단계로 나눠지는데, 먼저 전극을 세로 방향으로 자르는 슬리팅(slitting)공정을 거치고 난 후, V홈과 탭(tab)을 만드는 노칭(notching) 공정으로 이어진다.

슬리팅과 노칭공정을 끝으로 배터리의 양극과 음극을 만드는 전극공정(electrode process)은 마무리되는 것이다.

압연공정(Roll press)

롤투롤(roll to roll) 장비를 이용하여 기재(Al, Cu)와 활물질이 잘 붙도록 압력을 가하여 전극 두께를 줄이고, 에너지밀도를 높이는 공정으로 두께만 줄고 길이는 일정하게 하며, 이온의 원활한 이동성을 부여한다.
전극공정 중 가장 높은 기술력이 필요한 공정으로 적절하고 균일한 압력 유지가 기술의 핵심이다. 과도한 압력 시에는
① 불량 발생
② 다결정구조의 극판(NCM, NCA, LFP)의 압연 시 결정이 부서져 배터리 수명의 저하
③ 흑연의 구멍과 통로 유지가 어렵고
④ 전극에 전해액 침투가 어려워 수명이 저하된다.

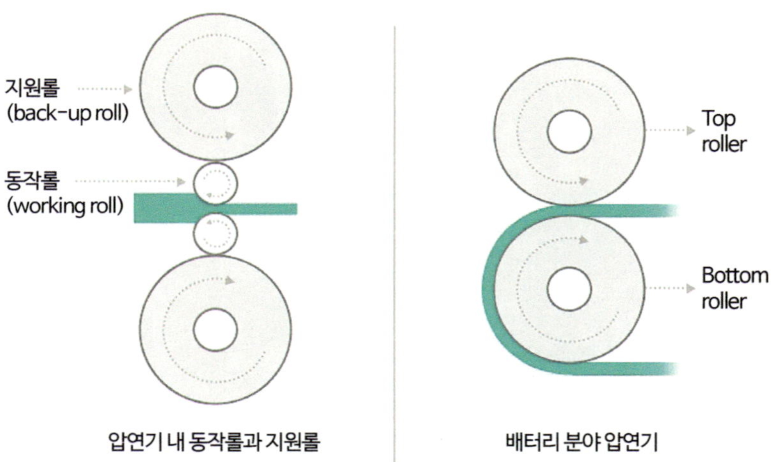

(a) 일반 압연기 (b) 배터리용 압연기

그림 2.21 일반 압연기와 배터리용 압연기 공정의 비교

그림 2.21은 압연공정(roll pressing)의 개념도이다. (a)는 일반적인 압연기로 지원롤(back up roll)이 동작하면 크기가 작은 동작롤(working roll)이 회전수 비에 따라 빠른 속도로 소재의 두께를 줄이면서 연신시키는 작동이고 (b)는 배터리에 사용되는 압연기로 2개의 동작롤러(roller)에 의한 롤 프레싱(roll pressing)공정을 거쳐 얇게 펴진 전극이 나오도록 하는 공정이다.

1) **압연공정**(Calendering, pressing) : **예열**(pre-heating) → **프레싱**(pressing, 압연) → **클리닝**(cleaning, 세정) → **와인딩**(winding, 권취)

일반적으로 양극의 경우는 열간 압연을 하고 음극은 냉간압연을 진행한다.

그림 2.22에서 나타낸 바와 같이 압연공정은 전극의 압축효과를 높이기 위해 필요에 따라 예열하는 과정을 거치고 두 개의 큰 롤러(roller, 압연기)에 전극을 통과시켜 원하는 두께로 압축하는 단계이다.

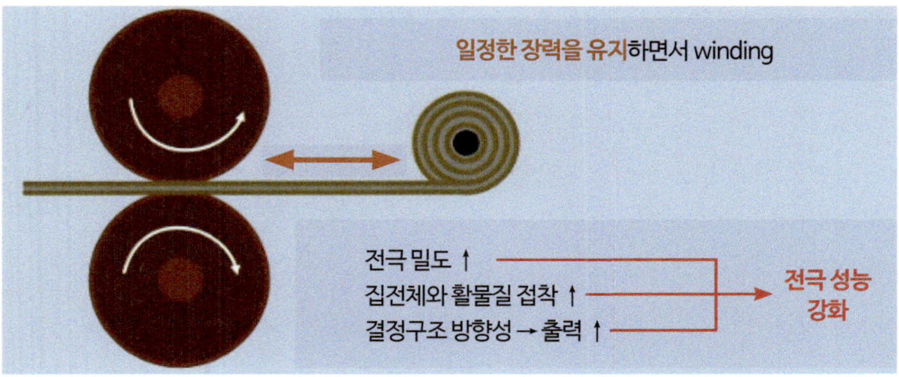

그림 2.22 **압연공정**

이 압연공정의 목적은 다음과 같다.

① 두께를 줄여 전극 밀도를 높인다.

② 양극의 알루미늄박과의 접촉력을 향상시킨다. 알루미늄은 표면에 산화알루미늄이 덮여 있기 때문에 결착력이 나쁘다. 압연으로 산화물층을 부수어 기계적 접착력을 향상시키는 것이다.

③ 전지의 출력을 향상시킨다. 압연을 통해 활물질 결정구조에 방향성이 생기면서 리튬이온의 출입을 원활하게 해준다.

압연기는 실제로 전극과 접촉하여 압력을 가하는 작업 롤과 전극에 가해지는 압력을 지원해 주는 지원 롤로 구성된다. 예를 들어 2단 압연기는 1개의 지원 롤과 1개의 작업 롤로 구성되어 있다.

압연공정을 통하여 전극의 밀도가 결정되고 이를 합제 밀도라 부른다. 합제 밀도는 압연공정에서 중요한 설정 요소이며, 너무 높으면 셀에서 전해액 침투가 잘 안될 수도 있다.

압연이 끝난 전극들을 롤 상태의 부직포로 이물질을 제거한 뒤, 와인딩(winding, 권취)된다.

(4) 슬리팅공정(Slitting process)

슬리터(slitter)를 이용해 설계된 전지 규격에 맞춰 전극 폭을 자르는 공정이다.

슬리팅(slitting)공정은 압연공정이 완료된 전극을 조립공정에서 권취할 수 있도록, 커터(cutter)를 이용하여 전극을 일정한 폭으로 절단하는 공정이다. 이 공정은 슬리팅 공정 이외에, 권출공정, 클리닝공정, 권취공정으로 이루어져 있다.

권출공정은 전극에 적당한 장력을 유지하면서 롤 상태의 전극을 풀어 커터로 공급하는 공정이다.

클리닝 공정은 전극을 슬리팅한 후 권취되기 전에 롤 상태의 부직포로 전극 표면의 이물질을 제거하는 공정이다.

권취공정은 클리닝공정이 완료된 후, 압연된 전극의 장력을 유지하면서 롤의 형태로 감는 공정이다.

슬리팅공정은 슬리터(slitter)를 통해 설계된 배터리 규격에 맞춰 전극 폭을 자르는 과정이다. 이때 만들고자 하는 배터리 셀의 크기에 따라 칼날은 변경되며, 슬리팅 공정이 끝나면 진공 건조기를 통해 수분을 제거하는 단계를 거친다.

사진 2.3에서 보여주는 바와 같이 칼날을 이용하는 프레스 장비는 칼날이 마모될 경우 절단부가 일정하지 않고, 절단 시 이물질이 생겨 품질에 영향을 줄 수 있기 때문이다. 레이저를 사용해 절단하면 이물질과 파단 발생이 적을뿐 아니라, 공정 속도도 더 빠르고

칼날을 교체해야 하는 프레스 장비보다 유지 관리 비용도 적다는 장점이 있다.

사진 2.3 칼날을 이용한 슬리팅공정

그림 2.23에 압연된 전극을 폭에 맞게 자르는 슬리팅 기계(slitter 또는 slitting machine) 및 공정 모식도를 도시하였다.

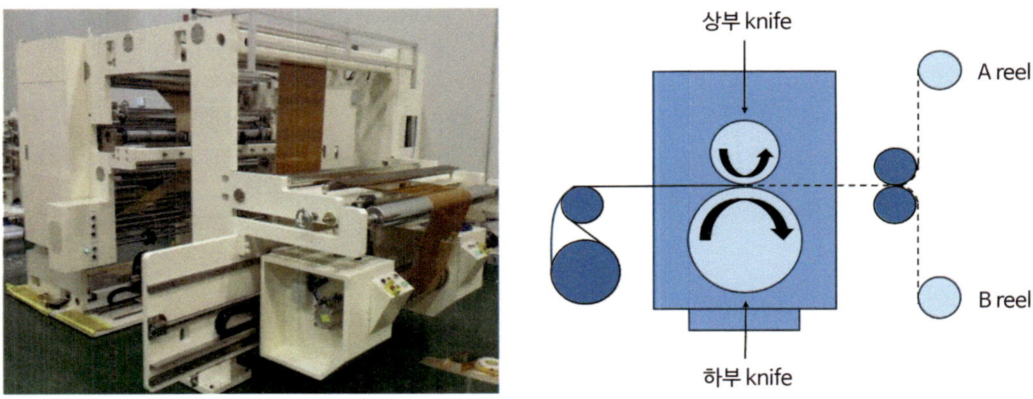

그림 2.23 슬리터(slitter) 및 슬리팅(slitting)공정 모식도

1) 슬리팅(Slitting)공정 : 커팅(cutting, 슬리팅 절단) → 클리닝(cleaning, 세정)

슬리팅공정은 제조공정이 끝난 이후 조립공정에서 극판으로 쓸 수 있도록 일정한 폭으로 절단하여 여러 개의 롤을 만드는 단계이다. 이 롤들은 점보롤(jumbo roll)이라 한다.

물리적으로 금속박을 잘라내기 때문에, 슬리팅 시에는 집전체로 쓰이는 금속의 분말이 혼입되어 전극의 오염을 일으킬 수 있다. 알루미늄은 표면에 산화층 피막을 형성하여 부식과 같은 전기화학 반응을 방지하여 거의 비활성 물질이라 영향을 주지 않지만 구리 분말 혼입은 전압에 영향을 끼치고 불량 전지가 될 수 있다.

그림 2.24와 같이 소형 및 각형 전지는 여러 개의 레인(lane, 코스)에서 슬리팅이 이루어지는데, 압연 시 롤 크라운(roll crown) 현상같은 압연기의 변형으로 인해 레인별로 전극의 양이 차이가 날 수 있다. 그러므로 슬리팅에서는 레인별 관리를 통해 서로 섞이는 것을 방지하는 것이 공정에서 중요하다.

롤 크라운((roll crown) 현상은 압연 롤에서 일어나는 현상으로 보통 그 중앙부가 양단부보다 굵게 되어 있는데, 즉, 압연 롤의 변형에 의한 폭 중심이 볼록하게 변형되는 것을 롤 크라운(roll crown) 현상이라 한다.

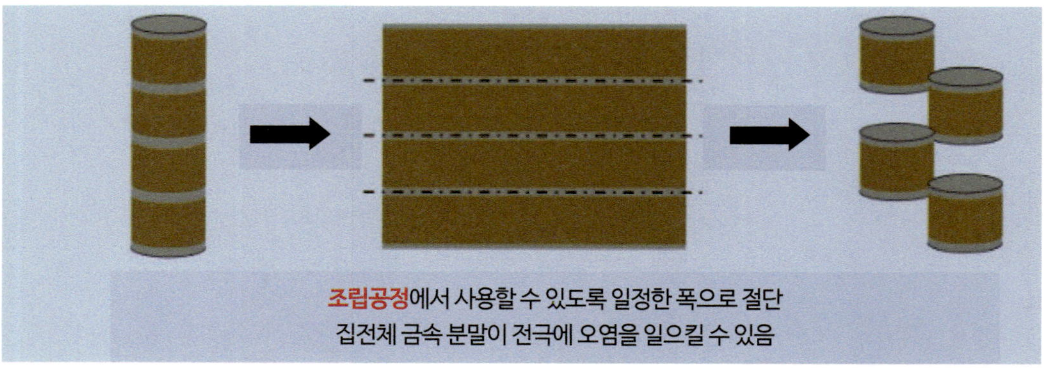

그림 2.24 슬리팅(Slitting) 공정

그림 2.25는 리튬이온 이차전지 음극 전극의 롤링 프레스(rolling press, 롤 프레싱) 및 슬리팅 공정을 보여주는 메커니즘 공정이다.

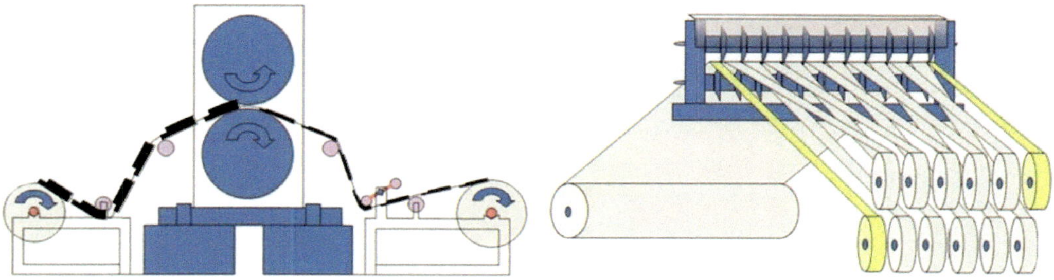

(a) 롤링 프레스(rolling press, 롤 프레싱) (b) 슬리팅 공정

그림 2.25 음극 전극의 롤링 프레스 및 슬리팅공정

(5) 노칭공정(Notching process)

슬리팅공정을 거친 절단된 전극은 노칭공정에 돌입한다. 양극 · 음극 활물질이 도포되지 않은, 즉, 코팅처리가 안된 빈 공간인 무지부(non-coating 부분)에서 탭(tab)을 접지하기 위한 부분을 남기고 그 외의 부분을 잘라낸다. 노칭공정 장비는 칼날로 자르는 프레스 장비 혹은 레이저 장비를 사용하는데, 절단부를 일정하게 만들어주는 기술이 중요해지면서 현재는 사진 2.4에서와 같이 레이저 노칭장비를 주로 사용하여 아주 정밀하게 가공을 하고 있다.

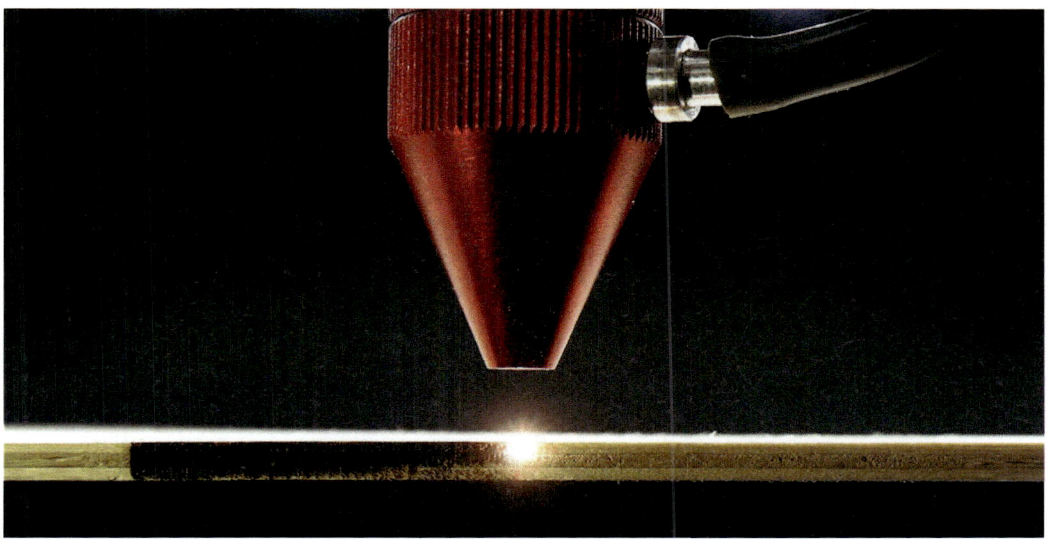

사진 2.4 레이저에 의한 정밀한 노칭가공

노칭장비는 프레스 노칭장비와 레이저 노칭장비로 구분되며, 레이저 노칭장비는 다시 양극 레이저와 음극 레이저 노칭장비로 나뉜다.

음극보다 양극 레이저가 기술적으로 더 어려운 데, 이는 양극을 구성하는 알루미늄은 일반적으로 레이저 에너지의 50%를 흡수하는 반면, 음극을 구성하는 구리는 10%만을 흡수한다. 따라서 양극을 자르기 위해서는 음극보다 더 높은 에너지밀도를 갖는 레이저 노칭기술이 필요하다. 다음 표 2.2, 2.3과 같이 현재 공정이 고속화되면서 프레스 노칭 장비에서 레이저 노칭장비로 공정기술이 변화되고 있다.

표 2.2 **레이저와 프레스 노칭의 비교**

구 분	레이저 노칭	프레스 노칭
수율	5% 이상 수율 향상	상대적 장력이 높아 파단 발생
생산속도	1,000mm/s	800mm/s
설비구성 위치	적은 진동으로 고층에 설비 구성 가능	진동이 커서 2층 이상에 설치 어려움
이물질 여부	거의 없음	발생
운전 비용	낮음	높음
교체주기	레이저 1~1.5년	프레스날 마모로 잦은 교체

표 2.3 **프레스 노칭과 레이저 노칭(음극, 양극) 비교**

	프레스 노칭	음극 레이저 노칭	양극 레이저 노칭
속도	800mm/sec	1,000mm/sec	
장력	장력이 높아 파단이 많이 발생	기존 프레스 대비 장력 20% 미만으로 가동 중 파단 감소	
설비구성	진동에 취약하여 저층 설비만 가능	진동이 적어 고층에서도 설비 구성 가능	
기술력	가장 쉬움	어려움	가장 어려움
단가	가장 저렴	비쌈	가장 비쌈
장비업체	피엔티, 디에이테크놀로지, 유일에너테크	디에이테크놀로지, 필에너지, 디이엔티	디이엔티

노칭공정까지 마치게 되면 배터리의 양극과 음극을 만드는 전극공정(electrode process)이 모두 마무리된다. 전극공정이 끝난 이후에는 배터리 제조의 두 번째 단계 즉, 양극판과 음극판과 그리고 분리막을 합치는 조립공정으로 이어지는 것이다.

노칭공정(Notching process)

양극과 음극 탭(tab)을 제조하기 위해 배터리 모양에 맞춰 극판을 알맞은 크기로 자르는 공정이다. 전극공정을 모두 마친 롤(roll) 형태로 길게 이어진 양극판과 음극판들은 노칭공정으로 들어가게 된다. 무지부(non-coating, 양극 · 음극활물질이 도포되지 않은 빈 공간)를 자르는 노칭공정을 통해 롤 형태의 양극판과 음극판들을 다양한 배터리 모양에 맞춘 단일 극판 형태로 자른다. 이때 약간의 무지부를 남기는 이유는 그림 2.26과 같이 탭 웰딩으로 탭들을 용착으로 접착할 때 도움을 주기 위함이다.
톱 노칭(top notching)은 역삼각형 톱니모양으로, 바톰 노칭(bottom notching)은 직사각형 톱니모양으로 따져 있는 것이 특징이다.

그림 2.26 **노칭 전 · 후의 모습**

(6) 진공 건조공정(Vacuum drying process)

극판 성형 후 건조하거나 롤 통체로 건조하여 수분을 제거하는 공정이다. 이때 진공 건조 또는 열풍 건조를 실시하고 온도는 양극과 음극의 조건에 따라서 상이하다

진공 건조공정은 슬리팅되어 릴(reel)에 감긴 전극을 진공챔버 내에서 일정시간 건조하는 공정이다. 이때, 수분 제거와 동시에 압연공정 등에서 생긴 잔류응력을 열처리로 제거한다.

1) 진공 건조공정(vacuum drying)

전극 제조공정의 마지막은 진공건조 공정이다. 슬리팅되어 릴(reel)에 감긴 전극을 진공 챔버 내에서 일정시간 건조하면서 수분 제거와 동시에 압연공정 등에서 생긴 잔류응력을 열처리로 제거하여 조립공정에서 쓸 수 있도록 하는 공정이다. 부식을 방지하기 위해 비활성 기체를 넣기도 한다.

그림 2.27은 전극 제조공정의 마지막 단계인 진공 건조공정이다.

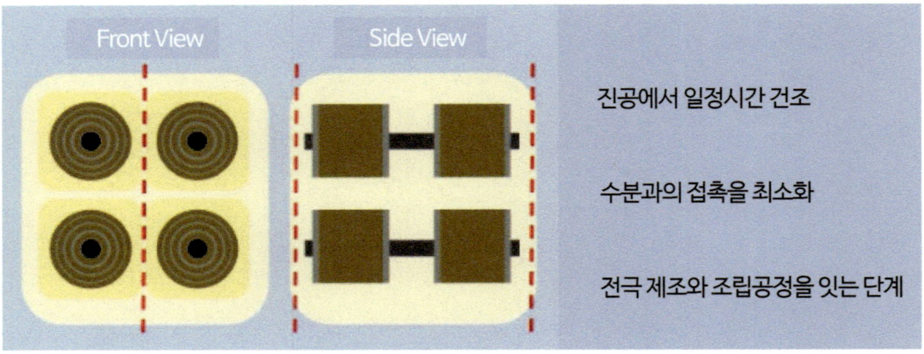

그림 2.27 전극 제조공정의 진공 건조공정

02 조립공정(Assembly process)

(1) 배터리의 조립공정

전극공정이 끝난 이후에는 배터리 제조의 두 번째 단계인 조립공정에 있어 어떠한 공법과 기술들이 있는지 알아보도록 한다.

조립공정은 전극공정을 통해 제조된 양극판과 음극판을 분리막과 같이 조립하여 완성품 셀을 만드는 공정이다. 노칭(notching), 와인딩(winding) 또는 스태킹(stacking), 탭 웰딩(tab welding), 패키징(packaging)으로 이루어져 있다.

조립공정은 수분과의 접촉을 막기 위해 드라이룸(dry room, 건조실)에서 공정을 진행한다. 국내 배터리 3사의 셀 제조공법은 각각 삼성SDI는 와인딩(권취)방식, LG화학은 스택(stack) 및 폴딩(folding)방식, SK이노베이션(SKIET)은 Z-스태킹(지그재즈)방식을 사용하고 있다.

조립공정의 단계(순서)를 정리하면 다음과 같다.

① 양극판과 음극판을 잘 조립해, 사용하는 배터리의 형태로 만드는 단계
② 양극과 음극이 직접 만나게 되면 화재가 발생되므로, 분리막을 넣어줌 → 돌돌 말아(winding) → 젤리롤(jelly roll) 형태로
③ (원형/각형의 경우) 캔에 젤리롤을 넣어줌
④ (폴리머의 경우) 파우치로 감싼 뒤 밀봉

⑤ 전해액 주입

그림 2.28은 원통형 배터리(cylindrical battery)의 주요 조립공정이다.

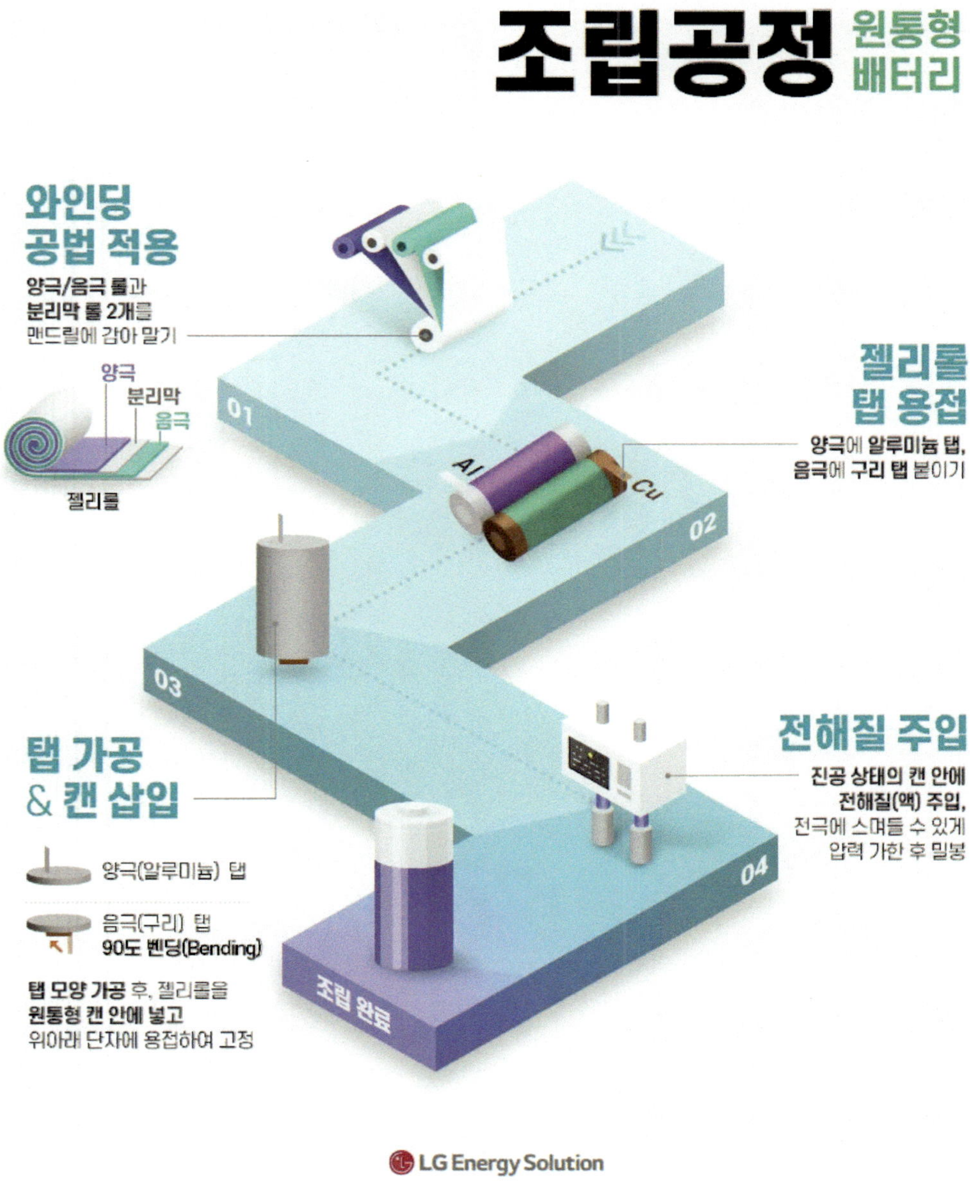

그림 2.28 원통형 배터리 조립공정

그림 2.29는 파우치형 배터리(pouch battery)의 주요 조립공정이다.

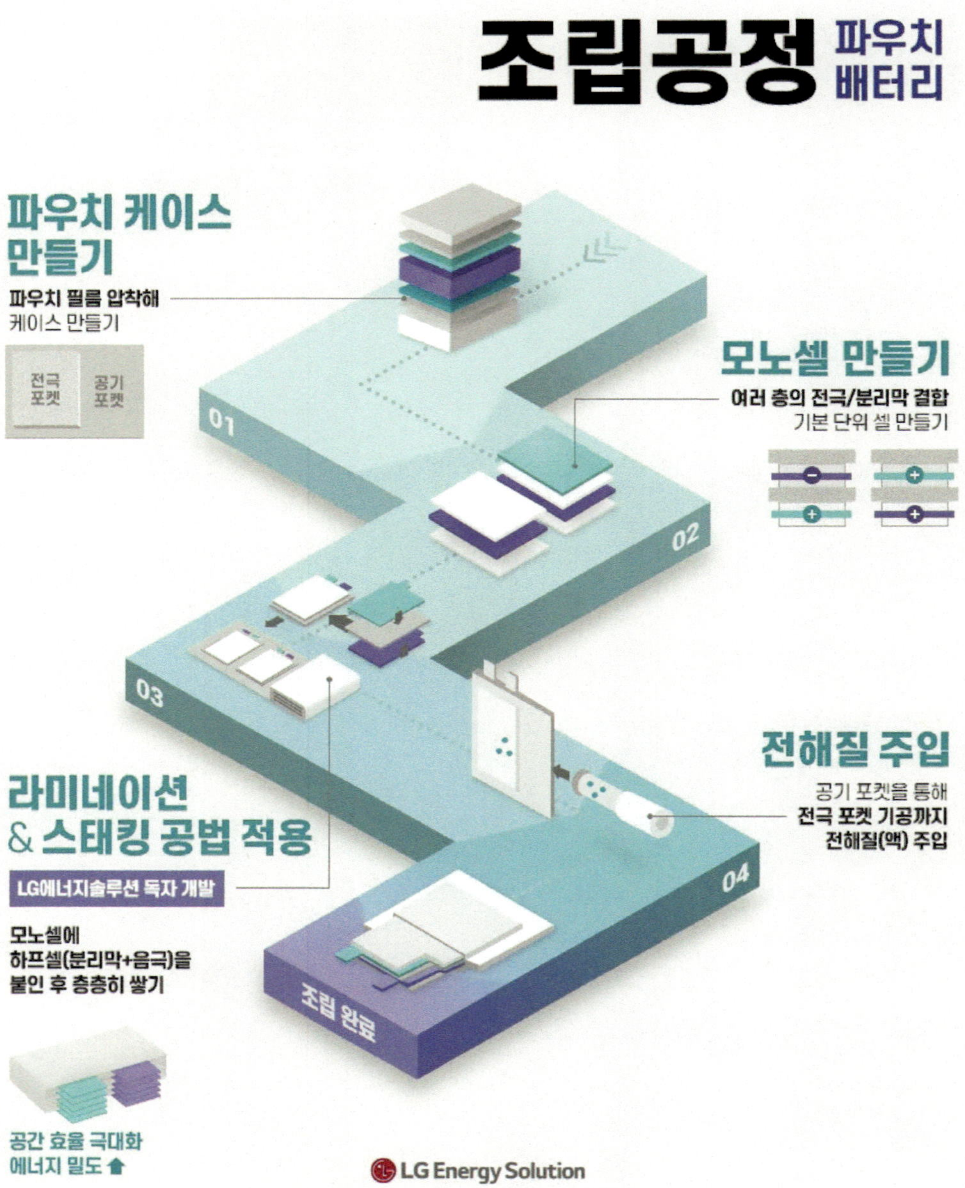

그림 2.29 파우치형 배터리 조립공정

1) 권취공정(Winding process)

권취공정은 전극에 탭(tab)을 부착하고 전극 사이에 분리막을 삽입시켜 원기둥으로 감은 후 테이프로 고정하여 젤리롤(jelly roll)을 제조하는 공정이다. 여기서 젤리롤은 권취가 완료되어 캔 내 삽입될 경우 실제 전지의 기능을 할 수 있는 상태이다. 이 공정은 탭 초음파 용접공정, 센터 리포밍(center reforming)공정, 내부 단락검사공정으로 구성된다. 탭 초음파 용접공정은 전극 무지부에 양극은 알루미늄, 음극은 니켈 탭을 초음파 용접하여 전극에 부착하는 공정이다.

센터 리포밍공정은 권취된 젤리롤의 중심에 형성된 태극무늬를 제거하여 용접 팁이 삽입될 수 있도록 젤리롤의 중심부를 원형으로 만들어 주는 공정이다.

내부 단락검사공정은 최종적으로 제조된 젤리롤의 내부에서 발생될 수 있는 단락여부를 검사하기 위해 젤리롤의 저항을 측정하여 불량품을 선별하는 공정으로서 양품은 수십 MΩ 이상의 저항을 가져야 한다.

권취공정(Winding process, 와인딩공정)

양극판과 음극판 사이에 분리막을 넣고 돌돌말아 젤리롤(jelly roll)을 만들어 주는 공정이다. 과거 모든 형태의 셀에 적용되던 가장 보편적인 방식으로, 돌돌 말아진 젤리롤을 원통에 넣으면 원통형 전지가 되고, 각진통에 넣으면 각형 전지가 된다.
삼성SDI는 와인딩방식을, LG화학과 SK이노베이션은 스태킹방식을 이용했으나, 최근에는 삼성SDI도 고용량 배터리를 위해 일부는 와인딩방식에서 스태킹방식으로 바꿔 와인딩과 스태킹방식을 병행하고 있다.
와인딩공정의 장점은 제조원가가 싸고, 공정속도가 빨라 생산성이 높다. 단점으로는 낭비되는 공간이 발생해 에너지밀도가 낮고, 장시간 충방전을 거듭하는 경우 젤리롤의 뒤틀림 현상이 발생하면서 배터리가 부풀어 오를 수가 있다.

전극공정이 끝나고 배터리 제조의 두 번째 단계인 조립공정에서 우선 원통형 배터리(cylindrical battery)의 와인딩(winding, 권취)공정을 설명하면 다음과 같다.

첫번째, 극판들은 그림 2.30과 같이 와인딩(winding, 권취)공정을 거친다. 극판 무지부에 양극, 음극 탭을 부착하고 극판 사이에 분리막을 삽입시켜 원기둥으로 감은 후 테이프로 고정하여 젤리롤(jelly roll, 젤리롤은 가운데 흔히 잼을 채우고 케이크를 말아 올린 원형 롤케이크를 일컫는데, 배터리 모양이 꼭 이와 닮아서 붙여진 학술 명칭이다)을 제조하는 공정이다. 젤리롤이란 캔 내 삽입될 경우 실제 전지의 기능을 할 수 있는 상태인데, LIB(Li-ion battery)의 기본구조에 있어 양극과 음극 사이에 분리막이 존재하는 것은 젤리롤부터 이 구조가 형성되기 때문이다.

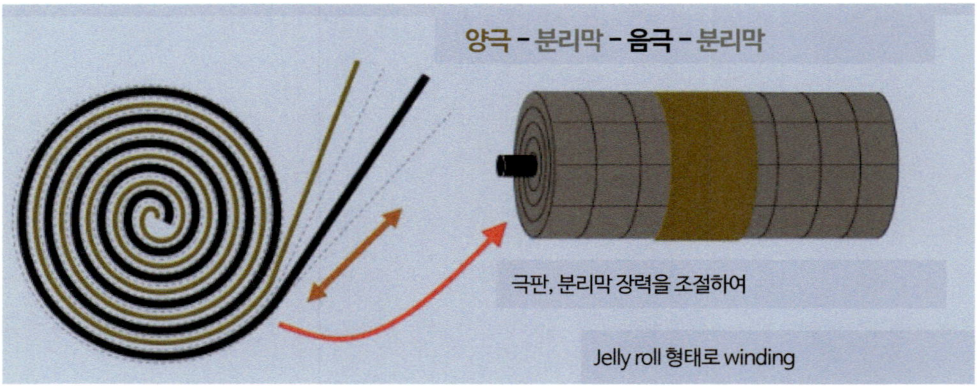

그림 2.30 **원통형 배터리의 와인딩(winding, 권취)공정**

와인딩공정의 목적은 충방전 사이클이 계속되어도 초기의 젤리롤 모습을 그대로 유지할 수 있도록 하기 위해서다. 젤리롤의 부피가 변하게 된다면 전지의 수명, 성능에 영향을 끼치게 되는데, 그렇기에 단순히 원통형으로 감는다고 생각하면 오산이다. 전극과 분리막에 가해지는 장력을 미세하게 조절하여 와인딩 해주는 것이 이 공정의 중요한 제어요소인 것이다. 최종적으로 제조된 젤리롤의 내부에서 발생될 수 있는 단락 여부를 검사하고 다음 공정으로 이동하게 된다.

원통형은 원기둥 모양으로 와인딩 되지만 각형은 마치 납작만두와 같은 모양의 플랫 와인딩(flat winding) 되거나 마름모 형태로 와인딩한 후 프레싱으로 젤리롤 제조가 된다. 반면에, 파우치형 배터리(pouch battery)는 스태킹 앤 폴딩(stacking and folding)이라는 방식을 사용하고 있다.

다음 그림 2.31은 권취공정(winding process, 와인딩공정)과 스태킹공정(stacking process, 적층공정)의 비교를 보여준다.

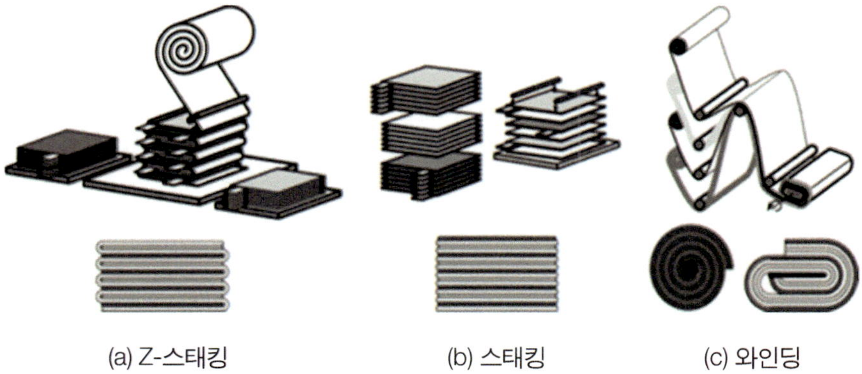

그림 2.31 **권취공정(와인딩공정)과 스태킹공정의 비교**

그림 2.32는 권취(와인딩, winding) 방식으로 제작된 원통형 · 각형 배터리와 스태킹 방식으로 제작된 파우치형 배터리의 구조 및 이 때의 젤리롤 형태를 비교한 것이다.

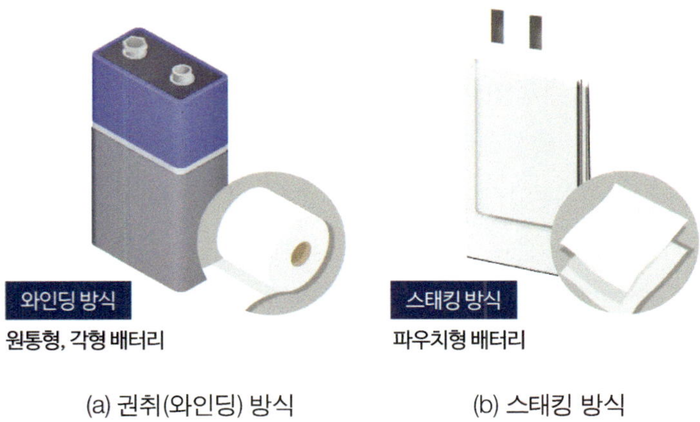

그림 2.32 **권취(와인딩) 및 스태킹 방식으로 제작된 배터리의 구조 및 젤리롤 형태 비교**

두 가지 방식의 장단점을 그림 2.33과 같이 비교해 설명하면 다음과 같다.

젤리롤(jelly roll)은 가운데 흔히 잼을 채우고 케이크를 말아 올린 원형 롤케이크를 일컫는데, 배터리 모양이 꼭 이와 닮아서 붙여진 학술 명칭이다. 스위스롤(swiss roll)이라고도 한다. 와인딩(winding, 권취)은 양극재, 분리막, 음극재 등 배터리 소재를 엮어서 돌돌 마는 기법이다. 와인딩 기법으로 돌돌 말린 소재 조합물을 젤리롤이라 부른다.

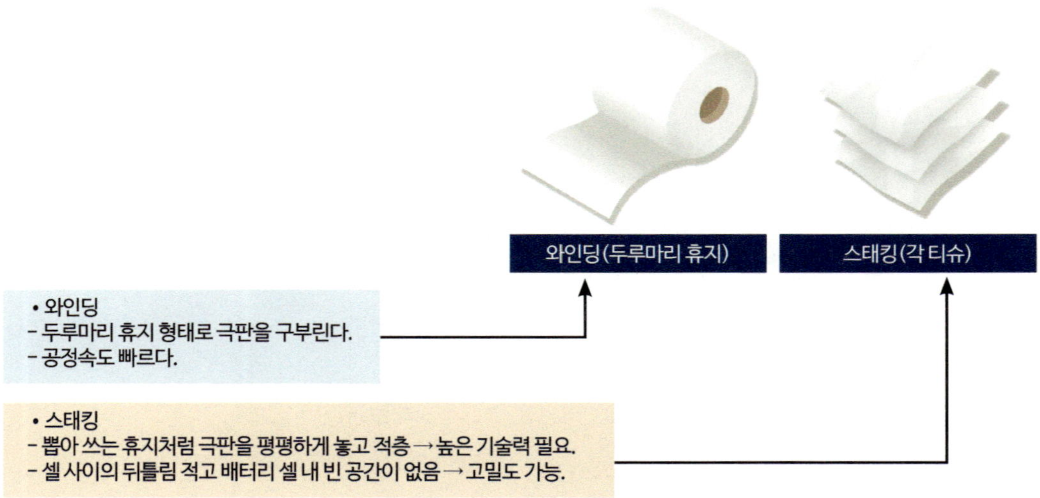

그림 2.33 **권취(와인딩) 및 스태킹 방식의 장 · 단점 비교**

젤리롤 또는 스위스롤 디자인은 배터리의 단면이 스위스롤처럼 생겼기 때문에 이런 이름을 가지고 있다. 먹는 젤리롤 케이크처럼 리튬폴리머 배터리의 경우 잼(jam)과 유사한 고체물질이 가운데 부분에 들어가는데, 이를 폴리머(polymer)라고 부른다. 최근에는 젤리롤 대신 스태킹(stacking) 공법을 많이 활용한다. 스태킹은 쌓아올린다는 뜻이다. 생산성은 젤리롤이 뛰어나지만, 에너지밀도는 스태킹이 더 높다. 대부분의 기본 배터리는 기존의 로드 페이스트 튜브(rod-paste-tube, 막대형 풀(접착)튜브) 설계를 사용하지만 이 설계는 기본(충전 불가능) 배터리에도 사용된다

젤리롤은 배터리 조립공정에서 양극판과 음극판 사이에 분리막을 순서대로 쌓은 후 돌돌 말아주는 와인딩공정 또는 양극판과 음극판을 잘라서 차곡차곡 쌓아주는 스태킹 공정을 거쳐 만든 배터리의 중간 형태이다. 젤리롤이 들어 있는 캔에 전해액을 주입한 뒤 숙성시키면 배터리가 된다. 이렇게 만들어진 젤리롤은 원형과 각형의 경우 알루미늄 캔 속에 들어가게 되고, 파우치형의 경우에는 파우치로 감싼 뒤 밖으로 빠져나가지 못하게 용접 또는 봉합하고 전해액을 주입하면 조립공정도 완성된다.

젤리롤을 사용하는 각형 배터리는 파우치형 배터리에 비해 공정단계 수가 적어 대량생산에 용이하다. 단점은 에너지밀도가 낮아 상대적으로 한 번 충전했을 때 주행거리가 짧다는 것이다. 각형 배터리 케이스는 사각형이지만 젤리롤은 원형이어서 내부에 공간

이 많이 남는다는 단점도 있다. 충방전을 반복하면 소재가 변형되는 스웰링(swelling, 스웰링의 뜻은 '배부름'이다. 배터리에서 이상현상으로 인해 배가 부른 듯이 부풀어 오르는 '배터리의 부풀어오름'을 의미한다) 현상이 나타날 수도 있다. 배터리 용량이 커질수록 문제 소지가 크다. 젤리롤 길이가 길어져야 하는데, 이때 양극과 음극 정렬상태가 틀어질 수 있다. 불량률이 높아진다. 이를 해결하기 위해 중간 용량 젤리롤 두 개를 이어붙이는 방안도 나왔다. 그러나 이 기술은 일본의 배터리 회사 GS유아사(GS Yuasa)가 특허를 가지고 있다.

파우치형 배터리의 장점은 에너지밀도가 높아 주행거리가 길다는 것이다. 파우치형 배터리는 젤리롤을 사용하지 않는다. 양극, 음극, 분리막 등 배터리 소재를 층층이 쌓아 내부를 채운다. 이후 양극 · 음극 전극을 파우치에 얹어 접착시키고 파우치 안에 전해액을 주입하는 식으로 만든다. 파우치형 배터리는 소재를 쌓아 올리는 형태로 공간을 빈틈없이 꽉 채울 수 있다.

다음 사진 2.5는 배터리에 들어가는 젤리롤 이미지이다.

사진 2.5 **배터리에 들어가는 젤리롤 모습**

각형은 젤리롤 자체를 캔에 삽입하기 위하여 판상형태로 압착하여 삽입하기도 한다. 그림 2.34는 분해도로 나타낸 각형 배터리의 알루미늄 캔과 젤리롤 모습이다.

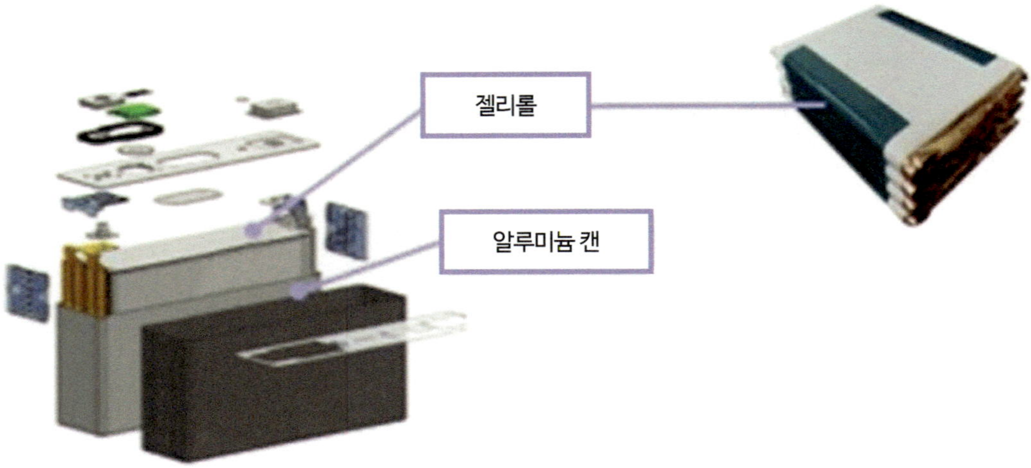

그림 2.34 각형 배터리의 알루미늄 캔과 젤리롤 모습

그림 2.35에 전지의 구성요소를 젤리롤 형태로 권취하는 기계 및 권취공정 모식도를 나타냈다.

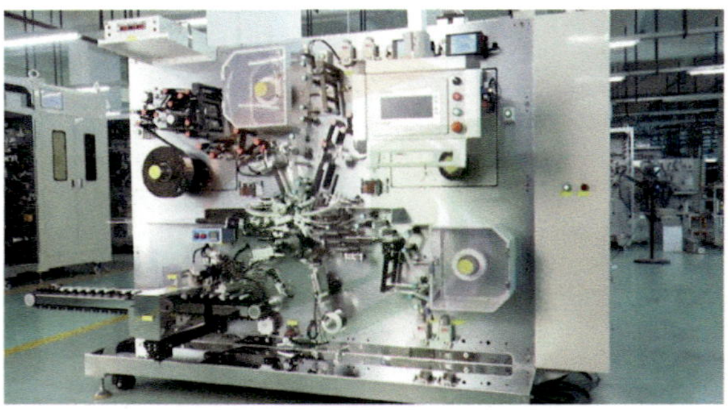

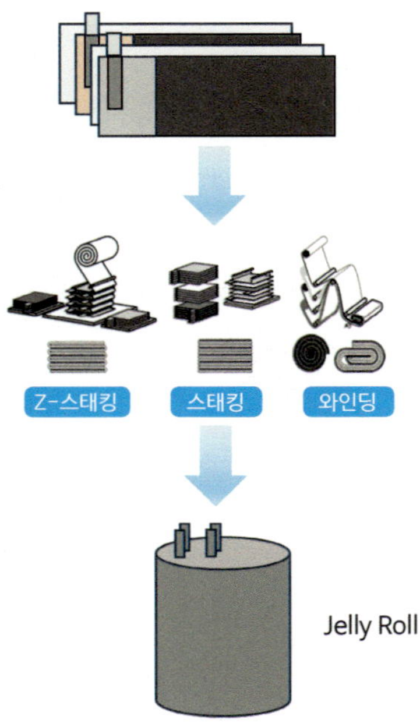

그림 2.35 양극, 음극과 분리막을 젤리롤 형태로 권취하는 기계 및 권취공정 모식도

(2) 적층공정(Stacking process)

적층공정(stacking process, 스태킹공정)은 쌓아올리는 공정이다.

코팅이 끝난 여러 개의 단일 극판을 분리막을 사이에 두고 층층이 번갈아 가면서 쌓아 올리는 공정이다. LG화학은 라미네이션과 스태킹(스택&폴딩) 방식을, 삼성SDI와 SK이노베이션은 Z-스태킹(폴딩&스태킹, 지그재그) 방식을 채택하고 있다.

적층공정의 장점은 잔여 공간을 최소화해 에너지밀도가 높다. 단점은 생산성이 낮다는 것이다.

그림 2.36은 Z-스태킹(지그재그)방식과 스택&폴딩(stack and folding) 방식을 서로 비교해보여준다.

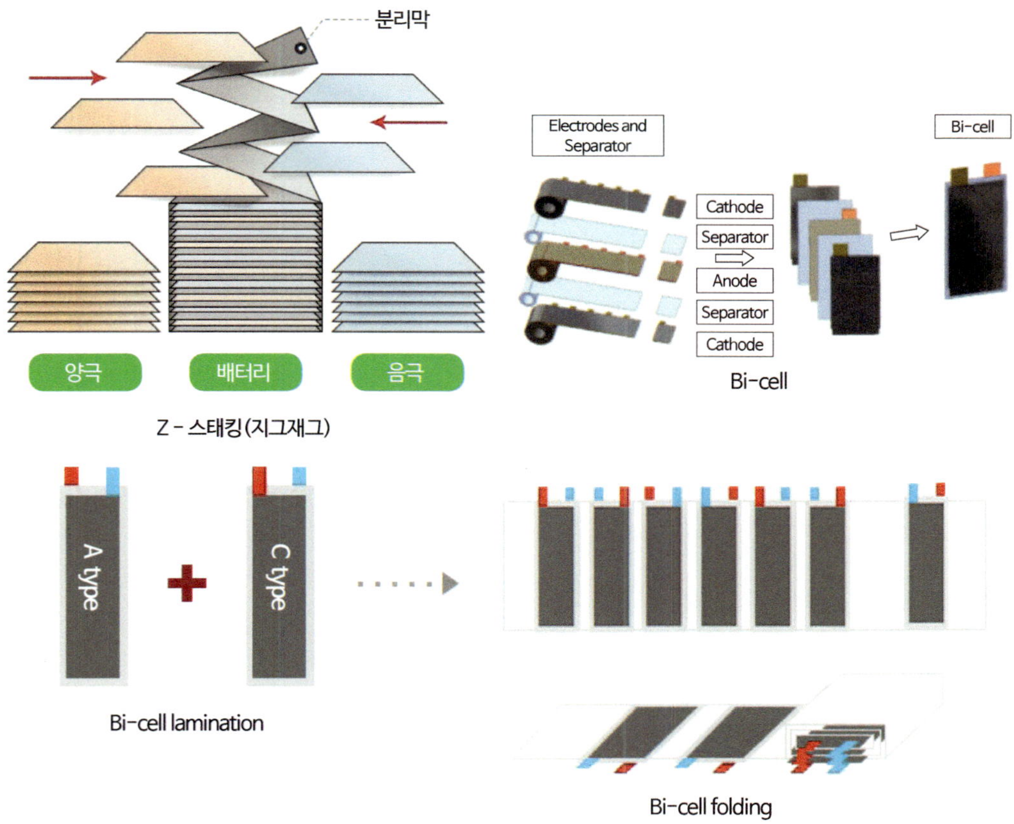

그림 2.36 Z-스태킹(폴딩&스태킹, 지그재그) 방식과 스택&폴딩 방식의 비교

〈참고〉 1. Bi-cell : 잘라진 단일 극판을 두단 정도만 쌓아서 만든다.

〈참고〉 2. 스택&폴딩(stack and folding)방식 : 잘라진 양극, 음극, 분리막을 바이 셀(bi-cell)로 만든 다음, 셀 밑에 깔린 것이 분리막으로, 라미네이션 공정(lamination process, 또는 laminating, 대상이 되는 물체에 1겹 이상의 얇은 레이어(layer, 층)를 덧씌워 표면을 보호하고 강도와 안정성을 높이는 기술)을 통해 정렬한 후 분리막을 접으면서(folding) 바이 셀(bi-cell)을 쌓아 적층하는 반복과정이다.

그림 2.37과 그림 2.38은 SK이노베이션(SK온)에서 개발한 Z-폴딩앤스태킹(folding & stacking, 지그재그) 방식을 보여준다.

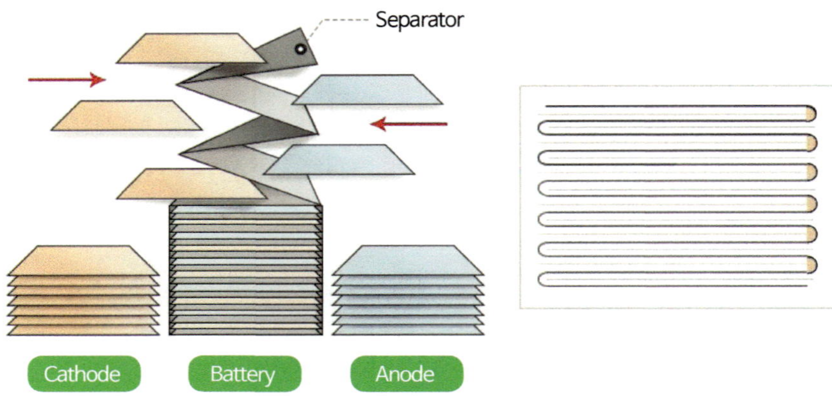

그림 2.37 SK이노베이션(SK온)의 Z-폴딩&스태킹(지그재그) 방식

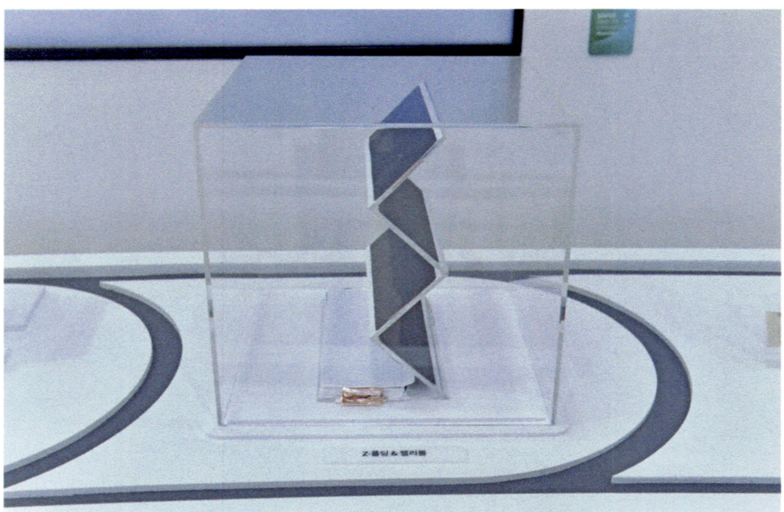

그림 2.38 SK이노베이션(SK온)에서 개발한 Z-폴딩&스태킹(지그재그) 방식

그림 2.39의 (a)는 Z-폴딩&스태킹(지그재그) 방식의 SK이노베이션에서 개발한 전극 제조방식이고, (b)는 와인딩(winding) 방식의 삼성SDI와 다른 배터리 회사가 채택하는 전극 제조방식이다.

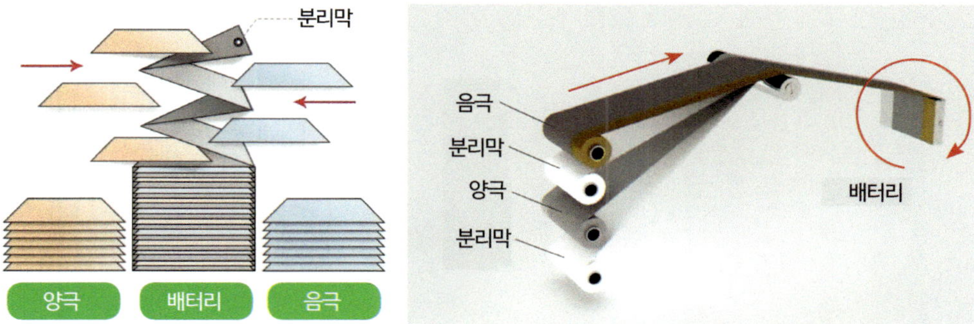

(a) Z-폴딩&스태킹(지그재그) 방식 (b) 와인딩(winding) 방식

그림 2.39 **Z-폴딩&스태킹 방식과 와인딩 방식의 비교**

그림 2.40의 (a)는 와인딩(winding) 방식의 삼성SDI와 다른 배터리 회사가 채택하는 전극 제조방식이고, (b)는 스택앤폴딩(스택&폴딩, stack and folding) 방식의 LG화학 이 채택하는 전극 제조방식이다.

(a) 와인딩(winding) 방식 (b) 스택&폴딩(stack and folding) 방식

그림 2.40 **와인딩 방식과 스택&폴딩 방식의 비교**

LG화학(LG에너지솔루션)이 개발해 채택하고 있는 스택앤폴딩(스택&폴딩, stack and folding) 방식의 전극 제조방식은 그림 2.41과 같다.

일반적인 배터리는 두루마리 휴지를 둘둘 마는 것과 같은 원리인 와인딩(winding) 방식으로 제작된다. 따라서 모양을 변형하고 자르는 것 자체가 불가능해 공간 활용의 한계가 있을 수밖에 없다. 반면에, 스택앤폴딩(stack & folding) 기술은 전극을 셀(cell) 단위로 잘라 쌓고, 접음으로써 부피가 작음에도 에너지밀도는 높은 고용량 · 초슬림 배터리를 구현할 수 있다.

쉽게 말하자면, 스택앤폴딩 방식은 음극–전해질–분리막–전해질–양극 이런 식으로 층층이 쌓는 방식으로, 스택앤폴딩으로 만들면 버리는 영역없이 각에 맞춰서 딱 들어가니까 동일 면적에 비해 많은 용량을 가진 배터리를 만들 수가 있다.

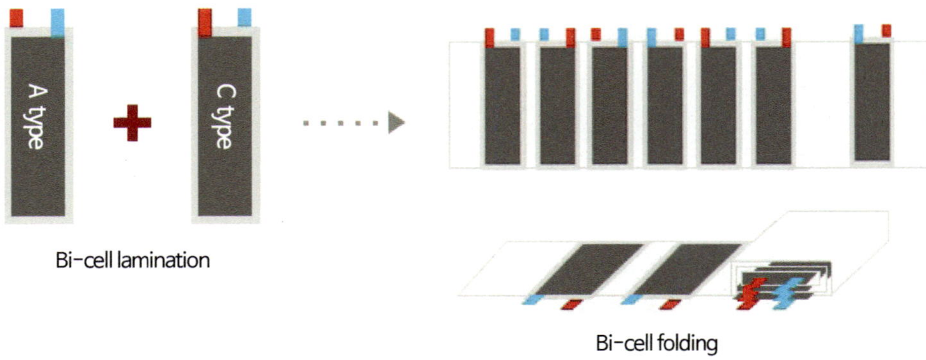

그림 2.41 LG화학(LG에너지솔루션)이 개발한 스택앤폴딩 방식의 전극 제조방법

또한 스택앤폴딩 방식은 안정성 측면에서 장점을 갖는다.

(a) 와인딩 방식의 스웰링(swelling) 현상의 발생 (b) 스택앤폴딩 방식의 안정성

그림 2.42 500회 충방전 시 이차전지의 변형(와인딩과 스택앤폴딩 방식의 비교)

500회 이상 충방전을 할 경우 와인딩 방식은 그림 2.42의 (a)와 같이 셀이 쭈글쭈글 해지게 된다. 이게 좁은 공간에 물려있게 되면 국소적인 지점에서 잔류 스트레스가 걸려

서 고장 혹은 발화 혹은 폭발의 원인이 될수 있다. 잔류 스트레스로 인한 이런 변형을 스웰링(swelling)이라고 한다. 그러나 스택앤폴딩 방식은 500회 이상 충방전해도 변형이 전혀 없다. 따라서 스택앤폴딩 방식은 수명이 연장된 셀(cell) 구조를 갖고 있다(Cell structure with extended lifespan).

다른 장점으로 스택앤폴딩은 아래 그림 2.43처럼 철(Fe)원소 침투를 막아준다. 그러나 와인딩 방식은 철원소가 셀 내부에서 돌아다닐 수 있다. 이게 결국 기계적 · 열적 안정성을 해쳐서 셀의 성능을 떨어뜨리게 되는 것이다.

그림 2.43 스택앤폴딩 방식의 기계적 · 열적 안정성

그래서 LG화학(LG에너지솔루션) 배터리(이차전지)가 사고가 적고 폭발이 없는 이유이다. 또한 LG화학은 스택앤폴딩 관련 특허를 세계적으로 가장 많이 보유하고 있어, 기술개발의 선점은 물론 제조기술의 강력한 방어벽을 치고 있기에 다른 회사들이 이 방식 기술로 진입하기는 쉽지 않아 보인다.

(3) 젤리롤 삽입공정 · 음극 탭 용접공정 · 비딩공정

젤리롤 삽입공정은 젤리롤을 일정한 깊이의 캔(can)에 삽입하고, X선 검사기로 삽입 정도를 측정하는 공정이다.

음극 탭 용접공정은 음극 탭을 구부려서 캔의 바닥에 용접하는 공정이다.

비딩(beading)공정은 원통형 전지의 조립공정 중에서, 음극 탭 용접공정이 완료된 젤리롤이 삽입된 캔의 상단부에 개스킷(gasket, 압축상태에서 결합된 이음매나 배관 등 부품의 접합부 사이에 넣어주는 얇은 판 모양의 밀봉재 또는 액 누출을 막는 고정용 실링재)이 안착되도록 내부로 굽은 홈을 만드는 공정이다.

탭 웰딩(tab welding)은 단일 극판으로부터 흘러나오는 전류를 한 곳으로 모으는 공정으로, 스태킹된 배터리 양극과 음극에 알루미늄과 구리 탭(tab)을 무지부에 접착시키는 공정이다. 기존에는 초음파를 통해 접합부에 진동을 일으켜 열을 발생시킴으로 탭을 접착했으나, 이후 적층 수가 늘어나면서 레이저를 통해 용접하는 방식을 채택하고 있다.

그림 2.44는 원통형 배터리에 있어 젤리롤 삽입, 양극탭 용접, 양극판 비딩공정 등의 단계를 차례로 보여준다.

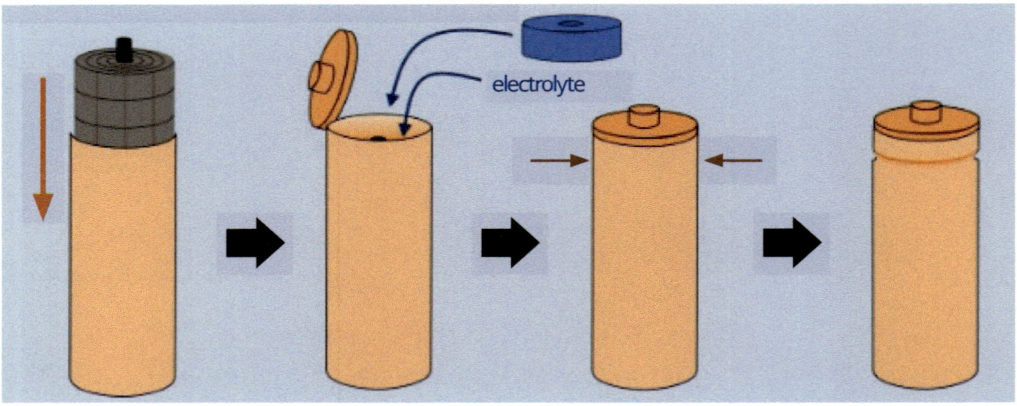

그림 2.44 원통형 배터리의 젤리롤 삽입, 양극탭 용접, 양극판 비딩공정 등의 단계

다음 그림 2.45~2.47은 원통형, 각형, 파우치형 배터리에 있어 젤리롤(jelly roll)이 삽입된 형태 및 특징을 비교해 보여준다.

① 원통형 배터리

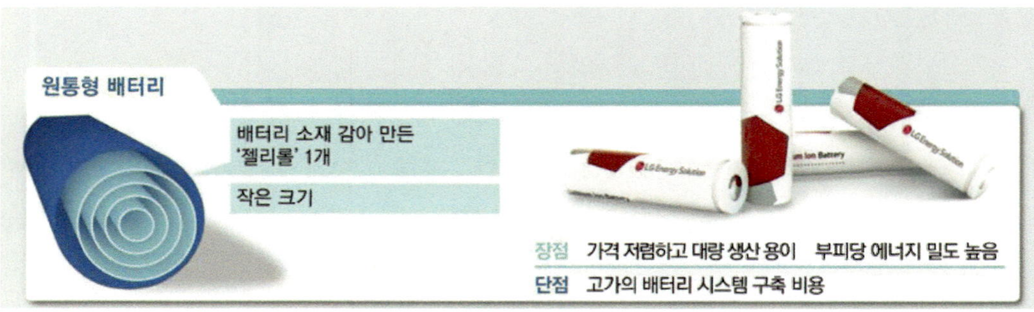

그림 2.45 원통형 배터리의 젤리롤

② 각형 배터리

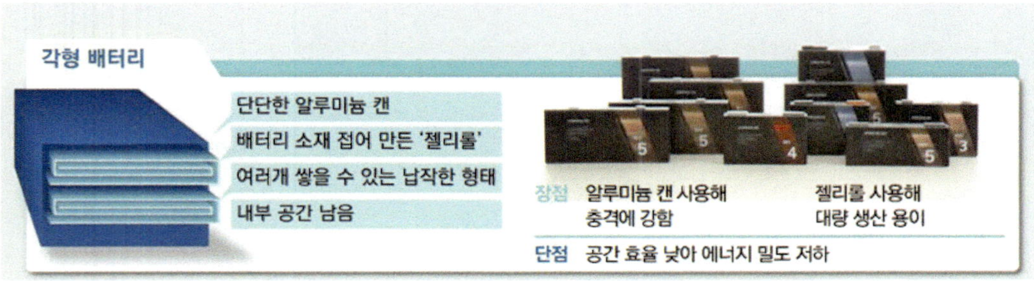

그림 2.46 **각형 배터리의 젤리롤**

③ 파우치형 배터리

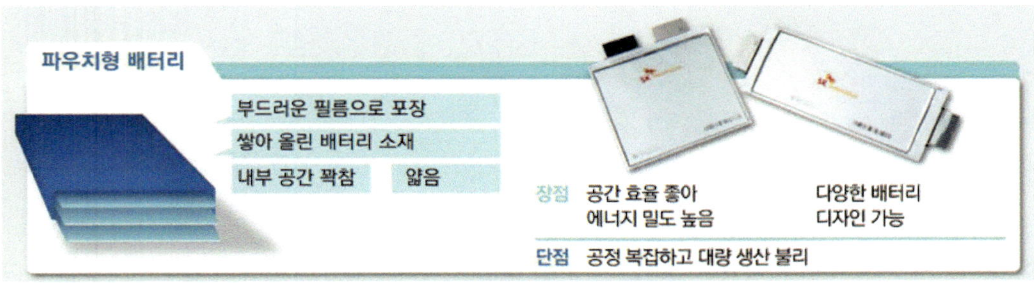

그림 2.47 **파우치형 배터리의 젤리롤**

1) 조립공정(Assembly process, Ass'y process)

일단 원통형(cylindrical), 각형(prismatic), 그리고 파우치형(pouch or polymer)으로 나눠서 생각하면 이해하기 쉬울 것이다. 왜냐하면 원통형 및 각형 배터리는 양극 · 음극 · 분리막을 감아서 만든 젤리롤(jelly roll)을 사용하고, 외부에 튼튼한 골격을 가지고 있다는 공통점이 있다. 하지만 파우치형 배터리는 양극 · 음극 · 분리막을 각각 쌓아서 만들고, 외부를 알루미늄 파우치로 얇게 만들어서 외부 골격이 약하다는 특징을 가지고 있다. 이러한 차이점 때문에 원통형 및 각형 그리고 파우치형을 분리해서 이해하면 좋을 것 같다. 물론, 원통형 · 각형 · 파우치형은 모두 다른 제품이다.

그리고 원통형 · 각형 · 파우치형 배터리의 공통점과 차이점에 대해 간략하게 정리하면 다음과 같다.

① 원통형 및 각형 배터리

외관을 튼튼하게 만들어서 외부충격에 강하다. 양극 · 음극 · 분리막을 와인딩(winding)하여 만든 젤리롤을 사용하여 배터리 셀을 만드는 방식으로, 일반적으로 젤리롤을 사용하면 대량생산이 용이하기 때문에 가격이 저렴하다는 장점이 있다. 차이점은 사용되는 부품, 골격, 구조가 많이 다르다는 점이다.

② 파우치형

알루미늄(Al) 재질의 파우치 필름으로 외관을 만들어서 외부충격에 약하다. 양극 · 음극 · 분리막을 스택&폴딩(stack and folding)하여 배터리 셀을 만드는 방식이라 단위 무게 당, 단위부피 당, 에너지밀도와 용량이 높다는 특징을 가지고 있다.

다음 그림 2.48에서 (a)는 양극 · 음극 · 분리막을 각각 쌓아서 단일 시트로 스태킹(stacking, 적층) 한 것이고 (b)는 Z-스태킹의 구조와 형태를 보여준다. 그리고 (c), (d)를 보면 원통형(cylindrical)과 각형(prismatic)의 편평한 젤리롤(flat jelly roll)은 음극(anode), 양극(cathode), 분리막(separator)이 롤처럼 말려있는 것을 볼 수 있다. 이렇게 와인딩(winding)할 때 사용되는 것이 바로 젤리롤이다. 젤리롤을 사용하는 것이 원통형 및 각형 배터리이고, 각각의 양극 · 음극 · 분리막을 일일이 쌓은 것(적층)이 파우치형 배터리인 것이다.

원통형과 각형 배터리의 차이점은 모양, 부품, 그리고 만드는 방식에 있다. 원통형의 경우에는 와인딩(winding)해서 만든 젤리롤을 그대로 말아서 사용하지만, 각형의 경우

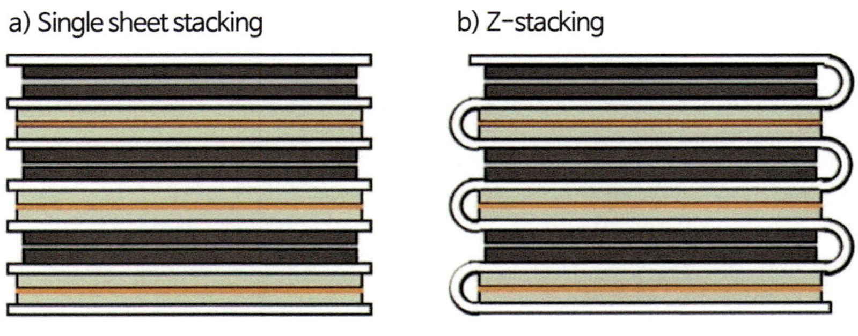

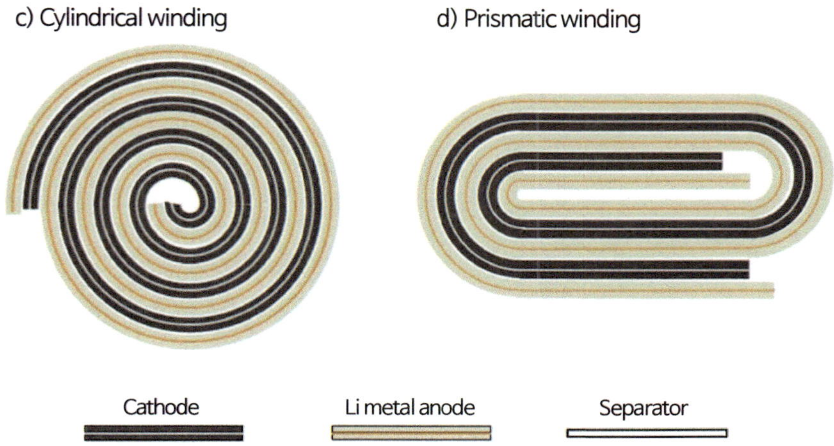

그림 2.48 **스태킹과 와인딩의 종류 및 방법**

에는 일정한 규격의 크기로 젤리롤을 돌려서 네모난 형태로 만든다. 각형의 경우에는 끝부분에 분리막 · 양극 · 음극의 접힘이 발생하여 과거에 한때 이슈가 되었던 적이 있다.

그림 2.49는 젤리롤의 원리와 구조를 나타낸 것이다.

그림 2.49 **젤리롤 구조**

다음 그림 2.50은 앞에서 설명한 와인딩 공정과 스태킹 공정을 상세히 보여준다.

와인딩(winding, 권취)이란 스프링처럼 돌돌 말려있는 상태라고 생각하면 이해하기 쉽다. 이러한 와인딩공정을 통해 양극(cathode), 음극(anode), 분리막(separator)이 롤형태로 만들어지고, 이것을 배터리에서는 젤리롤이라고 부른다. 스태킹은 양극 · 음극 · 분리막을 한 장씩 쌓는 방식이고, Z-폴딩(folding)은 한 장의 분리막을 Z 모양으로 폴딩하고 그 사이사이에 양극과 음극을 삽입하는 방식으로 이뤄진다. 스태킹은 폴딩 과정에서 접힘 현상이 없다는 장점이 있으나, 음극, 양극, 분리막을 일정하게 정렬하여 쌓는 것이 어렵다. Z-폴딩같은 경우에는 물리적으로 양극과 음극을 분리하여 안전하다는 장점이 있으나, 분리막이 접혀서 이슈(issue, 문제)가 발생할 수 있다는 단점이 있다.

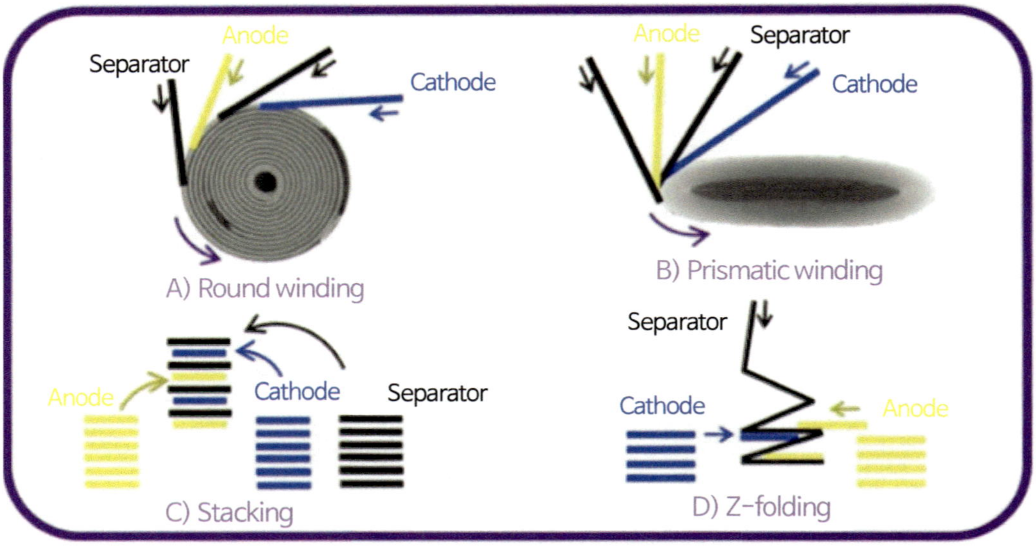

그림 2.50 종류 별 와인딩 공정과 스태킹 공정

2) 배터리 셀의 구조 및 부품

① 원통형 셀의 구조 및 부품

원통형 셀에는 무엇이 들어가는지 한번 확인해 보면, 다양한 부품들이 조립되어 있다. 이러한 부품을 조립하는 것이 바로 조립공정이라고 이해하면 된다.

일단 조립공정은 대부분 자동화 기계로 이루어져 있다. 그렇기 때문에 이러한 자동화 설비를 잘 관리하는 것이 중요하고, 그리고 각 부품들을 정밀하게 조립하고, 이것이 제대로 정렬이 되어 있는지 확인하는 것이 또한 중요하다. 그 외에도 젤리롤과 같은 셀이 조립과정에서 스크래치 등 상처가 발생한다든지 이물질이 유입되면 문제가 발생할 가능성이 있으므로, 이러한 예상되는 문제점들을 사전에 방지, 예방, 개선하는 것이 조립공정에서의 주요 역할이기도 하다.

그리고 원통형 배터리에서 주의깊게 알아야 할 사항으로는 PTC, CID, Vent 기술이다.

PTC thermistor(Positive Temperature Coefficient 서미스터, 정온특성으로 과전류가 흘러 일정온도 이상으로 가열될 경우 자동으로 전류를 차단하는 저항소자)같은 경우는 과전류가 발생하면 전류를 차단하고, CID(Current Interrupt Device, 전류차단장치 : 이차전지의 충전 시 안전성을 확보하기 위한 핵심부품이다)같은 경우는 내압이 상승하면 벤트(vent)를 통해 전류를 차단하고, 벤트의 경우 내부의 가스를 밖으로 내보내서 폭발을 방지하는 역할을 수행한다. 따라서 원통형 배터리와 같은 경우에는 다양한 보호장치가 존재하기 때문에 상대적으로 안정한 배터리라고 부를 수 있다.

각형 배터리도 비슷한 원리를 가지고 있다. 각형 배터리의 가스배출장치(vent)는 각형 배터리 위에 위치한 작은 구멍이다. 평상 시에는 닫혀 있다가 이상 상황이 발생하면 열린다. 이 구멍을 통해 단락 발생 시 나오는 가스가 배출된다. 가스가 배출되지 않으면 배터리는 폭발 가능성이 높아진다.

독일 폭스바겐(Volkswagen) 등의 각형 배터리를 사용하는 전기차 제조업체들은 벤트(vent)를 추가적으로 설계하여 안전성을 높였다.

그림 2.51은 원통형 배터리 셀의 구조 및 부품을 보여준다.

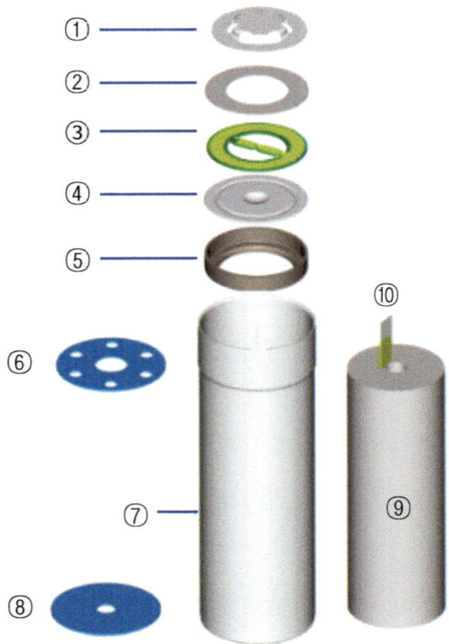

No.	명칭	기능 및 역할
1	Cap-up	양극단자
2	PTC	과전류 방지 Safety Device
3	CID	내압 상승 시 Vent에 의해 전류 차단 ※CID : Current Interrupt Device
4	Vent	전지 내압 상승 시 Gas 방출
5	Gasket	전해액 누액 방지, 양극/음극 절연
6	Top Insulator	Tab과 Jelly Roll 사이 Short 방지
7	Can	Jelly Roll 및 전해액 Housing
8	Bottom Insulator	Jelly Roll과 Can 사이 Short 방지
9	Jelly Roll	양극/음극/Separator 권취 구성체
10	Tab	극판까지 전기적 연결체

그림 2.51 **원통형 배터리 셀의 구조 및 부품**

그림 2.52는 각형 배터리 셀의 구조 및 부품을 보여준다.

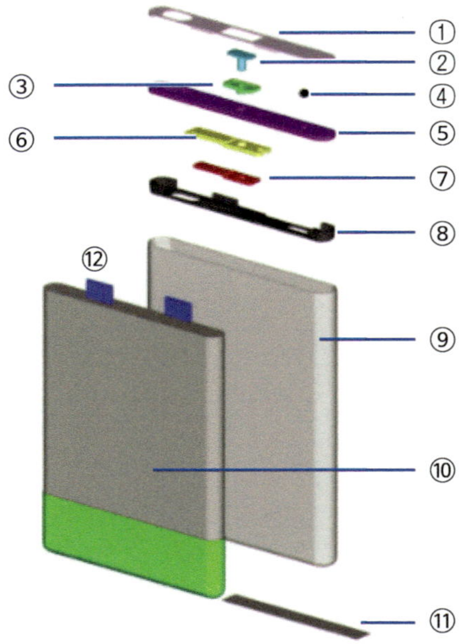

No.	명칭	기능 및 역할
1	Washer	음극 Pin과 양극 Can 사이의 전기적 절연
2	Pin	음극 단자
3	Gasket	전해액 누액 방지, 양극/음극 절연
4	Al ball	전해액 주액구 밀폐
5	Cap plate	상부 덮개(Safety Vent 포함)
6	Insulator	Terminal Plate와 Cap Plate Short 방지
7	Terminal Plate	음극 Pin과 음극 Tab 전기적 연결
8	PP Case	Tab과 Can 사이 절연, J/R 이동 방지
9	Can	Jelly Roll 및 전해액 Housing
10	Jelly Roll	양극/음극/Separator 권취 구성체
11	Bottom Plate	양극 단자
12	Tab	극판까지 전기적 연결체

그림 2.52 **각형 배터리 셀의 구조 및 부품**

그러나 파우치형 배터리에는 벤트(vent)가 없는데, 안전에는 문제가 없을까?라는 의문이 든다. 일단 제조공정과 부품부터 보도록 하면, 우선 그림 2.53은 자동화된 파우치형 배터리 셀 제조라인을 상세히 보여준다.

파우치형 배터리는 탭(tab)을 붙인 양극·음극을 차례대로 쌓으면서 하나의 셀(cell)을 만든다. 그리고 해당 셀을 알루미늄 파우치로 감싸고, 전해액을 주입하면 끝나는 간단한 공정이다.

파우치형 배터리는 알루미늄팩(Al pack) 하나에 여러 개의 양극·음극을 적층하여 쌓기 때문에 단위무게 당, 단위부피 당 많은 충전 및 방전용량을 취할 수 있다는 장점이 있다. 하지만, 충방전 과정에서 배터리 내부 전해질에서 가스(gas)가 발생하여 부풀어 오르는 문제를 해결하기 어렵다. 초기 조립공정 또는 화성공정에서 전해질을 주입·활성화시킬 때 발생하는 가스를 빼주는 작업이 존재한다. 하지만 완성된 파우치형 배터리는 벤트(vent, 가스배출장치) 능력이 없기 때문에 시간이 지남에 따라 가스가 지속적으로

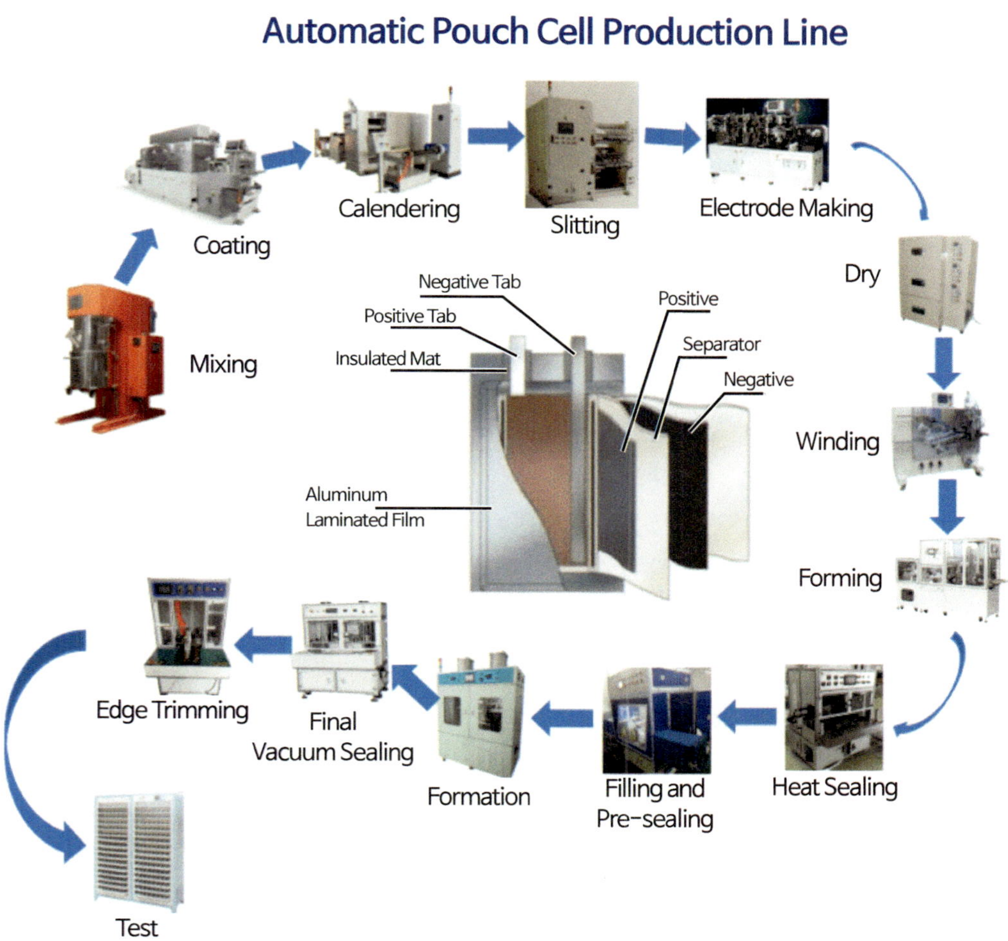

그림 2.53 파우치형 배터리 셀의 자동화 제조라인

발생하여 배터리가 점점 부풀어 오르는 모습을 자주 보이는데, 이것이 파우치형 배터리가 위험한 이유 중 하나가 된다.

그럼 어떤 방식으로 파우치형 배터리가 안전하다고 설명할 수 있을까?

우선 파우치형 배터리는 각형, 원통형보다 열배출에 유리하기 때문이다. 그래서 열에 의한 변형을 최소화함으로써 안전성을 높일 수 있다.

그림 2.54는 파우치형 배터리 셀의 구조 및 부품을 보여준다.

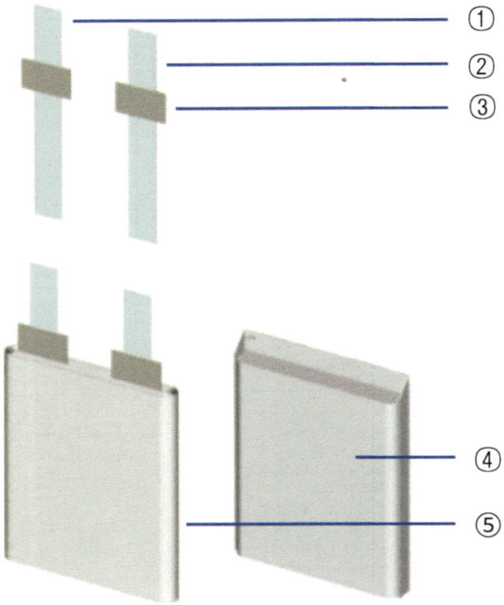

No.	명칭	기능 및 역할
1	양극 Tab	양극 극판까지 전기적 연결체
2	음극 Tab	음극 극판까지 전기적 연결체
3	Strip Tape	Tab과 Pouch 전기적 절연 단자부 밀폐 및 누액 방지
4	Pouch	Jelly Roll 및 전해액 Housing
5	Jelly Roll	양극/음극/Separator 권취 구성체

그림 2.54 **파우치형 배터리 셀의 구조 및 부품**

그림 2.55와 그림 2.56에서와 같이 파우치형 배터리는 무겁고 딱딱한 금속 케이스 대신, 얇고 가벼운 폴리머 파우치(polymer pouch)를 사용함으로 열배출이 용이하다.

그림 2.55 **열배출이 용이한 폴리머 파우치 배터리**

또한 기존 와인딩방식은 시간이 갈수록 변형되어 성능저하가 쉽게 일어나지만, LG화학의 고유기술인 스태킹&폴딩(stacking & folding)방식의 파우치형 배터리는 변형없이 꾸준한 성능을 유지하기 때문이다.

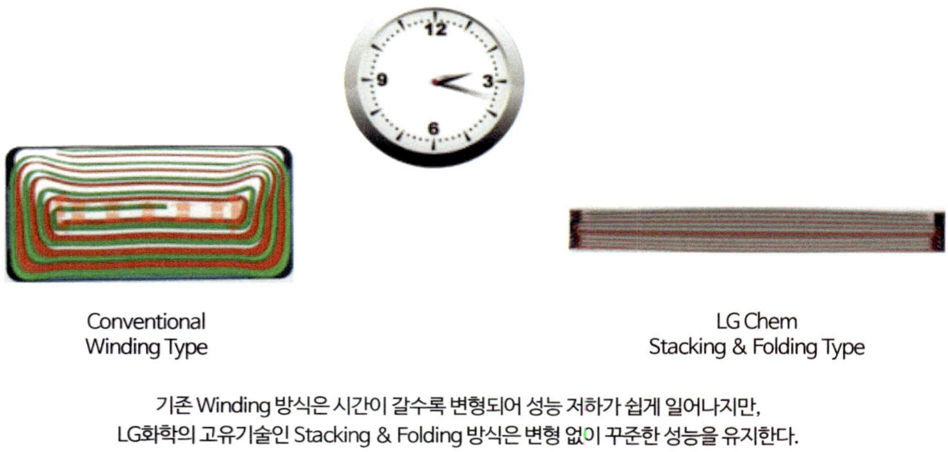

그림 2.56 **변형없이 꾸준한 안전성능을 유지하는 파우치형 배터리(LG화학 제품)**

② N/P Ratio 및 양극과 음극의 크기가 다른 이유(그림 2.57 참조)

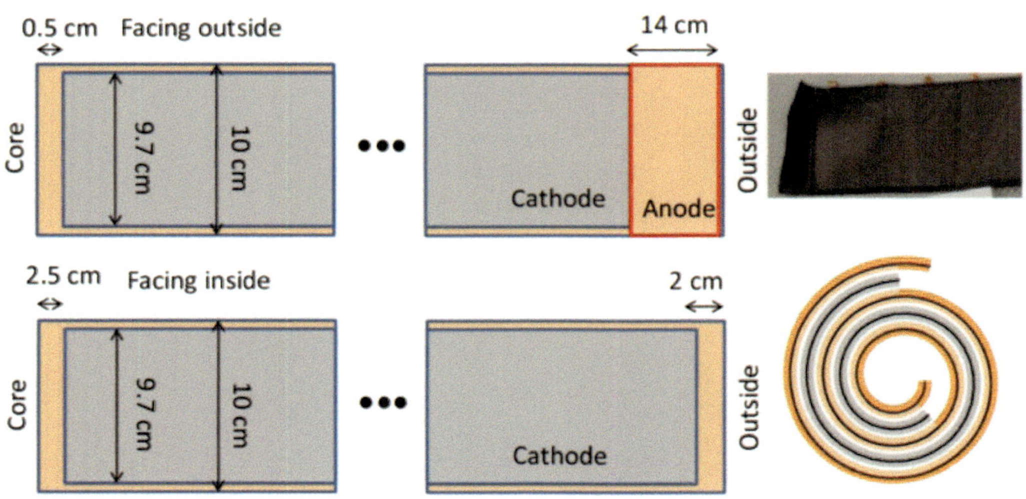

그림 2.57 **양극(cathode)과 음극(anode) 전극크기 차이**

이때 만들어지는 양극(cathode)과 음극(anode) 전극크기 차이를 보면 흥미로운 사실을 알 수 있다. 차이는 음극이 양극보다 조금 크게 형성된다는 것이다. 그 이유는 무엇일까?

바로 음극에서 리튬(Li)이 석출되는 현상이 발생하기 때문이다. 일반적으로 양극이 음극보다 용량이 높고, 리튬의 탈리 · 삽입속도도 빠르다. 그래서 음극에서 리튬이온의 저장 용량이 부족한 경우, 양극에서 나온 리튬이온이 음극에 모두 삽입되지 않으므로 음극(anode) 쪽에서 리튬이 석출되는 덴드라이트(dendrite) 현상이 나타나게 된다. 그림 2.58에서와 같이 이러한 덴드라이트는 음극에서 점점 성장하여 분리막을 뚫게 되고, 분리막이 뚫리면서 전해액이 섞여 쇼트(short, 단락)가 발생하게 된다. 그렇기 때문에 N/P

N/P Ratio

코팅공정에서 음극과 양극의 활물질 용량 비율을 결정하게 되는데, 음극과 양극의 용량 비율을 엔피 비율(N/P ratio, N/P 비율 : 음극의 총용량을 양극의 총용량으로 나눈 값)이라고 한다.
N/P 비율은 코팅공정의 아주 중요한 설정 요소이다. 리튬이온 배터리(LIB)는 리튬원자의 공급원이 한정된 전지이므로, 이 비율에 따라 성능과 안전성이 결정되기도 한다. N/P 비율이 낮으면 용량이 증가하지만 안전성이 악화되고, 높으면 수명 성능이 향상되기에 각 회사에서는 원하는 특성에 맞는 N/P 비율을 찾아내고 있다. 최소 N/P 비율은 대략적으로 1.12라고 한다.

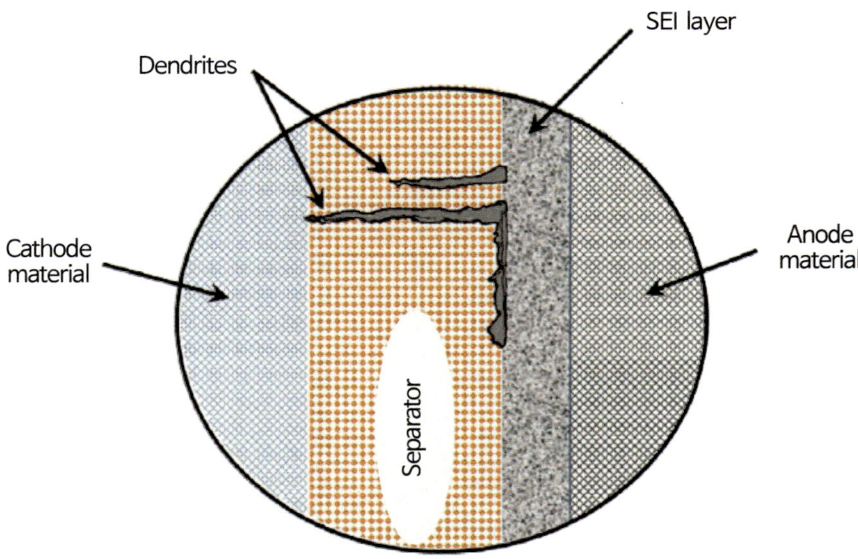

그림 2.58 덴드라이트(dendrite) 현상에 의한 분리막의 손상 및 파손

ratio에서 단위면적당 N의 용량을 높게 가져가야 한다. N의 용량을 높게 가져가는 방법으로는 전극의 로딩(loading)량, 즉 음극의 두께를 상대적으로 높게 가져가면 되는 것으로 즉, 넓이를 더 크게하는 방법 등이다.

음극과 양극이 대면하는 상황에서, 음극의 길이가 짧을 경우에는 양극에서 리튬이 석출되어 문제가 발생한다. 그래서 그림 2.59에서 보여주는 바와 같이 음극은 양극보다 좀 더 길게 만들어야 한다.

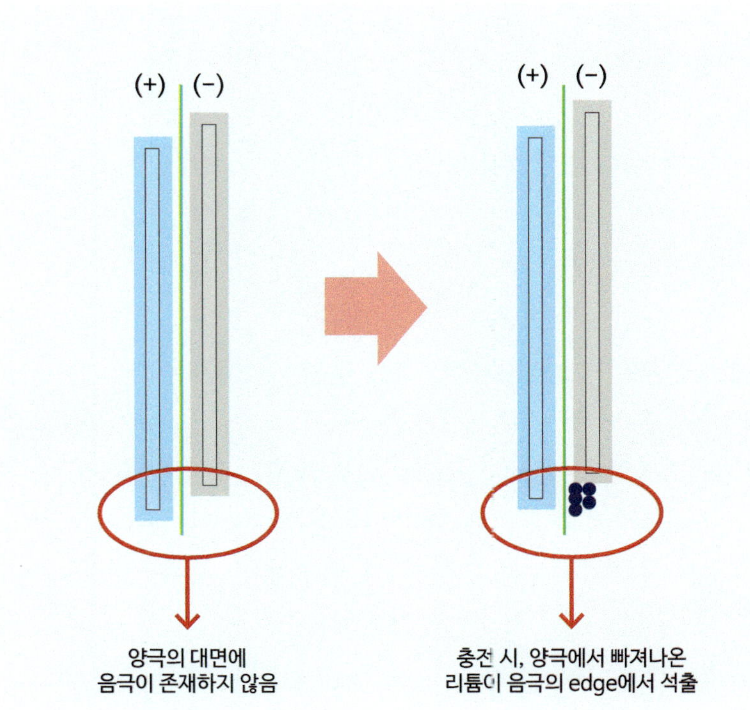

그림 2.59 음극을 양극보다 좀 더 길게 만들어 덴드라이트 현상을 방지

다시 정리하면, 음극은 양극보다 단위면적당 용량이 커야 하고, 길이도 양극보다 길게 설계해야만 리튬이 석출되는 문제를 방지할 수 있다. 이런 방법을 통해 조금이라도 보다 안전한 배터리를 만들 수가 있는 것이다.

(4) 전해액 주입공정 및 패키징(Packaging)

비딩공정 후 캔의 내부로 전해액을 주입하는 공정으로, 전해액 주입 후 내부 압력을 대기압보다 낮게 유지하는 진공공정과 캔의 입구로부터 공기를 불어넣어 전해액을 젤리롤 내부로 스며들게 하는 공정으로 구성된다. 전해액 주입이 완료된 후 양극 탭 주위의 전해액을 부직포로 닦아주고, 비딩 부위에 남아 있는 전해액을 제거한 후 개스킷을 삽입시켜 전해액 주입을 마무리한다.

전해액을 주입한 후 최종 전지 형태로 모형을 형성하고 밀봉하는 공정이다. 각형과 원통형은 알루미늄 금속케이스와 캔(can)이 봉지역할을 하며, 캡(cap)을 닫고 레이저로 용접한 후 전해액을 주입한다.

파우치형은 알루미늄 필름 파우치가 봉지역할을 하며, 열을 가해 패킹한 후 전해액을 주입하고 밀봉해 셀 형태로 절단한다. 원통형, 각형타입 뿐만 아니라 파우치 타입의 전극에서도 초기 포메이션 공정후 SEI막의 형성으로 인해 전해질에서 가스가 발생하여 디개싱 공정이 필수적으로 필요하다.

(5) 양극 탭 용접공정 · 크림핑공정 · X선 검사 · 세정공정

양극 탭 용접공정은 양극 탭과 전류차단조립체(current break assembly)의 하단부를 용접하고, 안전벤트조립체(safety vent assembly, 안전분출구조립체이며, 여기서 vent는 정확하게는 가스배출장치를 뜻한다)의 중앙부위를 초음파 용접기로 용접하여 전류차단(current break) 기능을 부여하는 공정이다. 크림핑(crimping)공정은 전류차단조립체(current break assembly) 및 정특성 온도계수(PTC, positive temperature coefficient), 캡업(cap-up, 윗부분이 볼록하게 튀어나온 모자의 형태)이 삽입된 전지의 비딩 상단부를 가압하여 캔과 전류차단조립체(current break assembly), 정특성 온도계수(PTC), 캡업(cap-up)을 밀폐시킨 후, 크림핑된 전지의 높이를 일정하도록 프레싱(pressing)으로 마무리하는 공정이다.

X선 검사공정은 X선을 이용하여 조립이 끝난 전지의 내부 전극배열 상태를 관찰하여 단락의 가능성 유무를 판단하여 불량 선별작업을 실시하는 공정이다.

세정(cleaning)공정에서는 조립된 전지의 표면에 있는 전해액과 기타 이물질을 순수한 물을 이용하여 세척하고 남아있는 전지 표면의 수분을 건조 공기로 제거한다. 이후 전지 중앙부에 제조공장, 라인번호, 제조년월일 등의 전지의 이력을 기재하여 조립공정을 마무리하고 화성공정에 들어가게 된다.

03 화성공정(Formation process, 활성화공정)

배터리의 화성공정은 조립된 배터리 셀에 전기적 특성을 갖도록 배터리를 활성화시키고, 결함 여부를 파악하는 마무리 공정이다. 조립공정 직후의 리튬이온 배터리는 전압이 측정되지 않는다. 충전해서 활성화해야만 배터리로서 기능을 할 수 있기 때문이다.

화성공정(활성화공정)은 포메이션(formation, 충방전), 에이징(aging, 안정화), 그레이딩(grading, 등급분류), 시렉팅(selecting, 불량선별) 등의 공정으로 나뉜다. 화성공정은 대부분 자동화되어 있는 것이 특징이다.

화성공정은 Formation → Aging → IR/OCV(내부저항/개방회로전압)의 순서로 이루어지며, 배터리의 충방전 및 에이징을 통해 배터리를 활성화하고 불량 셀을 선별하는 공정이 바로 4대 공정(전극공정 → 조립공정 → 활성화공정 → 팩 공정) 중 세 번째인 화성공정(활성화공정) 단계인 것이다.

앞에서 언급한 IR은 내부저항(IR, Internal Resistance)이고, OCV는 개방회로전압(OCV, Open Circuit Voltage)이다. OCV는 말 그대로 배터리에 아무것도 연결하지 않은 상태에서 배터리에 걸리는 기전력을 말한다. 이처럼 전기회로가 열려있는 상태를 회로가 열려있다고 하여 개방회로, 개회로라고 하며 영문으로는 Open Circuit이라고 한다. 이때, 회로가 열려있기 때문에 전기가 통하지 않게되고 이 상태의 전지전압을 개방회로전압(Open Circuit Voltage, OCV)이라고 하는 것이다.

개방회로전압은 회로에서 분리되었을 때 전자장치의 두 단자 사이의 전위차로, 연결된 외부 부하가 없어 단자 사이에 외부 전류가 흐르지 않는다.

그림 2.60은 화성공정의 순서와 각 공정에서의 주요 역할을 나타낸다.

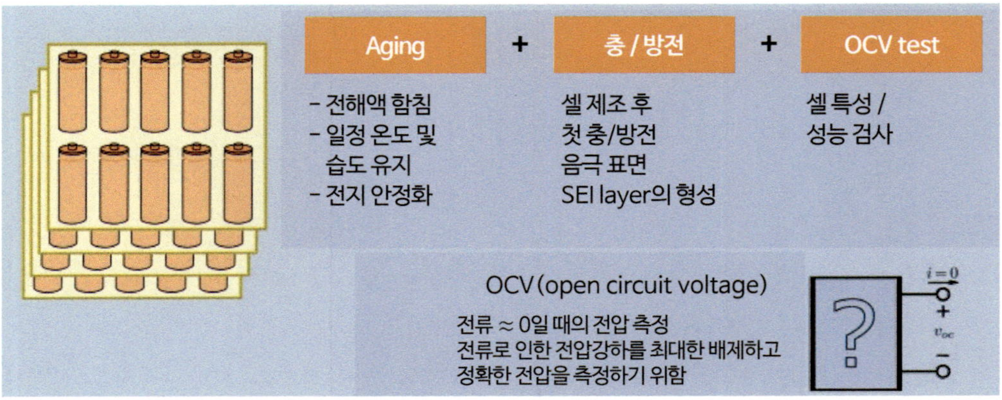

그림 2.60 화성공정의 순서와 각 공정에서의 주요 역할

그림 2.61은 화성공정의 순서와 레이아웃(배치)을 입체적으로 보여준다.

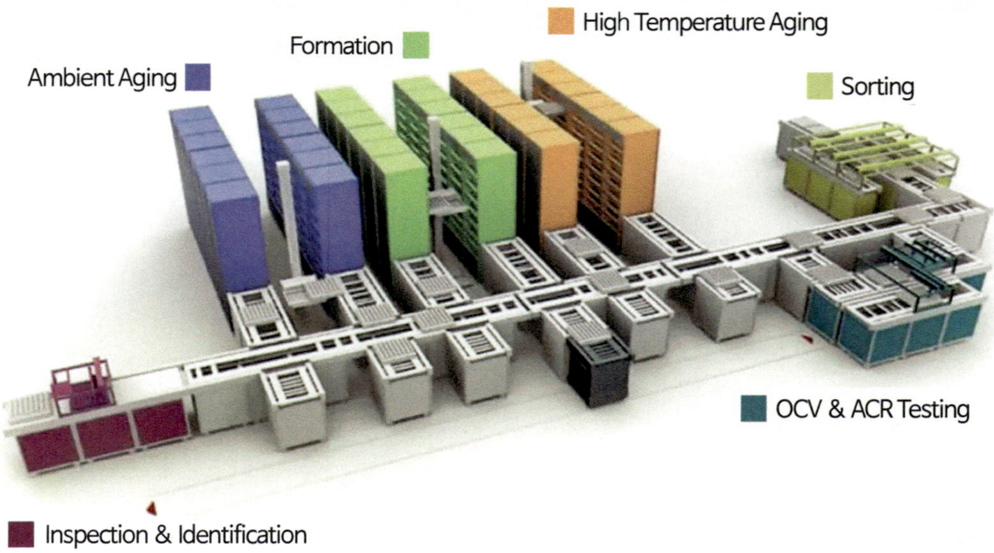

그림 2.61 이차전지의 화성공정 레이아웃(배치도)

그림 2.62는 앞에서 설명한 이차전지(배터리)의 화성공정(활성화공정)을 입체적으로 도시하고 공정마다 간략하게 역할을 설명하고 있다.

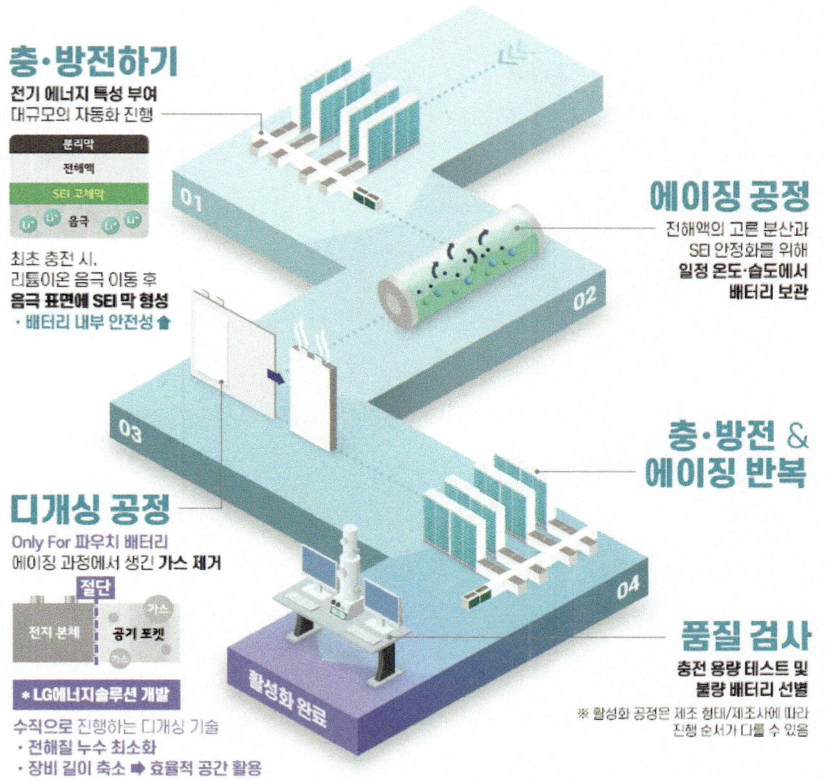

그림 2.62 이차전지(배터리)의 화성공정(활성화공정) (자료 : LG에너지솔루션)

(1) 화성공정의 목적

화성공정은 활성화공정, 불량전지 제거공정, 용량 선별공정 등으로 구분된다.

우선, 활성화공정에서는 조립된 전지를 충전, 에이징(aging, 안정화), 방전 등의 공정을 통해 전지구조를 안정화시키고 사용 가능한 상태가 되도록 한다. 초기 충전 시 3.3V 부근에서 음극 표면에 SEI 피막이 형성되며, 이 과정을 통해 전해액-전극계면에서의 리튬이온의 이동을 용이하게 하고 전해액의 분해를 억제시킨다. 활성화 정도는 이후 전지의 성능, 수명, 안정성 등 제반 특성에 영향을 주게 된다. 불량 전지는 에이징 중의 개방회로전압(OCV) 측정과 방전용량 측정을 통해서 제거할 수 있다. 불량의 원인은 주로 전지 내부에서의 미세단락에 의한 것이 많으며, 이는 에이징 중의 개방회로전압 및 방전용량의 저하 현상을 통해 검출된다. 불량전지는 성능 저하뿐만 아니라 안전성 문제가 있을 가능성이 있기 때문에 적절한 절차에 의해서 폐기되어야 한다.

용량 선별공정은 리튬이온전지를 직렬 · 병렬로 연결하여 팩(pack)으로 사용할 경우에는 용량 선별이 중요하다. 전지팩(배터리팩, battery pack) 내에서 각각의 전지가 동일한 특성(용량, 전압)을 가지고 있지 않을 경우에는 성능 및 수명이 급격하게 저하되며 안전성의 문제가 발생할 수 있다. 용량 선별 기준은 일반적으로 용량의 3% 정도 이내로 한다.

화성공정은 배터리 제조공정 중 29%를 차지하며 '충방전공정' 또는 '화성공정'이라고도 칭한다. 조립공정까지로 만들어진 배터리는 형태만 갖추고 전혀 기능을 하지 못하는 상태이다. 활성화공정을 통해 전기적 특성이 부여되고, 안정화 작업 후 결함 검사와 배터리 등급을 부여받는 단계이다. 간단하게 조립공정 직후 배터리에 충전을 시켜 전기적 특성이 부여되고, 양극재 및 음극재에 전해액이 충분히 함침되도록 기다리는 에이징 작업, 이 과정을 충분히 반복한 후 파우치 배터리에만 국한되지만 필요 시 내부 가스를 제거하는 디게싱 작업, 이후 전지의 성능을 갖추게 되는데 내부저항(IR, Internal Resistance) 및 개방회로전압(OCV, Open Circuit Voltage) 등을 검사하여 최종 등급을 부여해 셀이 탄생하게 되는 것이다.

SEI(Solid Electrolyte Interphase, 고체전해질 간기)와 역할

리튬이온 배터리의 성능을 좌우하는 SEI(Solid Electrolyte Interphase)는 '전해질 내에서 고체로 분열(생성)한다'라는 뜻으로, 고체전해질화되는 주기의 단계(간기 · 사이기)이다.
우선 SEI는 배터리가 만들어지고 화성공정 단계에서 충전을 거치게 되는데 처음으로 충전할 때 리튬이온이 캐소드(cathode, 배터리에서는 양극, (+)극이다)에서 애노드(anode, 배터리에서는 음극, (-)극이다)로 이동하면서 전해질과 리튬이온이 결합하여 음극재 표면에 얇게 고체 형태로 생기는 막을 가리킨다. 즉, 배터리 셀 내부에 분리막이 하나 더 생기는 것이라고 생각하면 되겠다.
SEI는 셀이 조립되고 난 후 전지가 첫 충전을 하는 과정에서 전극표면에 형성되는 부동태막을 일컫는다. 과거에는 음극만을 명칭했지만 현재는 전극의 양극 및 음극 둘 다 해당되며, 이 때 생기는 막의 형태에 따라서 전지 성능이 좌우되기 때문에 배터리 제조사들에 있어 SEI가 형성되는 화성공정은 대외비 기술로 알려져 있다.
리튬이온 배터리의 방전 시 캐소드(cathode)는 (+)극을 가지는 리튬 · 코발트 산화물 전극이며, 애노드(anode)는 (-)극을 가지는 흑연 전극이다.
SEI는 자체의 저항이 거의 무한대라 전자 전도도가 매우 낮다. 반대로 리튬이온에 대하여는 높은 이온 전도도를 띄고 있다.

(2) 화성공정의 종류 및 기능

1) 포메이션(Formation, 충방전)공정

충전과 방전(formation)공정은 화성공정 중 80%를 차지하며, 리튬이온이 처음으로 전해질을 통해 음극 그라파이트(graphite, 흑연)에 쌓이게 되는 단계이다. 이 단계에서 가장 중요한 SEI(Solid Electrolyte Interphase)가 음극층에 형성된다. 충전이 완료되면 방전을 진행하며, 방전 시에는 리튬이온이 반대로 이동하여 양극층에도 충분한 SEI가 생성되게 되는데, 이 때 셀 속에 존재하는 리튬이온의 약 5~10%가 사용되며 배터리의 안전성과 수명을 결정짓는 중요한 요소이기에 이를 안정적으로 조절하는 연구가 계속되고 있다.

포메이션(formation, 충방전)공정은 화성공정에 있어 최초의 충전공정이며, 방전상태의 셀을 활성화시키는 공정으로 화성공정 내 비중이 80% 이상이다. 이때 그림 2.63에서 보여주는 바와 같이 음극 표면에 이온 전도성이 얇은 고체막 즉, SEI(Solid Electrolyte Interphase, 고체전해질 기간)층(layer)이 형성된다.

리튬배터리를 충전하게되면 캐소드(cathode, 양극)에서 애노드(anode, 음극)로 리튬이온이 이동하고, 외부회로로 전자가 이동하게 된다.

배터리 그 자체를 가장 처음 만든 상태 즉, 한번도 충・방전을 시행하지 않은 초기 생산 그대로의 배터리 셀에 충전을 하게되면, 리튬이온이 양극(캐소드)에서 음극(애노드)으로 이동하면서 전해질 내의 첨가제(additive)와 화학적 부반응을 하게되어 음극(−) 계면 살짝 앞쪽에 얇은 고체막이 형성되는데 이것을 SEI라고 한다.

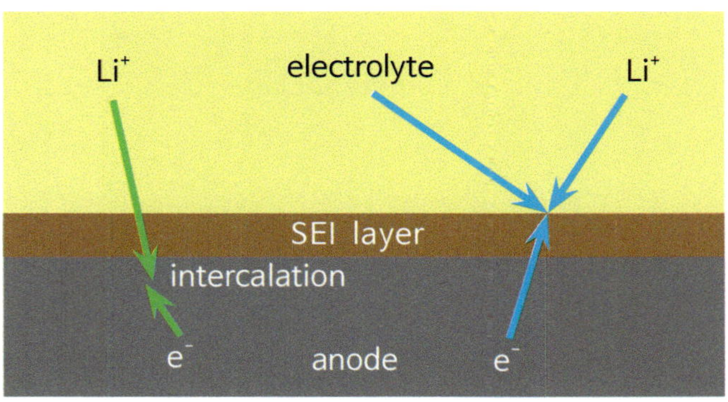

그림 2.63 음극 표면에 SEI layer(레이어, 층)의 형성

① SEI(Solid Electrolyte Interphase, 고체전해질 기간)층이란?

SEI(Solid electrolyte interphase)는 "전해질 내에서 고체로 분열(생성)한다"라는 뜻으로, SEI는 고체전해질의 기간, 사이기, 간기 등으로 해석된다. SEI층은 음극재 표면에 고체전해질 형태의 층(layer)이 생성되어 있는 기간이다(interphase : 세포주기에 있어, 분열기와 다음 분열기 사이의 중간 기간).

배터리 제조 후 최초로 충전 시 리튬이온이 음극쪽으로 이동하여 100% 충전이 되면, 음극쪽에 전해질 내의 첨가제(additive)와 화학적 부반응을 일으켜 음극(−) 계면 살짝 앞쪽에 얇은 고체막(layer)이 생기는데 이것을 SEI라고 한다. 이 SEI가 얼마나 잘 생성되느냐에 따라 배터리의 성능 및 수명을 결정하게 된다. SEI 구성성분은 산화리튬, 리튬 플루오라이드(Lithium fluoride, 플루오린화 리튬은 LiF의 화학식을 가진 무기화합물로, 실온에서 고체 상태로 존재한다), 탄산리튬, 세미카보네이트(semi-carbonate), 고분자화합물 등으로 구성되어 있다. SEI가 생성되고 나면 지속적인 전기화학 반응을 보장하기 위해 리튬이온의 수송은 허용하고 전자는 차단하게 된다.

② SEI 형성과 수명 과정

흑연 박리와 균열, 전해질이 분해되어 SEI가 형성되고, 변환되면서 안정화되고 성장하게 된다. 일정기간 동안 양극, 음극에 상호작용이 지속되면 SEI가 용해되어 침전된다. 이런 과정이 지속되면 SEI에 리튬결정이 성장하고 부식되어 배터리 성능이 떨어지면서 수명이 다하게 된다.

그림 2.64는 외부 SEI 성장 역학에 영향을 미칠 수 있는 주요 현상을 묘사하는 탄소 음극의 1차원 균일 SEI 층 개략도(SEI 두께는 관련 물리적 프로세스를 강조하기 위해 크게 확대해서 표현함)이며, 물리적 작동 메카니즘은 다음과 같다.

- 공정 1 : (a) 탄소로부터 SEI로 전자 통합
  (b) SEI 전반에 걸친 전자 전도
  (c) 새로운 SEI를 형성하기 위한 전자 반응
- 공정 2 : (a) 전해질로부터 리튬이온의 흡수 및 탈용매
  (b) SEI를 통한 리튬이온의 확산
  (c) 리튬의 탄소 삽입

● 공정 3 : (a) SEI에 용매 통합
(b) SEI를 통한 용매 확산

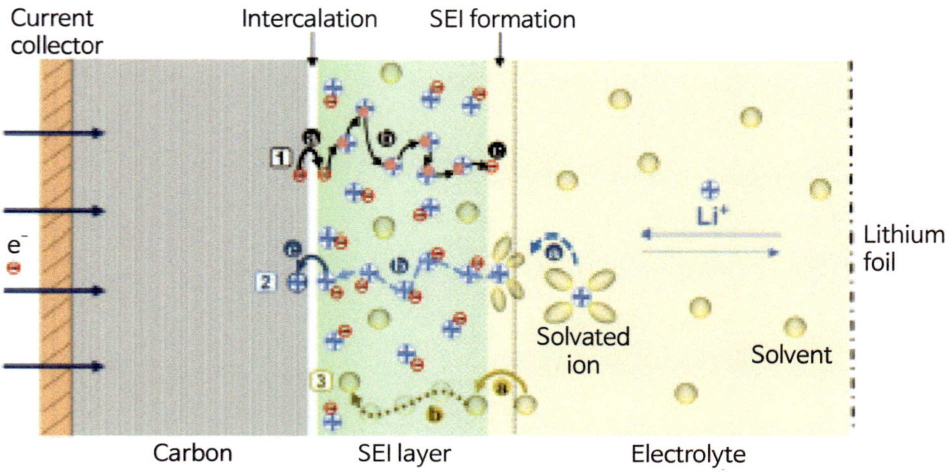

그림 2.64 SEI 층 개략도

2) 에이징(Aging, 안정화)공정

활성화공정 이후 안정화를 거치는 공정으로 전해액의 안정화를 위해 정해진 온도와 습도에서 일정기간 동안 보관하며, 이 과정을 통해 배터리 내부에 전해액이 고르게 분산돼 이온의 이동이 최적화될 수 있도록 한다. 또한 불량셀 선별 작업도 같이 진행된다.

에이징(aging)공정은 충방전이 완료되면 상온과 비슷한 조건의 챔버 내에서 가만히 놓아 두는, 전해질이 양극 및 음극에 골고루 함침되도록 한다. 리튬이온이 전해질을 통해 양극과 음극을 원활하게 확산되어 이동할 수 있도록 만들어주는 에이징 과정이다. 배터리의 용량 및 성능에 따라 즉, 양극과 음극 그리고 전해질의 양에 따라 충방전과 에이징 과정을 충분히 반복하게 된다.

3) 디게싱(Degassing, 가스 제거 · 탈가스)

충방전과 에이징 작업을 진행하다 보면 화학적인 반응으로 인해 셀 내부에 가스가 생기게 된다. 원통형 및 각형 배터리의 경우에는 케이스(case)가 단단하고 내부에 충분한 공간이 있어 가스를 그대로 담아두지만 파우치(pouch)의 경우 좀 더 유연한 케이스가 적용되어 부풀어 오르게 된다. 때문에 이를 제거하기 위해 파우치 배터리 제조 공정 중 공기포켓(air pocket, 액체나 기체의 흐름을 막는 각종 공기주머니)에 이 가스를 담아 제거하는 공정이 추가로 진행하게 된다. 이 때문에 파우치 배터리의 에너지밀도가 더 높은 이유이기도 하다.

4) 그레이딩(Grading, 등급분류)공정

등급분류공정은 화성공정 중 마지막 단계에서 각 설비로부터 얻은 데이터(data, 자료)를 기반으로 등급분류기가 전지의 등급을 분류하는 공정이다.

5) 시렉팅(Selecting, 불량선별)공정

충방전기 및 IR/OCV로부터 측정된 데이터를 바탕으로 선별기가 배터리 셀의 불량을 판정하는 공정이다. IR(Internal Resistance, 내부저항)과 OCV(Open Circuit Voltage, 개방회로전압)는 주파수 및 전류에 따른 이차전지의 내부저항(IR) 분석과 개방회로전압(OCV)의 측정이다.

테스트 및 불량선별 공정은 디게싱공정(degassing, 가스 제거) 이후에도 충방전 및 에이징 작업을 몇 차례 더 반복한다. 이때 충전 용량과 불량 배터리를 선별하게 되는데 IR(Internal Resistance, 내부저항)과 OCV(Open Circuit Voltage, 개방회로전압)등을 분석하여 셀의 품질을 평가하게 된다.

여기까지의 여러 공정을 거쳐 사용하는 배터리 셀의 최종 형태가 만들어지고 실제 사용 가능한 배터리가 탄생하게 되는 것이다.

다음 그림 2.65는 앞에서 설명한 배터리의 화성공정(활성화공정)의 종류 및 단계를 입체적으로 나타낸 것이다.

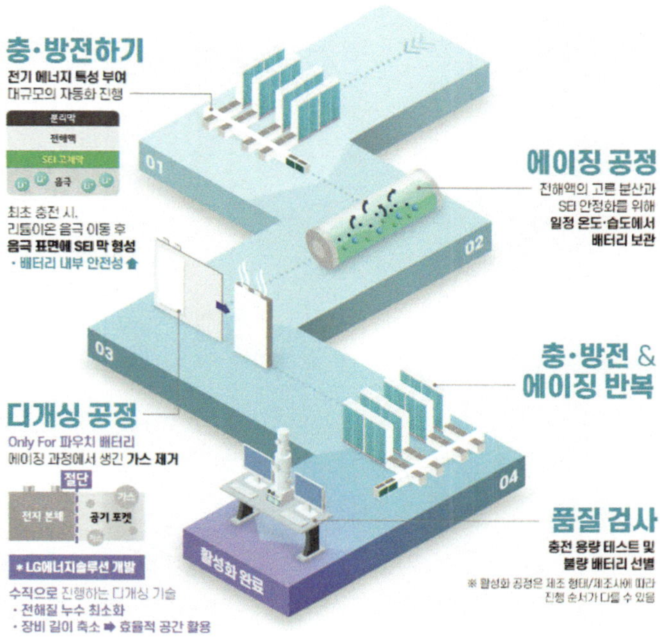

그림 2.65 배터리의 화성공정 프로세스(활성화공정 Step)

(3) 주요 화성공정의 순서와 기능(역할)

화성공정의 주요 순서와 기능(역할)은 다음과 같다.

Aging(에이징)은 안정화공정을 위한 검사이고, OCV는 개방회로전압(Open Circuit Voltage)의 측정을 통해 배터리 셀의 불량을 판정하는 검사이다.

① 외관검사 : 조립에서 이관된 전지의 누액, 이물, 변형 여부를 육안으로 검사하는 공정이다.

② Aging 1 : 전해액 함침을 위해 일정 온도 및 습도로 유지하는 공정이다. 적정기간이 지나면 전지 내부 부식 등의 부반응(副反應, 여러 가지 반응이 함께 일어날 때에 주된 반응 외의 다른 반응)이 일어날 수 있으므로 기간 설정에 유의해야 하며, 온도와 습도 조건은 전지 특성에 영향을 주므로 엄격한 관리가 필요하다.

③ OCV 1 : 전해액 함침(含浸, impregnation : 화학 가스 상태나 액체로 된 물질을 물체 안에 침투하게 하여 그 물체의 특성을 사용 목적에 따라 개선하는 작업) 여부,

부반응 발생 여부, 조립부품의 이상 여부를 검사하기 위한 공정이다.

④ 충전 : 전지의 활성화 및 에이징 기간 중의 불량 제거를 위해 전지를 완전히 충전시키는 공정이다.

⑤ 스탠딩(Standing) : OCV 2 검사를 위해 충전이 완료된 전지 전압을 안정화시키는 공정이며 일반적으로 수 시간 소요된다. 스탠딩 검사는 정재전압 검사이다.

⑥ OCV 2 : 불량 전지를 검출하기 위한 공정이다.

⑦ Aging 2 : 전지 활성화 및 OCV 검사를 위해 일정한 온도 및 습도에서 유지하는 공정으로 충전완료 후 약 일주일 정도 유지시킨다.

⑧ OCV 3 : OCV 2와 마찬가지로 불량 전지를 검출해내기 위한 추가 공정이다.

⑨ Aging 3 : 전지 활성화 및 OCV 검사를 위해 일정 온도 및 습도에서 28일 정도 유지하여 전지를 더욱 안정화시키는 공정이다.

⑩ 방전/출하 충전 : 용량 선별을 위해 전지를 완전 방전한 후 제품 출하를 위해 충전하는 공정이다.

⑪ 방전용량 선별 : 방전용량에 따라 등급을 부여하는 공정으로 전지팩(배터리팩) 제작 시 성능, 수명, 안전성에 문제가 발생하지 않을 수 있는 용량 범위로 등급이 결정되며, 일반적으로 용량의 3% 정도를 1개 등급으로 한다.

(4) 기타공정

기타공정은 검사장비를 통해 셀의 불량을 점검하고 난 뒤 포장 및 출하의 과정을 거치게 되는 과정이다. 전극, 조립, 화성공정 이외에는 검사, 탈철, 자동화장비 등이 있다.

1) 검사장비

① Cycler : 개발용, 테스트 장비로 이차전지 소재 및 사양 변경 시의 특성과 수명 테스트를 하기 위한 충방전기(charging/discharging machine 또는 charger and discharger)이다.

② X-ray 검사장비 : 셀 내부의 결함(defect)을 X-레이로 투시하여 검사한다.

③ 외관검사기 : 외관의 흠, 결함 등 불량을 검사한다.

④ IR/OCV : 이차전지 및 커패시터(capacitor)의 개방회로전압(Open Circuit Voltage)과 내부저항(Internal Resistance)을 측정장비로 측정해 배터리의 특성 파악을 한다.

2) 탈철장비

배터리 소재에 미세하게 포함되어 있는 철(Fe) 성분을 제거하는 장비인 탈철기로 탈철(deiron)을 한다.

3) 자동화장비

제품을 이송하거나 로딩/언로딩(loading/unloading, 짐을 싣고 내리는 작업) 등 제조라인 상에 있어 자동화장비로 물류시스템을 구축한다.

(5) 배터리팩(Battery pack) 공정

전극 · 조립 · 활성화 공정까지 마친 배터리는 애플리케이션 모델(사용 용도를 의미한다. 예를 들면 전기차, 에너지저장장치 등 목적에 맞는 제품)에 맞게 모듈화시켜야 하는데, 배터리 제조의 마지막 단계는 배터리팩 공정이다.

배터리팩 공정은 다음과 같은 순서로 진행한다.

① 배터리 셀 연결

먼저, 활성화 공정이 끝난 배터리 셀 표면의 이물질을 제거한 후 여러 개의 셀을 셀 투 셀(cell to cell)의 형태로 연결한다.

② 모듈화

연결한 셀들은 접착제를 도포한 모듈 케이스에 고정시킨다. 이어 고정된 여러 개의 셀을 와이어링 하네스(wiring harness) 혹은 버스 바(bus bar)로 묶은 후 모듈 상부 커버를 씌워 조립하면 모듈이 완성된다.

③ 팩 조립

마지막으로 배터리팩에 모듈 여러 개를 넣고 모듈 투 모듈(module to module)로 연결하면 하나의 팩을 완성하게 된다. 이렇게 완성된 배터리팩이 다양한 애플리케이션에 탑재되는 것이다. 이때, 배터리 셀과 애플리케이션 모델에 따라 배터리팩에 들어가는 셀과 모듈의 수량은 각각 달라진다.

④ BMS 적용

배터리팩 조립이 끝나고 나면, BMS(Battery Management System, 배터리 관리시스템)를 통해 배터리의 충전 상태와 수명을 예측해 볼 수 있다. BMS 내부의 CMU(Cell Monitoring Unit, 셀 모니터링 장치이다. 셀의 상태를 측정해 밸런싱 작업을 수행하며 배터리를 안전하게 사용할 수 있도록 도와주고 CMU로 측정한 데이터들을 BMS로 전송한다)가 셀의 상태를 측정해 밸런싱 작업을 수행하며 배터리를 안전하게 사용할 수 있도록 도와준다. 이러한 기능을 바탕으로 배터리의 성능은 최적의 상태로 유지하며, 수명을 더 늘릴 수 있게 되는 것이다.

특히 무선 BMS는 기존의 BSA(Battery System Assembly, 배터리 시스템) 내부에서 수백~수 천가지의 직・병렬 구조로 연결된 셀들을 제어하는 제어기로써 배터리에서 두뇌 역할을 한다. BSA는 배터리팩 내부에 슬레이브(slave)와 마스터(master) BMS를 두어 통신을 하는 경우가 있고, 하나의 BMS로 모든 셀들을 제어하는 경우도 있다.

BSA는 배터리 셀의 효율적인 냉각을 위한 최적화된 구조와 배터리셀 각각의 전류・전압・온도를 센싱할 수 있는 유닛을 포함하는 배터리 시스템으로, 배터리팩의 구조적 안정성 확보를 위한 중요한 부품이다. BSA는 저장된 고전압 전기에너지를 전기모터와 각종 전장부품에 공급하고, 회생제동 시 발생된 전기에너지를 저장하는 자동차 전동화의 핵심부품으로 전기자동차는 에너지원과 배터리의 용량 등에 따라 하이브리드(HEV), 플러그인-하이브리드(PHEV), 전기차(BEV/EV), 수소연료전지차(FCEV) 등으로 구분되며, 업체마다 각 전기차에 알맞은 BSA 시작 및 양산라인을 구축하고 있다.

마스터・슬레이브(master・slave)는 하나 이상의 장치 또는 프로세스(마스터)가 하나 이상의 다른 장치 또는 프로세스(슬레이브)를 제어하는 통신 프로토콜의 모델이다.

마스터・슬레이브에서 마스터, 슬레이브의 사전적 의미는 마스터(master)는 주인, 지배자, 슬레이브(slave)는 노예, 종속 장치를 의미한다. 원래 의미는 소프트웨어나 하드웨어에서 한 장치(마스터)가 다른 장치(슬레이브)를 제어할 수 있을 때 사용하는 용어이다.

배터리를 제어하기 위해서는 배터리 데이터들이 필요하고, 데이터 측정을 위해서는 수 많은 센서들이 필요하다. 또한 각각의 배터리 전압을 측정해야 하고, 온도도 측정해야 하기에 셀 개수가 많아질수록 센서의 수도 많아진다. 이런 센서들을 하나의 모듈로 묶어서 CMU(Cell Monitoring Unit, 셀 모니터링 장치)라고 부른다.

그림 2.66과 같이 CMU로 측정한 데이터들을 BMS로 전송하기 위해서는 보통 배선(wiring)작업을 한다.

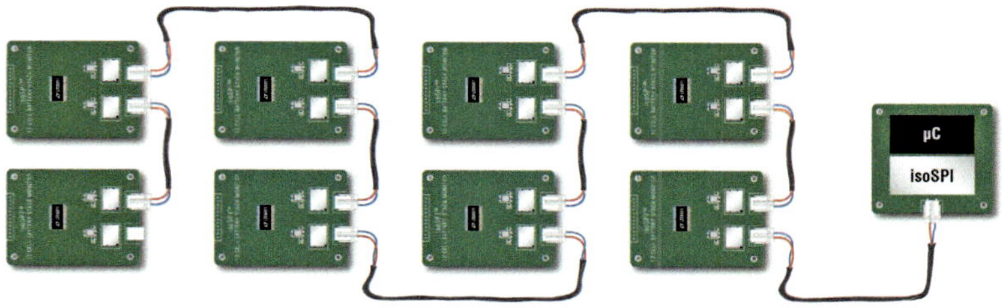

그림 2.66 **isoSPI를 사용한 배터리 모니터링 인터커넥션(interconnection, 상호 접속)**

〈주〉 isoSPI는 표준 SPI(Serial Peripheral Interface)를 단순 2와이어로 변형한 것이다. isoSPI는 CANbus에 대해 추가적인 프로토콜 적용을 요구했던 표준 SPI 디바이스를 원격으로 제어할 수 있는 강건하고 간단한 방법을 제공한다.

CAN 통신을 이용하는 경우에는 CAN_HIGH, CAN_LOW 이렇게 두 줄이 있는데 배터리셀이 300개라 쳐도, 이 와이어(wire, 전기 도선)만 600개가 되고 이는 비용적인 부분에서도 손해일뿐만 아니라, 전기적으로 쇼트(short, 단락)가 발생할 가능성이 높고, 유지·보수·정비에 있어서도 큰 문제가 생기기에 BSA를 설계할 때 이런 와이어링(wiring, 배선)을 어떻게 깔끔하게 할 것인가가 아주 중요하다.

CAN(Controller Area Network) 통신

CAN(Controller Area Network)은 차량 내에서 호스트 컴퓨터 없이 마이크로 컨트롤러나 장치들이 서로 통신하기 위해 설계된 표준 통신규격이다. 차량 내 ECU(Electronic Control Unit, 전자제어장치)들은 CAN 프로토콜(protocol, 통신 프로토콜 또는 통신 규약은 컴퓨터나 원거리 통신 장비 사이에서 메시지를 주고 받는 양식과 규칙의 체계이다. 통신 프로토콜은 신호 체계, 오류처리, 암호, 인증, 주소 등을 포함하며, 컴퓨터 또는 전자기기 간의 원활한 통신을 위해 지키기로 약속한 규약이다)을 사용하여 통신한다.
CAN 통신은 1986년 독일 자동차 부품회사인 보쉬(Bosch)에서 차량용 네트워크 통신 방식으로 개발되었으며, 여러 개 ECU를 병렬로 연결하여 데이터를 주고받는 통신방법으로 CAN 버스를 통해서 통신선 상에 데이터를 띄어놓고 필요한 데이터에 접근한다.
CAN 통신은 대부분 차량 내에서 장치들이 서로 통신하기 위해서 설계된 자동차를 위한 표준 통신규격으로, 자동차 내부의 각각의 전자제어장치들(ECUs)이 서로 정보를 주고받는 통신방식이다. 이는 우리 몸의 신경계와 비슷하다. 우리 몸의 각 부위가 신호를 주고받아 움직이는 것처럼, 자동차 내의 각 부분들도 CAN 통신을 통해 정보를 주고받으며 작동하는 것이다.

그림 2.67은 무선(wireless) BMS의 개념도이며, 무선 BMS의 장점은 다음과 같다.

① 와이어링 하네스(wiring harness)에 따른 재료비 절감 및 조립공정의 단순화로 공정비용이 감소한다.
② 배터리팩의 내부 공간을 활용할 수 있어 에너지밀도를 향상시킬 수 있다.
③ 충돌 또는 이로 인한 진동 시에 커넥터 접점에서 발생할 수 있는 통신에러(error, 오류) 및 품질에 영향을 주는 문제들의 제거가 가능하다. 그러나 통신 신뢰성 문제는 별개로 존재한다.

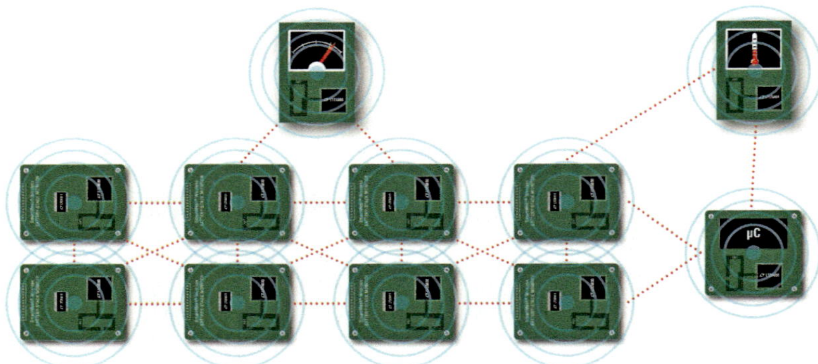

그림 2.67 **스마트메쉬 WSN을 사용한 배터리 모니터링 및 추가 센서 인터커넥션**

〈주〉 스마트메쉬(SmartMesh) WSN은 산업용 무선센서 네트워크(WSN: Wireless Sensor Network)로 초저전력의 안전한 무선 통신을 통해 탁월한 데이터 신뢰성(99.999% 이상)을 제공한다.

단점으로는 다음과 같은 사항이 있다.

① 통신모듈 구성문제로, CMU(Cell Monitoring Unit)와 BMU(Battery Management Unit)가 같은 모듈 혹은 시스템안에 존재하지 않는다면 무선통신 시 차폐현상이 구성되지 않아 노이즈가 심해지고, 통신 신뢰성이 떨어지게 된다. 간단히 얘기하면 CMU와 BMU 사이에 격벽과 같은 물체가 있을 경우는 전달성이 떨어지기 때문에 빈 공간을 유지해주는 것이 좋다는 것이다.
이는 공간 확보(창출)를 통한 에너지밀도 향상이라는 장점을 반감시키는 요인으로

작용한다.

② 무선통신 IC의 가격이다. 현재 내비스타(Navistar)나 LG이노텍 등이 제공하는 무선통신 IC 가격이 많이 낮아지긴 했지만, 와이어(wire)보다는 낮을 수가 없을 뿐더러 무선통신 방법이 너무나 많다는 것이다. 예를 들면, BLE(Bluetooth Low Energy), Zigbee, Wifi, Lifi같은 수 많은 무선통신 비트(bit)전송 기법들이 존재하는데, 이 각각들도 장단점을 갖고 있기에 어떤 환경에서 어떤 통신 프로토콜을 쓰느냐가 고민거리다.

CMU(Cell Monitoring Unit)

- 자체 진단 결과 측정
- cell 전압 센싱 측정 및 cell 전류 밸런싱 동작 확인
- 온도 모사 저항 및 BMU 명령에 대한 응답 확인

BMU(Battery Management Unit)

- calibration(전압 보정 수행)
- ADC, Relay 동작 확인 및 과충전 센싱
- 과충전 방지 회로 측정

위에서 ADC란 Analog-to-Digital Converter의 약자이다. 즉 연속적인 아날로그(analog) 신호를 0과 1로 이산(離散, discrete)적으로 구성된 디지털(digital) 신호로 변환하는 칩(IC)이다.

하지만 이런 단점들을 향후 더 향상된 기술력으로 보완한다면 유선통신의 단점이 모두 해결되기에 특히 공간 확보라는 일관된 목표가 필요한 배터리 분야에서는 반드시 필요한 기술임에는 틀림없다. 반면 BMS는 전기자동차의 심장에 해당하는 역할을 하기에 단 몇 초간의 통신에러도 운전자의 생명과 직결될 수 있으므로, 배터리 제조업체와 BSA 제조사들의 품질과 신뢰성 문제에 전혀 하자가 있어서는 안되는 것이다.

그림 2.68은 앞에서 설명한 이차전지(배터리)의 팩(pack)공정을 입체적으로 도시하고 공정마다 간략하게 역할을 설명하고 있다.

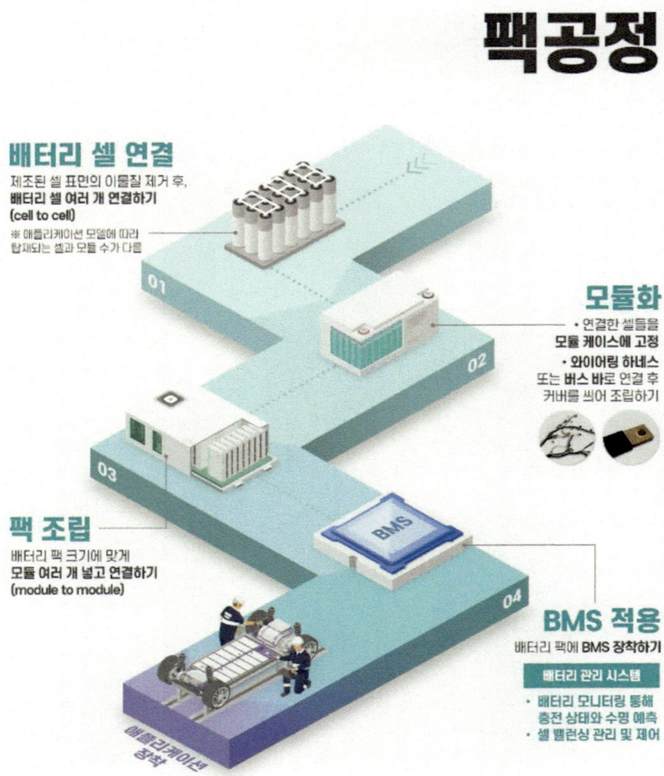

그림 2.68 이차전지(배터리)의 팩(pack)공정(자료 : LG에너지솔루션)

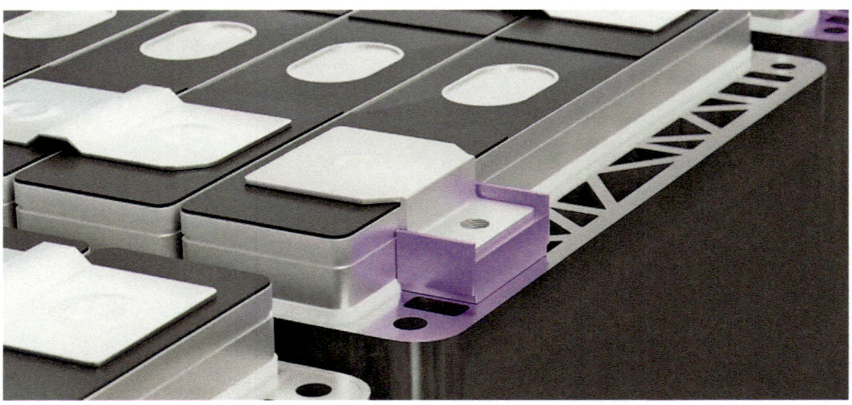

그림 2.69 배터리팩 공정의 예시

그림 2.69는 배터리팩 공정의 예시를 나타낸 것이다.

1) 팩(Pack) 공정이란?

배터리팩(pack) 공정은 제조된 배터리 셀들을 최종 납품 전, 모듈화하여 팩에 넣는 과정이다. 활성화 공정을 통해 전기적 특성을 지니게 된 배터리들은 셀 단위로 납품하거나, 그림 2.70에서 보여주는 바와 같이 여러 종류의 전기차 모델에 맞게 애플리케이션 모듈화를 시켜야 한다.

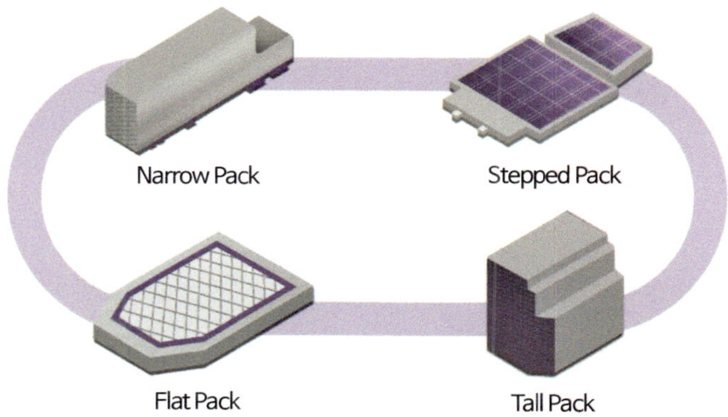

그림 2.70 다양한 전기차 모델에 맞는 애플리케이션 모듈화된 배터리팩

① 셀 투 셀(Cell To Cell)

그림 2.71 셀 투 셀(cell to cell)

그림 2.71에서와 같이 모듈의 제조는 접착과 연결을 통해 이뤄진다. 먼저 배터리 셀 표면의 이물질을 제거한 후 셀 여러 개를 셀 투 셀(cell to cell)의 형태로 만들어 접착제를 도포한 모듈 케이스에 고정시킨다. 이후 셀들을 와이어링 하네스(wiring harness)나 버스바(bus bar)를 이용해 연결시키고 모듈 상부 커버를 조립해 모듈을 완성한다.

② 모듈 투 모듈(module to module)

마지막으로 배터리팩에 완성된 모듈들을 넣고 모듈 투 모듈(module to module)로 연결해 주면 팩이 완성된다. 배터리 셀과 애플리케이션 모델에 따라 탑재되는 셀의 수, 모듈의 수도 다르다. 가령 총 96개의 배터리 셀이 들어가는 팩에 6개의 셀이 하나의 모듈이라면, 총 16개의 모듈이 하나의 팩으로 만들어지는 것이다.

그림 2.72는 모듈 투 모듈에 있어 상호 연결(interconnection, 상호 접속)된 와이어링(wiring, 배선) 모습이다.

그림 2.72 **모듈 투 모듈에 있어 상호 연결된 와이어링(wiring, 배선) 모습**

③ 여러 셀을 통합 관리하는 BMS

하나의 팩에는 수많은 셀이 들어가 있기 때문에 셀 간의 밸런스와 관리가 매우 중요하다. 이때 BMS(Battery Management System, 배터리 관리시스템)를 통해 배터리의 상태를 모니터링하고 성능을 관리할 수 있다. 사진 2.6은 배터리팩 내부에 BMS 모듈이 탑재된 모습을 부분으로 절단해 보여준다.

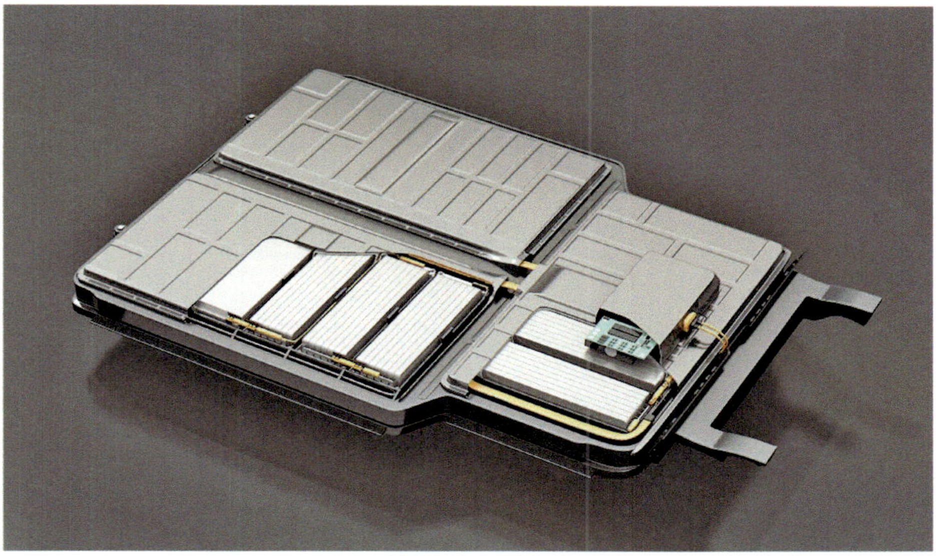

사진 2.6 **배터리팩에 BMS 모듈이 탑재된 모습(부분 절단)**

지금까지 양극과 음극을 만드는 전극공정부터 배터리 소재들을 조립하는 조립공정, 배터리 역할을 할 수 있도록 활성화시키는 활성화공정과 전기차를 비롯한 용도에 따른 애플리케이션에 맞게 모듈화하는 팩공정까지 배터리의 제조공정 프로세스를 모두 설명했다. 각각의 제조공정마다 배터리의 안정성과 성능 향상을 위한 차별화된 기술들이 스며들어 있다는 사실을 기억해 두길 바란다.

2.2 배터리의 조립공정

01 원통형 배터리의 조립공정

(1) 조립공정

원통형 배터리를 만들기 위해선 그림 2.73에서와 같이 우선 전극공정을 마친 양극과 음극을 돌돌 말아줘야 한다. 이를 와인딩(winding, 권취)공정이라 한다.

이때 와인더(winder, 권취기)라는 기계를 사용하며, 와인더에 양극, 음극 롤(roll)과 분리막 롤(roll) 2개, 총 4개 롤을 장착한다.

그리고 휴지심을 감듯 맨드릴(mandrel, 축 또는 심쇠)에 감아서 적당한 크기로 잘라 젤리롤 형태로 만든다.

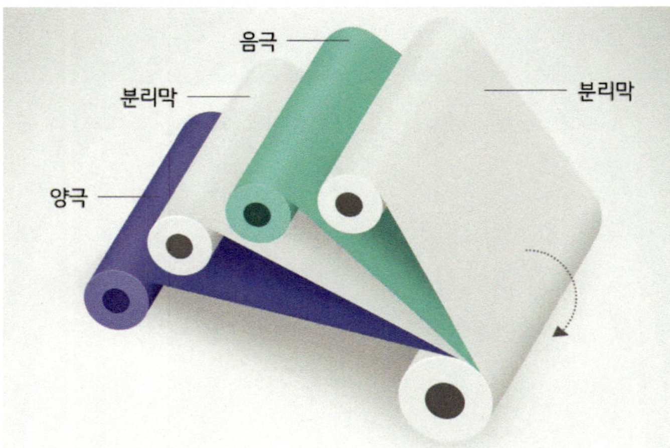

그림 2.73 원통형 배터리의 와인딩(winding, 권취)공정

이후 그림 2.74와 같이 양극과 음극 무지부에 알루미늄 탭과 구리 탭을 붙인 젤리롤을 원통형 배터리 캔 안에 넣는다. 이 과정에서 음극 탭은 직각으로, 양극 탭은 갈고리 모양으로 가공한 후 음극 탭은 캔의 바닥에, 양극 탭은 캔 상단 캡 밑에 붙도록 용접하며 용접 후에는 비딩(beading)으로 캔 속의 젤리롤을 고정시켜 준다.

비딩은 저항용접으로, 용접 비드(bead)가 점 모양으로 된다고 해 스폿용접(spot welding)이라고도 부른다.

그림 2.74 **알루미늄 탭과 구리 탭을 붙인 젤리롤 제작과정**

비딩(beading)이 완료되면, 전해액 주입공정이 진행된다. 그림 2.75에서와 같이 먼저 캔 속을 진공상태로 만들고 노즐을 통해 정량의 전해액을 주입한 후 압력을 가해 전극의 기공으로 전해액이 스며들게 하는 것이다.

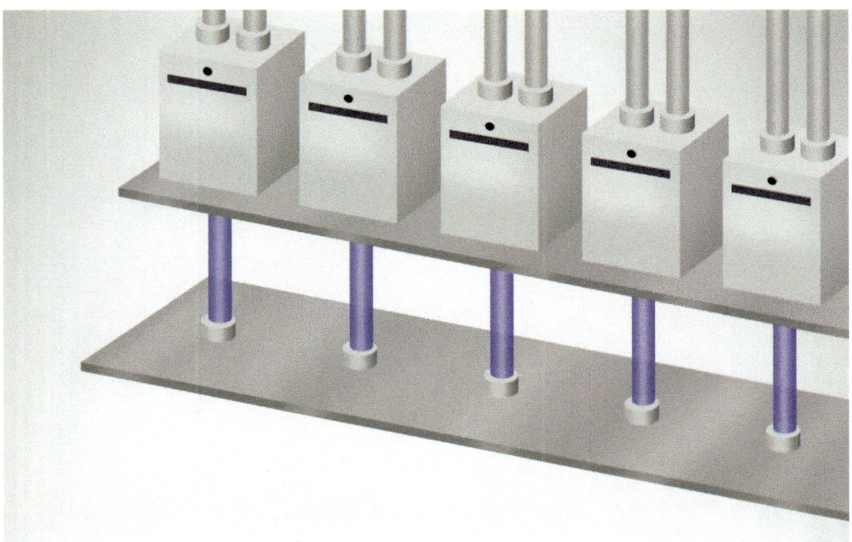

그림 2.75 **전해액 주입공정**

전해액 주입이 끝나면 크림핑(crimping, 기계적으로 밀봉하는 것)으로 상단 캡과 캔을 밀봉한다.

이렇게 조립이 끝난 배터리는 전극의 쇼트 방지를 위해 절연 튜브를 씌워 캔의 양극과 음극을 구분시켜주면 비로소 완전한 원통형 배터리의 모습을 갖추게 된다. 사진 2.7과 같이 조립공정을 통해 배터리 형태를 갖췄다면, 다음은 원통형 배터리에 전기적 특성을 부여해주는 활성화공정으로 진행되는 것이다.

사진 2.7 원통형 배터리의 모습

젤리롤 삽입 → 용접 → 비딩(beading) → 전해액 주입 → 크림핑(crimping)

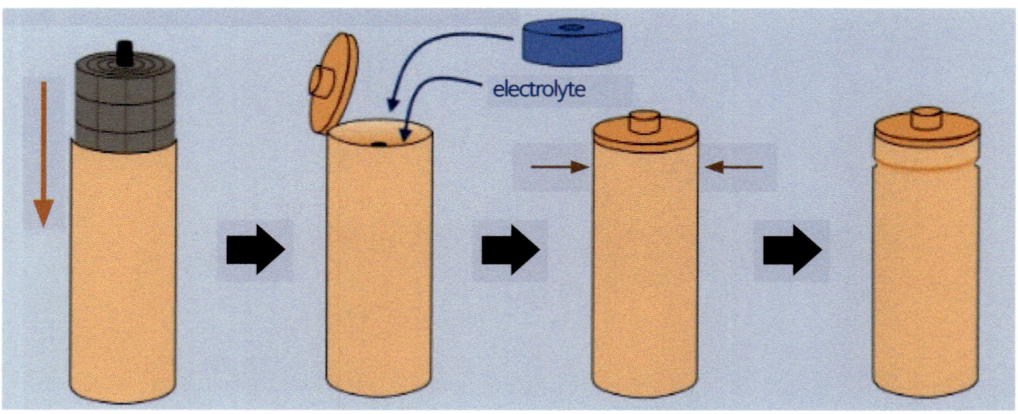

그림 2.76 원통형 배터리의 조립공정

그림 2.76은 앞에서 설명한 원통형 배터리의 조립공정에 있어 두루마리 형태로 말려진 젤리롤을 원통형 배터리 캔 안에 넣고(삽입), 용접 후에는 비딩(beading)으로 캔 속의 젤리롤을 고정시켜 준 후 비딩이 완료되면, 전해액(여기서는 액체전해질, electrolyte) 주입과 전극 단자(여기서는 +극)을 붙이는 즉, 상단 캡(cap, 단자)과 원통형 캔(can)을 밀봉하는 과정을 보여준다.

(2) 활성화공정

조립공정이 끝나면, 전기에너지로 배터리를 활성화시키고, 안정성을 확인하는 활성화공정에 돌입한다. 그림 2.77과 같이 활성화 공정의 모든 공정은 대규모의 자동화로 이뤄지며 에이징(aging)과 충·방전을 반복하면서 진행하게 된다.

활성화공정은 제조사마다 진행 순서가 서로 다르다.

그림 2.77 **활성화 공정**

활성화공정에 있어서, 먼저 이전 공정에서 주입된 전해질이 배터리 양극과 음극에 잘 스며들 수 있도록 30분 내지 3시간가량 상온에서 보관한다.

이렇게 일정 온도와 습도에서 배터리를 보관하는 과정을 에이징(aging)이라 하는 안정화 과정이다. 그림 2.78에서 보여주는 바와 같이 전해액이 배터리 내부에 고르게 분산되어 양극과 음극 간에 이온의 이동이 원활할 수 있도록 한다.

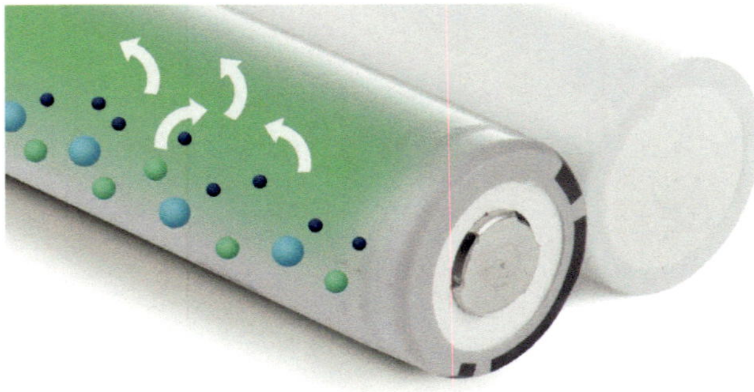

그림 2.78 **전해액이 양극과 음극 간에 이온의 이동을 원활하게 해주는 역할**

이어 전해질이 충분히 스며든 배터리를 일부 충전해 준다.

이때 리튬이온이 음극으로 모두 이동하고, 전해질이 분해되면서 음극 표면에 SEI라는 얇은 막이 형성된다.

그림 2.79와 같이 SEI는 전자의 이동은 막고, 리튬이온만 통과할 수 있게 해주어, 배터리 내부의 안전성을 높이고, 배터리 성능과 수명에 영향을 끼치는 중요한 요소이다.

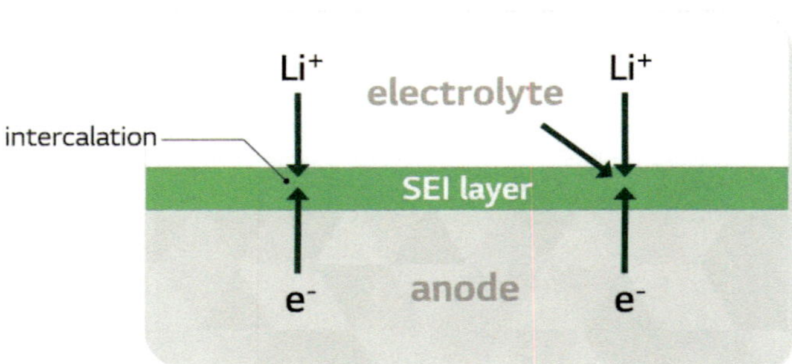

그림 2.79 **SEI 레이어(layer, 층)의 생성과 역할**

충전한 배터리는 40~70℃의 고온에서 2차 에이징을 통해 SEI가 보다 안정화되고 균일한 두께로 자리 잡을 수 있도록 돕는다.

에이징과 충전을 진행하다 보면 배터리 내부에 가스가 생길 수 있는데, 그림 2.80과 같이 디개싱(degassing) 공정을 통해 가스를 제거해 준다.

그림 2.80 디개싱(degassing) 공정을 통한 가스 제거

디개싱 이후 에이징과 충전을 두 차례 더 반복하여 충전 용량을 테스트하고, 불량 배터리를 선별한다.

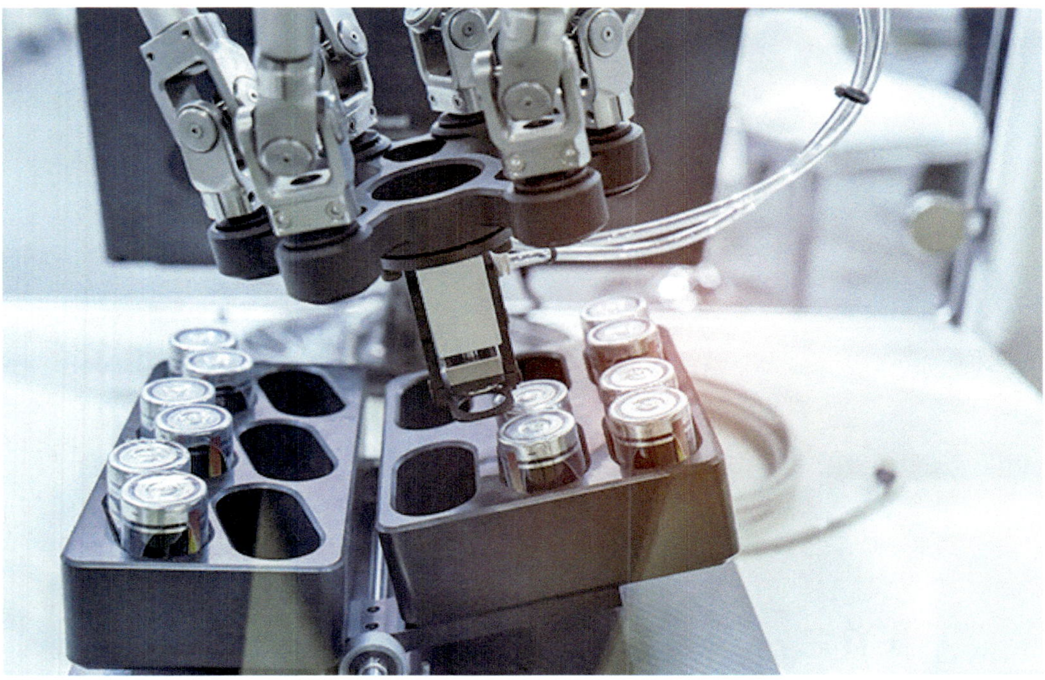

그림 2.81 배터리 방전 과정

그림 2.81과 같이 마지막으로 배터리 출하 직전 0.1~1C(C rate)로 방전시키면, 활성화 공정은 마무리되는 것이다.

02 파우치 배터리의 조립공정

고밀도 에너지를 갖춘 파우치 배터리(pouch battery)는 더 가볍고, 더 얇으면서도 에너지밀도가 높은 배터리이다. 기존 배터리에 있어 가장 큰 고민이자 문제를 해결한 배터리이다. 해결 과제였던 가볍고, 얇고, 에너지밀도가 높은 이상적인 빈 공간없이 에너지를 꽉 채운 배터리의 등장은 주머니 안에 소재를 주입하고 밀봉하는 형태의 배터리로 개발되어졌는 데 바로 파우치 배터리이다.

파우치 배터리는 원통형처럼 소재를 돌돌 마는 형태가 아니라, 알루미늄 포일(Al foil) 주머니에 소재를 층층이 쌓아 올리기(적층) 때문에 빈틈없이 공간을 채울 수 있어 에너지밀도가 높다.

그림 2.82는 LG에너지솔루션이 개발한 파우치 배터리 제품의 실물이다.

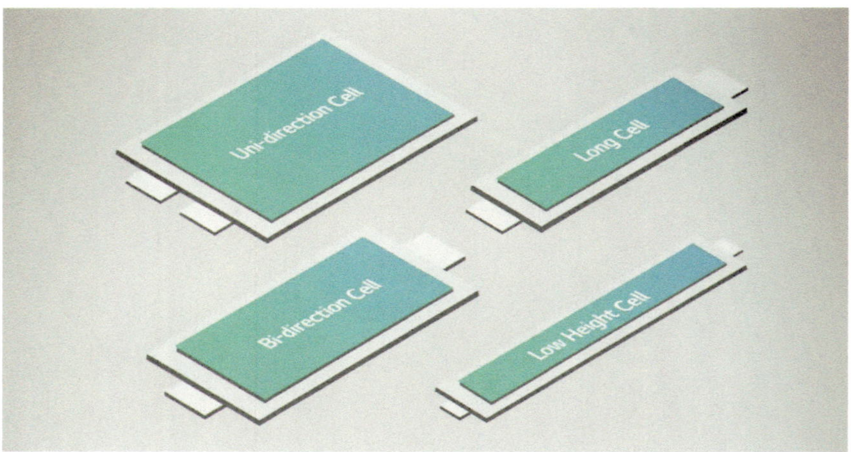

그림 2.82 **파우치 배터리 제품의 실물 예시(LG에너지솔루션)**

파우치 배터리의 특징은 배터리를 원하는 모양으로 자유롭게 만들 수 있어 그 만큼 활용도도 크다. 파우치 배터리는 필름 재질로 포장하기 때문에 원통형, 각형 배터리와 달리 넓고, 얇은 배터리를 만들 수 있다. 이러한 특징으로 다양한 사이즈와 모양의 배터리 제작이 가능해 전기자동차(전기차) 뿐만 아니라 IT디바이스(device, 기기) 분야에도 널리 사용되고 있다.

사진 2.8은 LG에너지솔루션이 개발한 파우치 배터리의 특징을 보여준다.

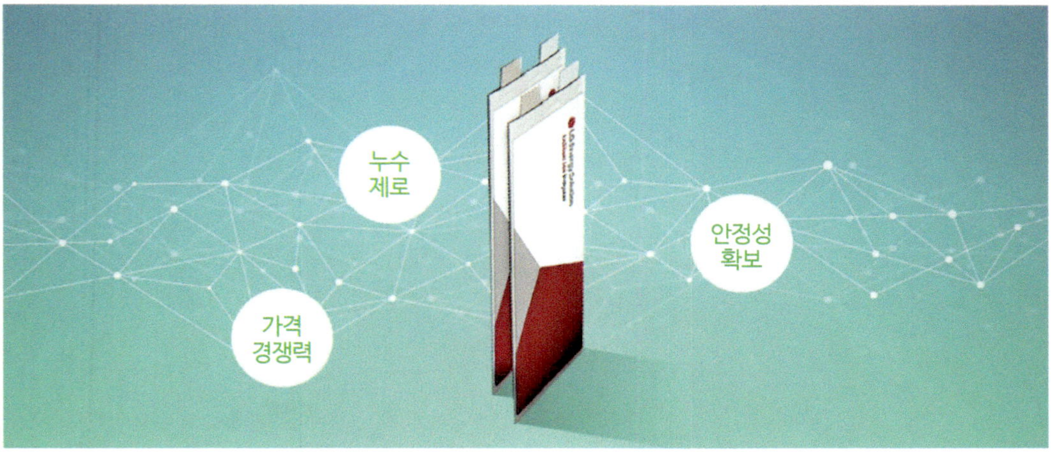

사진 2.8 **파우치 배터리의 특징**

파우치 배터리의 기술개발 및 제조공정에 있어서는 고난도 기술의 제조방식과 노하우(know how)를 갖추고 있다. 파우치 배터리는 제조 시 높은 기술력이 필요하고, 공정이 복잡하기 때문에 생산비용이 높은 편이다. 이는 그 만큼 세계적 경쟁력을 갖추고 있는 것이다. 또 파우치 안에 소재와 전해질을 주입한 후 마감하는 과정에서 소량의 가스가 나오는 것을 제거해 줘야 한다.

세계적 파우치 배터리 업체인 LG에너지솔루션은 직접 개발한 세워서 하는 디개싱(degassing, 가스제거)공법을 통해 불필요한 가스는 제거하고, 공정 효율과 가격 경쟁력을 높이고 있다.

가볍고 작으면서도 오래가는 성능을 위해서는 에너지밀도가 높은 배터리가 필요한데, 파우치 배터리는 이런 요구사항에 현재까지는 적합한 매력적인 배터리이다.

시장 상황을 살펴보면, 2020년 전기차 배터리 시장에서 파우치 배터리는 각형에 이어 시장 점유율 2위(27.8%)를 차지했다. 2025년엔 시장 점유율이 45%에 달할 것이라고 시장분석 전문업체들은 예상하고 있다. 파우치형 배터리의 잠재력은 매우 크기에 여기서는 파우치형 배터리의 조립공정에 대해 알아보기로 한다.

(1) 파우치 배터리 조립공정

파우치 배터리는 원통형과 달리 캔(can)과 부품이 없는 배터리이기 때문에 조립공정이 간단하다. 파우치 배터리를 조립하려면 양극, 음극, 분리막, 전해질로 구성된 배터리 소재와 파우치 케이스가 필요하다.

그림 2.83은 조립된 파우치 배터리의 모습이다.

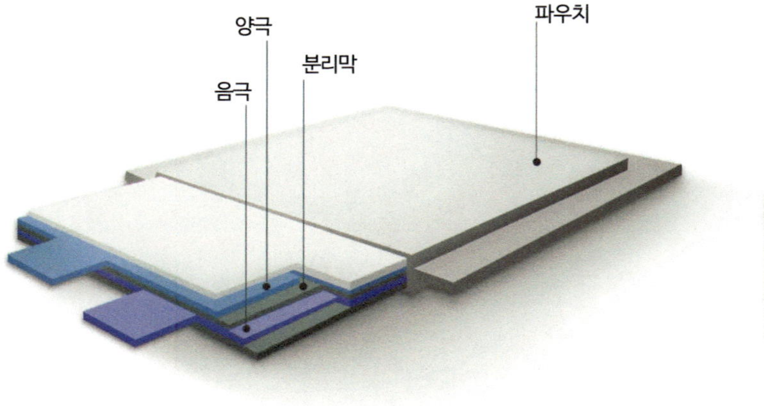

그림 2.83 파우치 배터리 제품

다음 그림 2.84에서 보여주는 바와 같이 먼저, 7개 레이어(layer, 층)로 구성된 파우치 필름을 금형 위에 놓고, 프레스로 눌러 파우치 케이스를 만들어 준다. 이 과정에서는 배터리 소재를 넣을 전극 포켓과 전해질을 주입하고, 가스를 보관할 수 있는 공기 포켓(air pocket, 공기층)을 만든다.

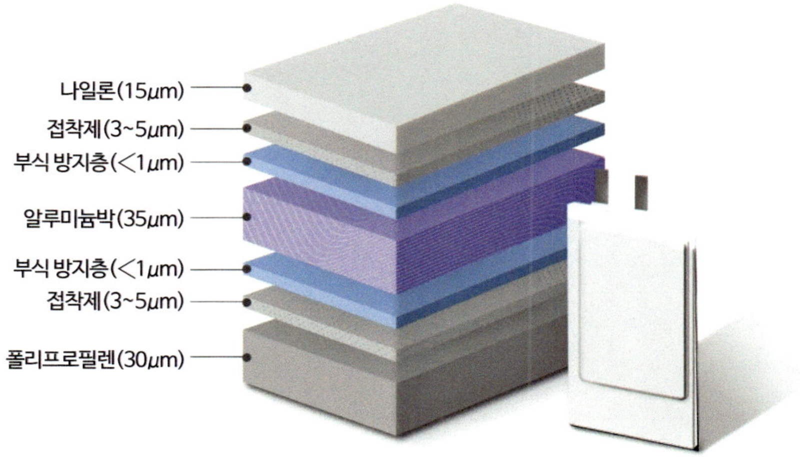

그림 2.84 7개 레이어(layer, 층)로 구성된 파우치 필름의 단면

이후 그림 2.85와 같이 배터리 소재를 전극 포켓에 넣고, 공기 포켓을 통해 전극 포켓의 기공(pore)까지 전해질을 주입한다. 파우치 배터리는 원통형과 다르게 롤러(roller)로 밀어 전해질을 주입한 후 밀봉하는데, 전해질을 주입하는 과정에서 발생한 가스는 공기 포켓에 모이게 된다.

그림 2.85는 파우치 배터리에 별도의 공기 포켓(air pocket, 공기층) 공간을 만들어 전해액을 주입하는 공정이다.

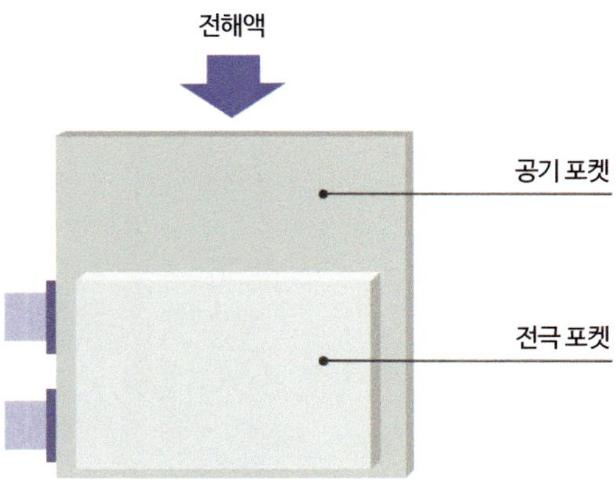

그림 2.85 파우치 배터리에 전해액 주입

공기 포켓을 잘라내 가스를 제거하는 디개싱 공정까지 거치게 되면 즉, 전해질을 모두 주입하고 밀봉한 후에는 부피를 줄이고 에너지밀도를 높이기 위해 공기 포켓을 잘라내 불필요한 가스를 제거하는 디개싱 공정 후 비로소 파우치 배터리의 조립이 완료되는 것이다.

전해액(electrolyte) 주입 시 파우치 셀의 누설 테스트를 위해 불활성기체 헬륨(He)을 사용한다. 각형 전지의 경우 전해액 주입 전 헬륨가스를 이용하여 캔의 누액여부를 미리 검사하고, 최적량의 전해액을 주입할 때 진공 시간을 단축한다.

헬륨은 큰 열전도도와 불활성을 지녀 가장 일반적으로 사용하는 가스(gas)로, 전해액의 누출(누액) 점검(leak check)을 하는 데 있어 가장 작고 안정된 물질인 헬륨을 사용하여 용기의 밀폐도를 측정하는 것이다.

그림 2.86은 전해액을 주입하는 과정에서 발생한 가스를 빼내는 디개싱(degassing)공정을 완료 후 전지 본체에서 불필요한 공기 포켓(공기층)부를 절단해서 제거하는 공정이다.

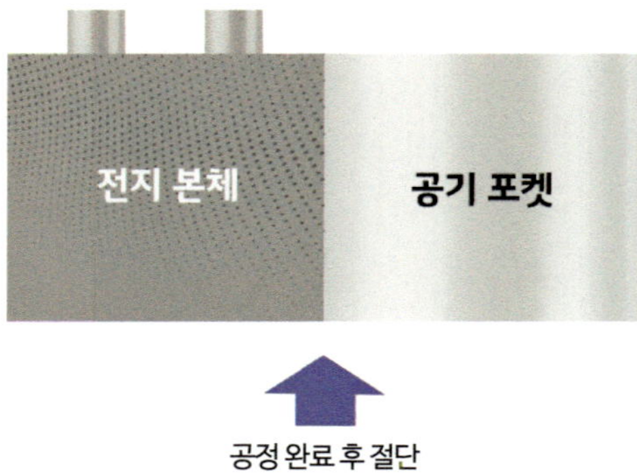

그림 2.86 **공기 포켓의 제거**

바이셀(bi-cell)을 만들어 스태킹 방식(라미네이션 및 스태킹, Z폴딩 등)을 통해 원하는 용량과 크기를 가진 전극을 만든 후, 원통형 배터리와 다르게 캔(can)이 아닌 파우치 케이스(pouch case)에 완성된 전극을 넣는다.

대표적인 파우치 케이스의 제조방식은 7개의 층(layer, 레이어)으로 구성된 필름을 금형기계 및 프레스를 통해 납작한 케이스를 만든다.

파우치형 리튬이온 배터리는 알루미늄(Al) 파우치 필름을 포장재로 사용하고 있다. Al 파우치는 그림 2.87과 같이 나일론(Nylon), 알루미늄 포일(Al foil) 및 CPP(Casting Polypropylene, 캐스팅 폴리프로필렌)의 3중 복합필름으로 구성된다.

CPP필름은 무연신 폴리프로필렌(Casting Polypropylene, CPP) 필름으로 PP(Polypropylene, 폴리프로필렌)를 연신하지 않은 즉, 무연신(無延伸) 필름으로 유연하고 부드러우며, 광택성, 투명성과 방습성이 우수하고 필름의 가공온도도 낮다. 식품포장 등 유연포장의 소재로서 폭넓게 이용되고 있다.

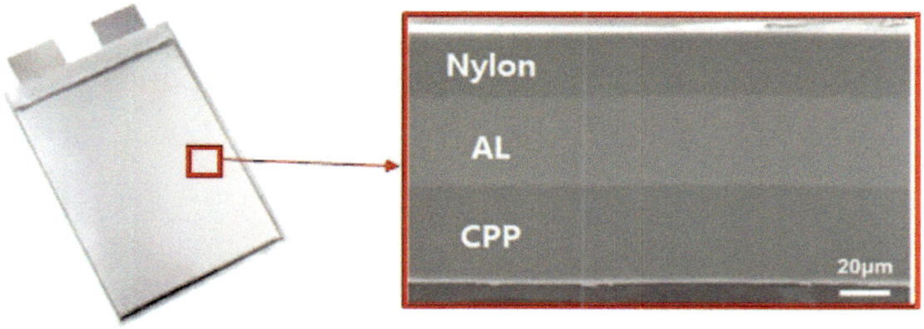

그림 2.87 Al 파우치의 구조

외층의 경우 나일론 외에 PET(Polyethylene terephthalate, 폴리에틸렌 테레프탈레이트), PEN(Polyethylene naphthalate, 폴리에틸렌 나프탈레이트) 등을 사용하는 경우도 있다. 일반적으로 외부와 접촉하게 되는 나일론(Nylon)층은 외부의 스크래치 등의 물리적인 손상으로부터 보호하고 전기적인 절연층의 역할을 한다.

중간에 있는 Al 포일층은 가스와 수분 등을 차단하는 역할을 한다. 내부층인 CPP는 전해액으로부터 Al 포일층을 보호하고 배터리를 밀봉하는 역할을 수행한다.

Al 파우치는 얇고 유연한 폴리머와 알루미늄 포일로 구성되어 있어 포장재로 Al을 쓰는 각형 배터리나 Ni이 코팅된 철을 쓰는 원통형 배터리의 포장재에 비해 가볍고 유연하다. 이러한 특성으로 인해 파우치형 배터리(LiB)는 다양한 사이즈의 배터리 설계가 가능하고 가벼운 무게로 인해 높은 에너지 대 중량비를 달성할 수 있다.

그러나 파우치 필름의 장점은 때로 물리적, 화학적인 손상에 취약하다는 단점으로 작용하기도 한다. 특히 외부 가스와 수분을 차단하는 Al 포일층이 손상하게 되면 수분 침투로 인해 장기 수명 및 신뢰성 측면에서 치명적인 문제를 일으키게 된다.

물리적으로 파손된 경우에는 제조현장에서 육안검사를 통해 폐기할 수 있지만, 화학적인 손상은 바로 발견되지 않고 시간이 일정한 반응시간을 거친 후 발견되기 때문에 제조공정 중에 화학적인 손상에 의한 불량을 걸러내는 것이 중요하다.

Al 포일층(Al foil layer)이 부식하는 요인으로는 외부층인 나일론(Nylon)층의 손상에 의해 발생하는 경우와 내부층인 CPP층이 손상되어 발생하는 다음과 같은 두 가지 경우가 있다.

1) 외층 나일론(Nylon) 손상에 의한 Al 포일층의 부식

Al 파우치 표면의 화학적 손상은 전해액 주입 또는 디개싱(degassing, 가스제거) 과정에서 종종 발생할 수 있다. 이 과정에서 전해액의 작은 방울이 Al 파우치의 최외각층인 나일론(Nylon)층 표면에 흩어질 수 있으며, 이는 단기간에는 전기화학적 성능 저하를 일으키지 않기 때문에 전해액이 묻어 있더라도 정상 제품으로 보는 경우가 있다.

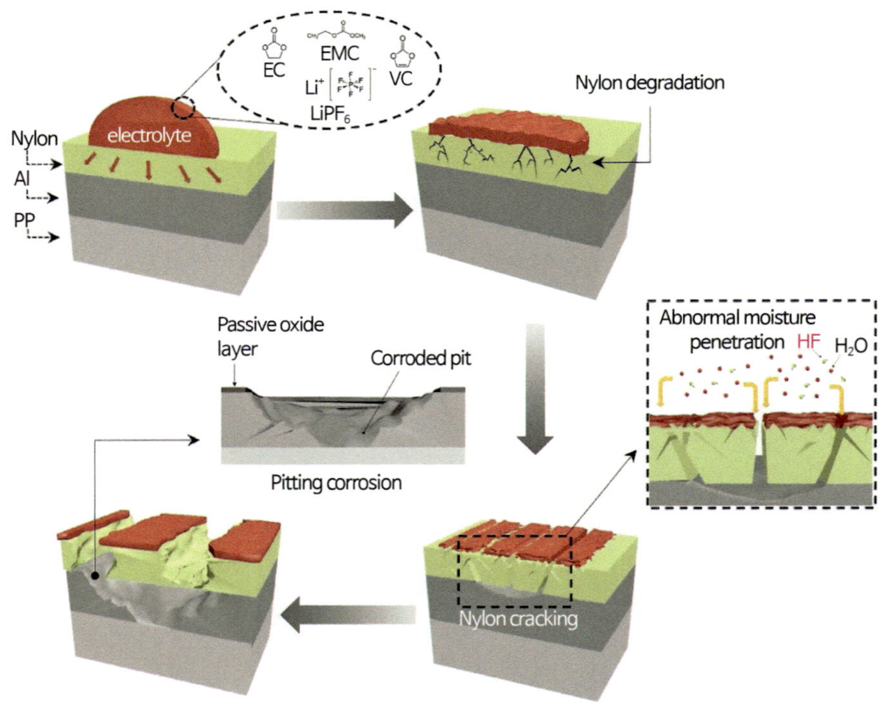

그림 2.88 고온 · 고습 환경 하에서 전해액이 파우치를 부식시키는 메커니즘

앞서 언급한 대로 리튬염($LiPF_6$)을 포함한 전해액의 작은 방울은 전해액 주입 또는 디개싱(degassing) 과정에서 Al-파우치의 표면에 흩어지거나 얼룩질 수 있다. 이때 나일론층이 고온과 습한 환경에 노출되면(실제로 행한 실험에서의 온도는 60℃, 상대습도 95% 조건에서 진행되었다) 전해액 속에 있는 금속염인 $LiPF_6$에 의해 나일론 필름의 수소결합이 절단되어 결정성이 저하되고 전해질 오염 영역 주변에 HF(Hydrogen fluoride, 플루오린화 수소)와 인산을 생성한다.

HF는 불화수소(弗化水素), 에칭가스(etching gas) 등으로 불리는 플루오린과 수소의 화합물로 화학식은 HF이다.

그림 2.88과 같은 고온 60℃, 고습 95% 조건의 환경 하에서 전해액이 파우치를 부식시키는 메커니즘을 살펴보면, 나일론 필름의 화학적 손상은 표면과 내부에 미세 기공을 형성하여 대기 수분이 침투하는 통로를 형성하게 된다.

시간이 지남에 따라 이러한 미세 기공은 심각한 균열로 발전하여 결국 나일론 필름을 완전히 파괴할 수 있다.

다음 사진 2.9는 FE-SEM을 이용하여 전해액이 묻은 Al 파우치가 시간에 따라 어떻게 변화하는지를 보여준다. FE-SEM은 전계방출(방사) 주사전자현미경(Field Emission Scanning Electron Microscope)으로, 일반 주사전자현미경과 달리 열전자총 대신 FE(Field Emission, 전계) 전자총에서 가속된 전자빔을 주사하여 강한 전기장(electric field)에 의해 방출된 전자를 시료 표면에 주사하여, 시료와 충돌 후 방출되는 이차전자 및 후방산란전자의 증폭, 측정을 통해 3차원 이미지를 결상한다. 고해상, 고배율 이미지를 얻을 수 있으며, 샘플과 목적에 따라 가속 전압을 조절할 수 있고 비교적 낮은 가속전압에서 샘플에 대한 손상을 최소화하며 측정이 가능하다.

FE-SEM 기기의 활용은 다음과 같다.

① μm~nm 단위의 표면구조 측정
② 다양한 시료(금속, 폴리머, 세라믹 등)에 대한 고배율 · 고해상도 측정
③ EDS(Energy-dispersive X-ray spectroscopy, 에너지 분산 X선 분석 또는 에너지 분산 X선 미세 분석이라고도 하는 에너지 분산 X선 분광법은 시료의 원소 분석 또는 화학적 특성 분석에 사용되는 분석 기술이다)를 이용한 시료의 정성 · 정량분석

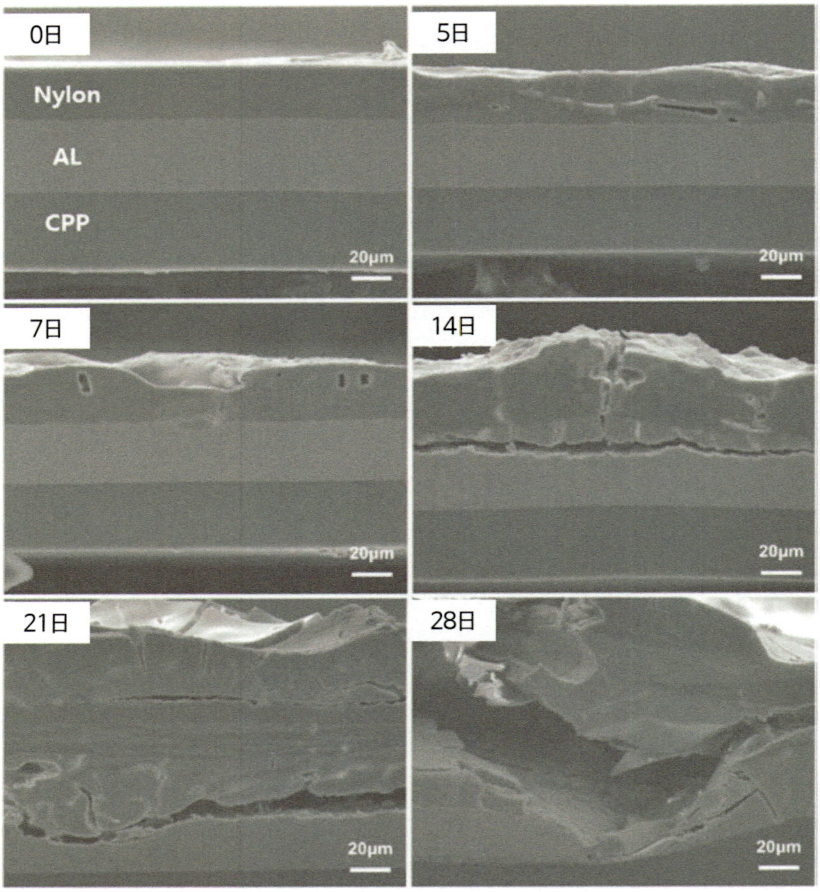

사진 2.9 **시간에 따른 파우치 부식 과정(FE-SEM으로 측정)**

위의 측정 사진 2.9에서 5일이 지난 시점의 단면을 보면 금속염이 나일론의 결정도를 감소시켜 나일론 필름 내부에 기공을 생성시키는 것을 발견할 수 있다.

7일 후 얻은 단면 이미지를 보면 이러한 기공이 나일론 필름의 국부적으로 손상된 부분을 통해 알루미늄 필름에 도달한 것을 볼 수 있다.

14일 후에는 나일론 필름 내부의 균열이 심해져 알루미늄 필름을 노출시키고 국부적으로 노출된 알루미늄 필름은 더 이상 나일론에 의해 대기로부터 보호되지 않기 때문에 심하게 손상되기 시작한다.

21일 후에는 알루미늄 박막이 국부적인 부식으로 초기 조건에 비해 두께가 1/4로 감소하였다.

28일 후에는 나일론 필름이 완전히 벗겨지고 노출된 알루미늄 박막이 심한 부식에 의해 완전히 천공되어 있음을 분명히 알 수 있다.

알루미늄은 강한 산성 또는 염기성 환경에서 부식되기 쉽다. 강한 산성물질인 HF (Hydrogen fluoride, 플루오린화 수소)는 Al 파우치의 나일론 필름이 전해질로 오염되었을 때 전해질의 금속염인 리튬염($LiPF_6$)이 대기 수분과 함께 가수분해 반응을 일으킬 때 형성될 수 있다. 생성된 HF는 나일론 필름이 파손된 후 알루미늄 박막에 쉽게 도달할 수 있다.

다음 사진 2.10은 고온·고습 환경에서 14일 방치한 후 EDS 매핑(mapping, 하나의 값을 다른 값으로 대응시키는 것을 말한다. 한자로는 사상(寫像)이라고 한다)을 한 것이다. 나일론 필름에서 인(P)과 불소(F)를 확인할 수 있는데 이는 대기 중의 수분과 만난 리튬염($LiPF_6$)이 가수분해 반응에 의해 HF가 생성되고, 나일론 필름에 생긴 기공으로 HF (플루오린화 수소)와 인산이 침투되었기 때문이라고 볼 수 있다. 이렇게 침투된 HF와 인산은 알루미늄 필름의 산화알루미늄층을 용해시키고 알루미늄 부식을 진행시켜 결국엔 파우치 배터리 내부로 수분과 공기를 침투시켜 배터리의 성능을 열화시키는 것이다.

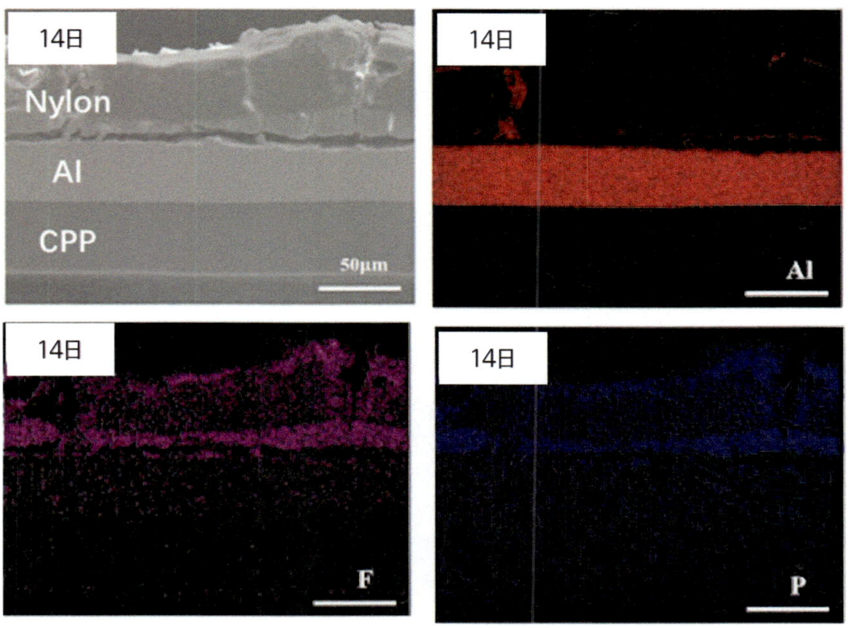

사진 2.10 파우치를 14일 방치한 후 EDS 매핑한 결과

2) 음극과 Al층의 단락과 내층(CPP) 손상에 의한 Al층의 부식

이번에는 Al 파우치 내층인 CPP층의 손상에 의한 Al층의 부식을 설명하려고 한다. 아래 그림 2.89는 일반적인 파우치 배터리의 개략적인 그림(개략도)이다.

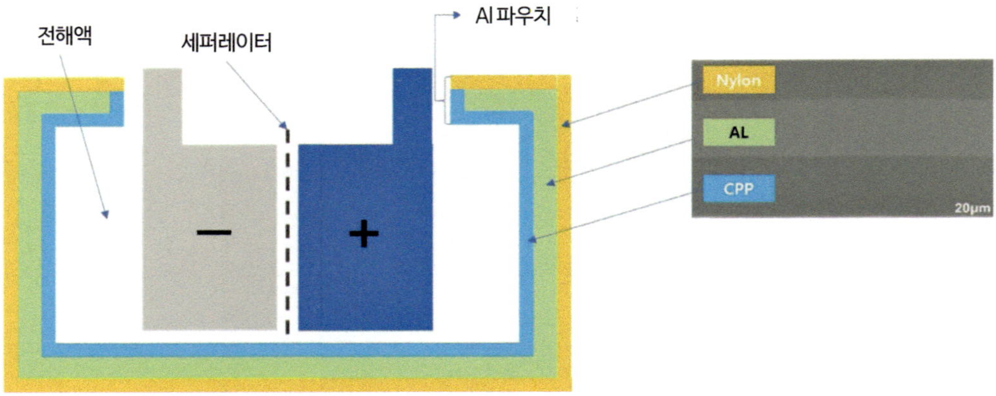

그림 2.89 **파우치 배터리의 개략도**

① Al층 부식 메커니즘

내층인 CPP층의 손상으로 Al층이 부식되려면 아래 두 가지 조건이 충족되어야 한다.

㉠ 파우치의 Al층이 배터리의 음극과 단락이 되어야 한다.

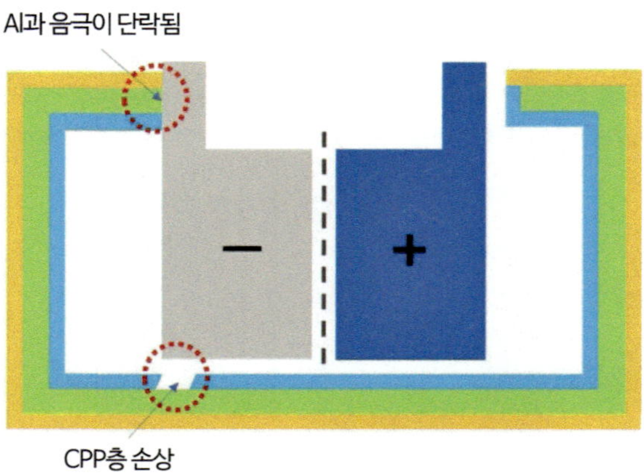

그림 2.90 **Al 부식이 일어나게 되는 조건**

㉡ 내층인 CPP층이 손상되어 전해액과 Al층이 접촉해야 한다.

이 두 가지 조건 중 어느 한쪽만 충족되지 않아도 Al층의 부식은 일어나지 않는다.

그림 2.90은 위의 두 가지 조건이 발생한 경우의 모습을 나타낸 것이다.

위와 같이 Al층이 음극과 단락이 되고 CPP층이 손상되어 전해액과 접촉하게 되면 아래 그림 2.91과 같이 전류 경로가 생성된다.

Al(−1.66V vs. SHE)은 음극(−2.90V vs. SHE)에 비해 전위가 높기 때문에 CPP층이 손상되어 Al층과 전해액이 만나게 되면 Al과 전해액 계면에서 환원 반응이 일어나 Li-Al합금을 만들게 된다. 이때 생긴 Li-Al합금은 매우 약하기 때문에 파우치가 쉽게 손상이 된다. Al층은 외부로부터의 가스와 수분을 차단하는 역할을 하는데 Al층이 부식되면 배터리 내부로 수분이 유입되어 배터리의 성능을 현저히 저하시킨다.

SHE(Standard Hydrogen Electrode, 표준수소전극)는 산화, 환원 전위의 열역학적 규모의 기초를 결정하는 산화, 환원 전극이다.

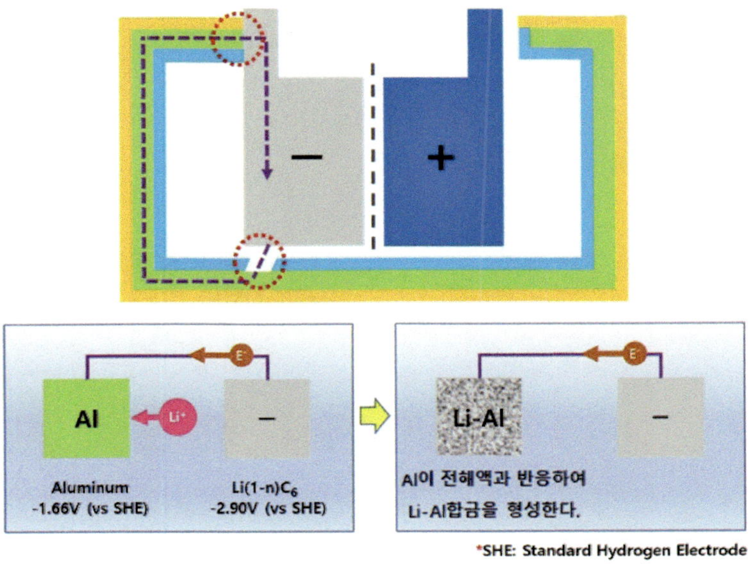

그림 2.91 Al층 부식 메커니즘

다음 사진 2.11은 위와 같은 메커니즘에 의해 실제 Al층이 부식된 모습이다.

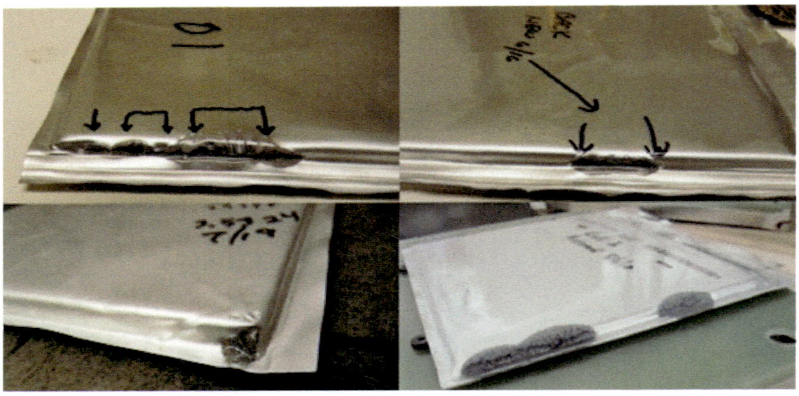

사진 2.11 Al층 부식 현상(모습)

아래 사진 2.12는 Al 파우치가 부식된 부위의 단면을 촬영한 것이다.

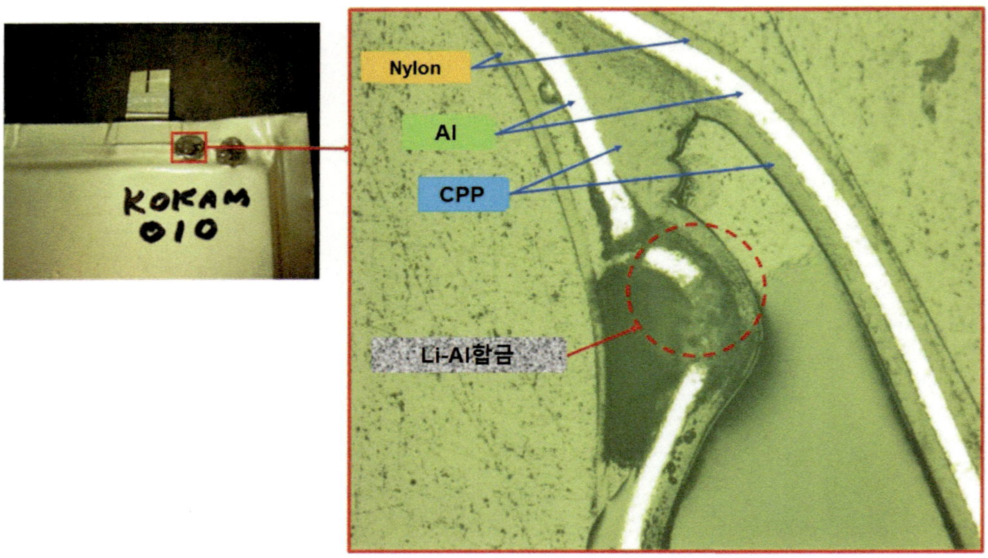

사진 2.12 Al층이 부식된 Li-Al합금 부분의 단면

② 양극과 Al층이 단락되면 어떻게 될까?

그렇다면 반대의 경우로 양극이 Al층과 단락이 되면 어떻게 될까?

그림 2.92는 양극이 Al층과 단락이 되고, CPP내층에 손상이 생겨 전해액과 Al층이 접

촉한 것을 나타낸 것이다. 이 경우에는 양극보다(0.90V vs. SHE) Al층(−1.66V vs. SHE)의 전위가 낮아지므로 Al과 전해액 계면에서 산화반응이 일어나므로 Li-Al합금은 발생하지 않고 그대로 Al층이 유지가 된다. Al층에 아무런 영향이 없기 때문에 이 경우에는 배터리의 성능에 아무런 영향을 미치지 못하므로 정상이라고 할 수 있다.

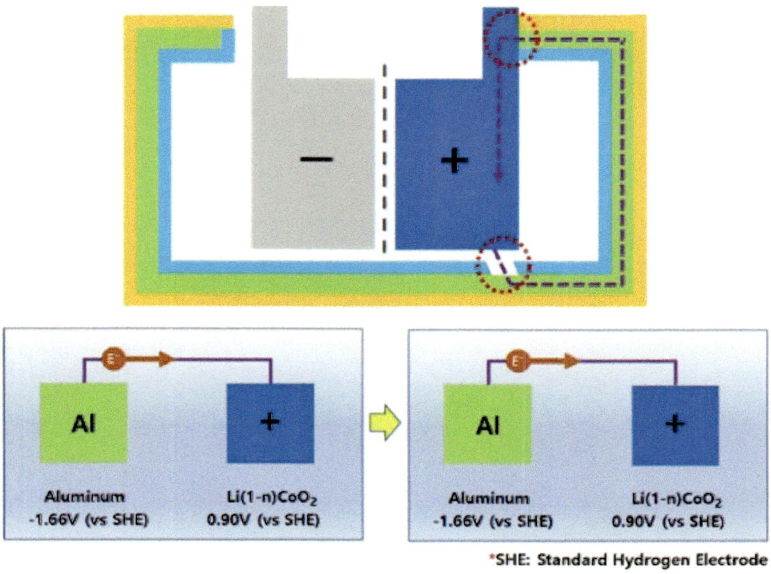

그림 2.92 Al층과 양극이 단락되는 경우(Al층 부식이 발생하지 않음)

③ Al 파우치 절연불량 검출방법과 불량 유형

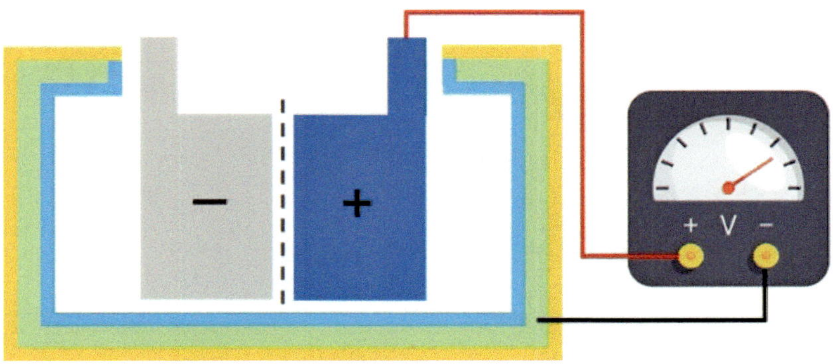

그림 2.93 Al 파우치 절연불량 측정방법

이러한 Al과 음극의 단락은 그림 2.93과 같이 배터리를 조립 후 양극과 Al 파우치의 전압을 측정하면 손쉽게 검출해낼 수 있다.

아래 표 2.4에 파우치 배터리에서 발생할 수 있는 Al 파우치의 절연불량과 양불(良不) 여부 판정에 대해 정리하였다.

표 2.4 **Al 파우치 배터리의 절연불량 현상 및 판정**

현 상			양불판정	외장 전위
①	절연 불량 없음	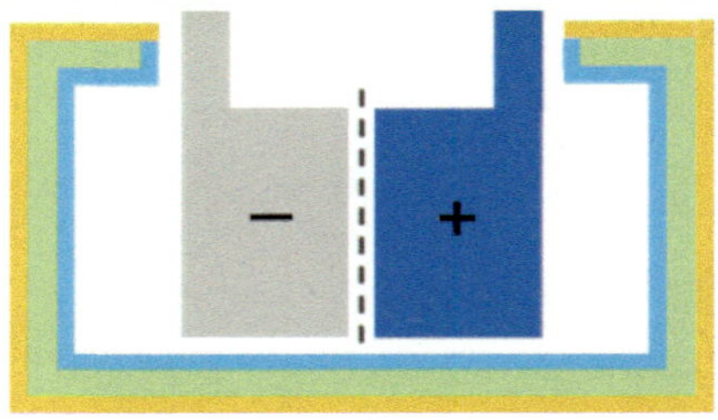	양품	~0V
②	양극-Al층 단락	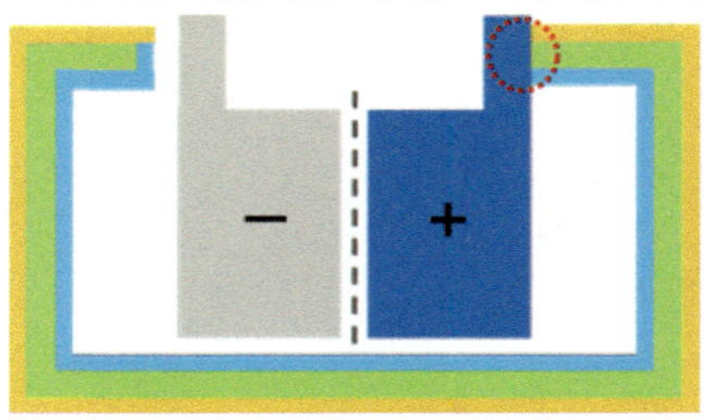	양품	~0V
③	음극-Al층 단락	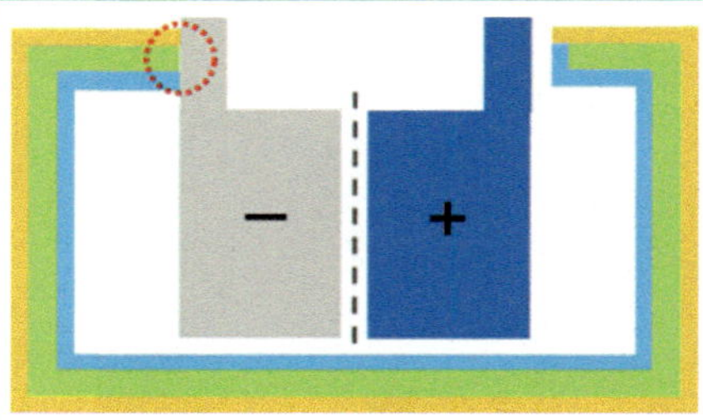	불량	~3.8V 양극(0.90V) Al층(−2.90V)
④	내층(CPP) 손상	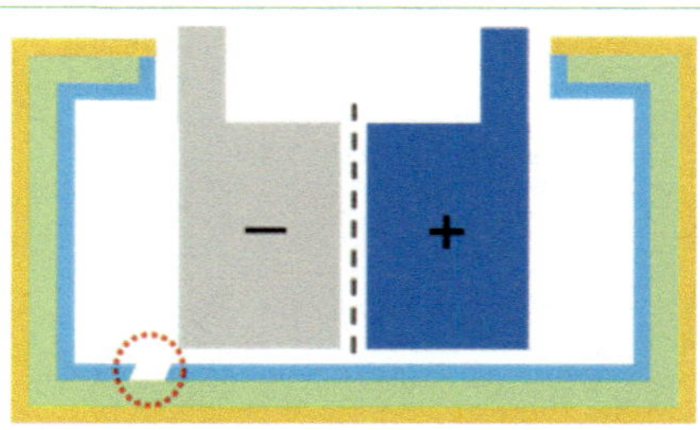	양품	~2.7V 양극(0.90V) Al층(−1.66V)

위의 표 2.4에서 ①과 같은 경우는 Al 파우치가 절연이 잘 되어 있고 내층도 손상되지

않은 정상적인 상태이다.

②의 경우는 양극과 파우치 Al층이 단락이 되어 있다. 위에서 설명한 바와 같이 이런 경우에는 Al층의 부식이 일어나지 않는다.

③의 경우 음극과 파우치 Al층이 단락되어 있다. 그런데 앞서 설명한 Al 부식의 두 가지 조건 중 한 가지 조건인 내층 CPP가 손상되어 있지는 않다.

아래 그림 2.94와 같이 초기에는 음극과 Al층과의 단락만 있고 내부 CPP층의 부식이 없을 수 있다. 이런 경우에는 Al층의 부식이 일어나지 않지만 내층의 손상여부를 일반적인 방법으로 확인하기 어렵기도 하고 추후 차량에 장착되어 장기간 사용하는 동안 다양한 환경에 노출되게 되면 내층이 얇아지거나 손상될 가능성이 있다. 따라서 내층 손상여부를 확인할 필요 없이 전압을 측정하여 음극과 Al층의 단락이 확인되면 불량으로 판정해야 한다.

그림 2.94 **초기 내층 CPP층의 손상 발생 가능성**

④ 양극과 음극 모두 Al층과의 단락이 없다면 내층이 손상되어 전해액과 접촉한다 하더라도 Al층이 부식되지 않으므로 양품으로 판정한다.

이와 같은 Al층의 부식은 파우치 배터리뿐 아니라 Al 캔을 사용하는 각형과 원통형 배터리의 경우에도 해당된다. Al 파우치와 마찬가지로 외장재로 사용하는 Al 캔이 음극과 단락되는 경우에는 앞서 언급한 것과 동일한 메커니즘에 의해 전기화학적인 부식이 일어나 Al층이 Li-Al합금을 만들어내고 전해액이 누액되거나 수분이 배터리 내로 유입되어 배터리 품질에 문제를 일으킨다.

3) 7개의 층(Layer)으로 구성된 파우치 케이스(Pouch case)

전해액을 담을 파우치 케이스를 준비할 때 전극 사이즈보다 넉넉하게 공기 포켓(air pocket, 공기층)의 사이즈를 생각하여 만들어 준다.

전해액을 주입할 때 발생하는 가스 때문인데, 원통형과 다르게 파우치의 경우 제작된 알루미늄 파우치를 밀봉한 상태에서 전해액을 주입하기 때문에 따로 공기 포켓(에어 포켓) 공간을 만들어 디개싱(degassing, 가스를 배출시키는 과정으로 즉, 가스 빼기 · 가스 제거를 뜻한다)공정을 추가로 거쳐야 파우치 배터리의 조립공정이 완료되기 때문이다.

전해액을 주입할 때는 제조하고자 하는 배터리 용량 1Ah당 5g을 주입하며, 이후 진공 포장과 충분히 함침될 때까지 기다린 후 디게싱(degassing)작업이 진공 조건에서 진행되며, [융착(staking, 스테이킹) → 탭 용접(tab welding) → 전극 포장 → 전해액 주입 → 진공 포장 → 디게싱(degassing)] 순서의 작업을 통해 그림 2.95와 같이 파우치 배터리가 완성되게 된다.

그림 2.95는 완성된 파우치 배터리의 구성분해도(구성도)이다. 주요 구성요소를 분해하여 단면으로 자세하게 보여준다.

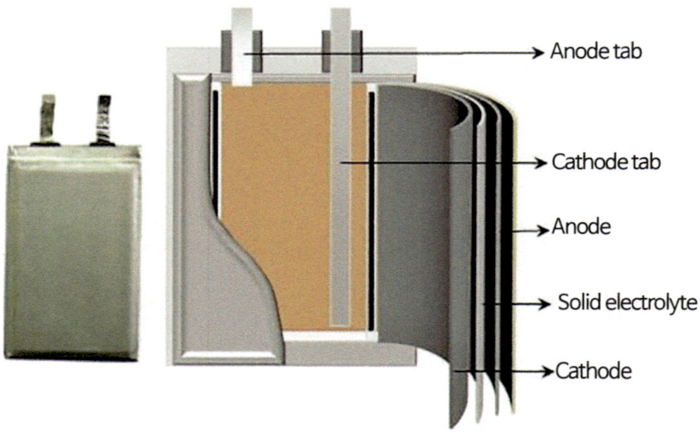

그림 2.95 파우치 배터리의 구성분해도(구성도)

그림 2.96은 파우치형 리튬이온 이차전지(배터리)의 일반 구조로, 윗 부분은 부분단면도로 도시해 구성요소를 보여준다.

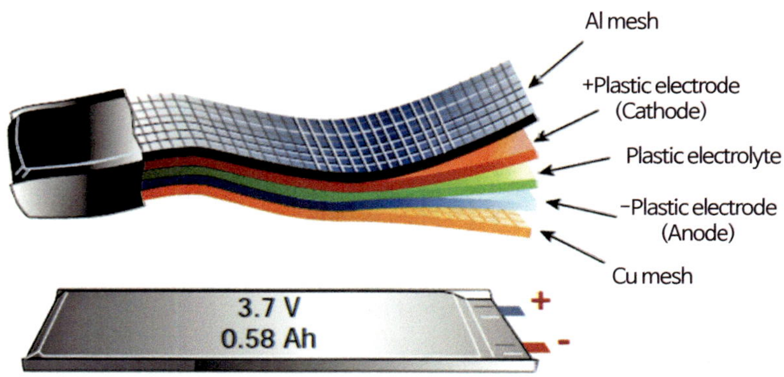

그림 2.96 **파우치형 리튬이온 이차전지(LiB)의 일반 구조**

사진 2.13은 파우치형 배터리를 분해하여 구성요소를 나열한 것이다.

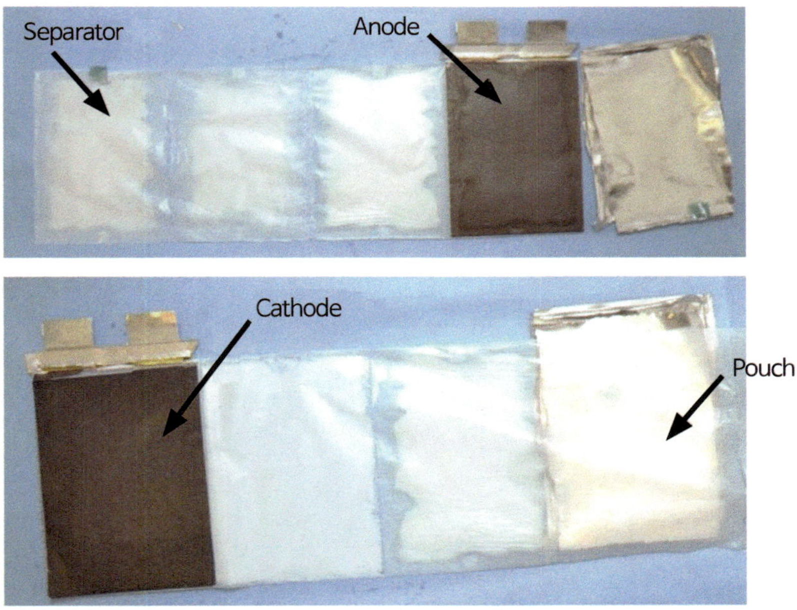

사진 2.13 **파우치형 리튬이온 이차전지(LiB)의 분해**

그림 2.97은 와인딩, 조립공정 후 전해질 중 전해액(electrolyte) 주입을 보여주는 모식도이다.

앞에서 설명했듯이 배터리의 제조공정은 크게 극판공정–조립공정–화성공정의 3단

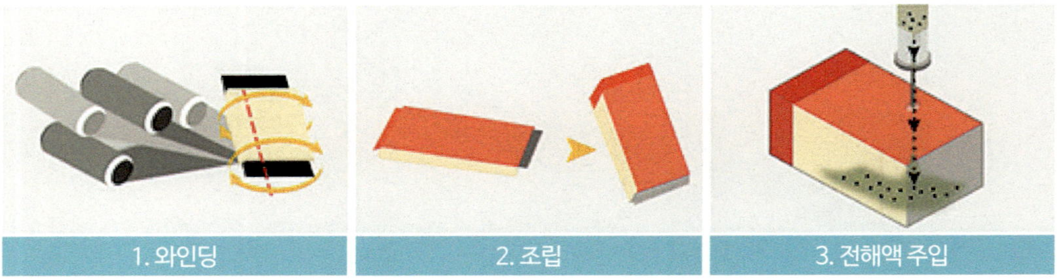

그림 2.97 **와인딩, 조립공정 후 전해액 주입 모식도**

계로 이뤄져 있다. 1단계 극판공정에서는 양극과 음극을 만들고, 2단계 조립공정에서는 금속 캔 또는 파우치에 양극, 음극, 분리막을 말거나 쌓은 후 전해질을 넣는다. 3단계 화성공정에서는 충방전과 최종검사를 거치는 것이다.

전해액의 주입방법으로서 사용되는 진공 주입법에는 다양한 방법들이 있는 데, 대표적인 것으로 전해액 주입구에 주입 노즐을 부착하고, 전해액 주입장치의 배기수단을 통해 캔 내부를 진공으로 만든 후 소정량의 전해액을 공급하면, 캔 내부의 기압과 대기압의 압력차에 의해 전해액이 압력이 없는 진공상태의 캔 내부로 주입되는 원리이다.

그림 2.98은 전해액의 누설검사(leakage check, 또는 누설점검) 또는 리크 테스트(leak test, 누설시험)이다.

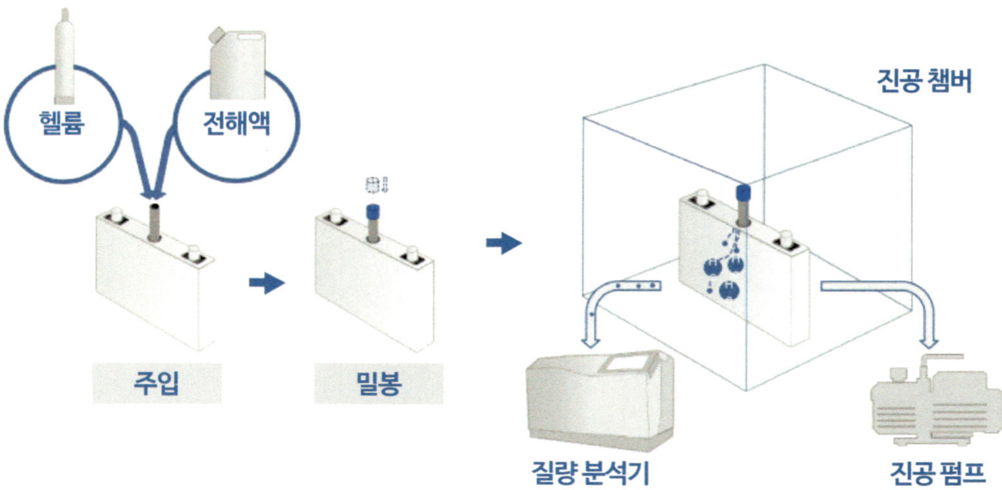

그림 2.98 **전해질 충전(filling) 중에 헬륨을 동시에 추가하는 셀의 누설검사**

이 검사(또는 시험)는 배터리 셀, 특히 차세대 충전식 리튬이온 배터리 생산공정에서 기본적인 공정이다.

공기 중의 습기와 접촉할 경우 독성 물질을 생성할 수 있는 가연성 용매로 구성된 전해질의 유실을 방지하려면 완벽한 실링(sealing)이 필요하다. 또한 수분 및 기타 외부 오염원이 셀에 들어와 기능을 손상시킬 수 있는 것을 방지하는 것도 똑같이 중요하다.

누설시험(leak test, 리크 테스트)은 헬륨을 추적 가스로 사용하는 기존 기술을 사용하여 생산라인에서 수행할 수 있지만, 배터리셀이 아직 완전히 실링되지 않은 공정의 단계에서만 가능하다. 또는 그림 2.98과 같이 전해질 충전(filling) 중에 헬륨을 추가하여 셀 내부에 가두는 것이 가능하지만 이 기술은 생산공정을 방해하고 모든 유형의 셀에는 적용할 수 없다.

특히, 파우치형 배터리의 밀봉(sealing, 실링) 공정에서의 주의할 점은 크게 두 가지이다.

① 밀봉에 필요한 열, 압력, 시간을 잘 조절해야 불량이 발생하지 않는다.

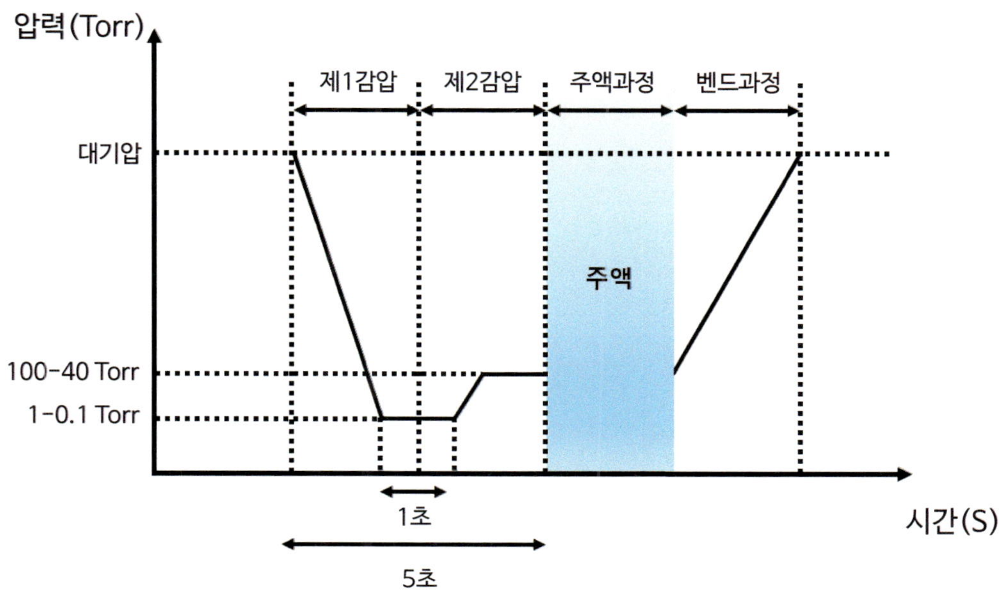

그림 2.99 **전해액 주입 시(주입 과정)의 시간 대비 압력 관계 그래프**

그림 2.99는 이와 관련된 전해액 주입 시(주입 과정)의 시간(sec) 대비 압력(torr, 토르)과의 관계를 도시한 그래프이다. 토르(torr)는 압력의 단위로 1토르는 0℃에서의 수은기둥 1mmHg의 압력을 나타낸다. 국제표준 SI 단위로, 1토르는 133.3Pa(Pascal, 파스칼 : $1Pa=1N/m^2$)이다.

② 전해액 주입 중 누수가 발생하지 않게 유의해야 한다.

반면에, 그림 2.100과 같은 공정으로서의 또 다른 전해액 추적기술은 배터리셀에 전해액으로 채우고 완전히 실링한 후 공정의 마지막 단계에서 누설시험(리크 테스트)을 수행하는 것이다.

전해액을 주입 후(충전, filling), 실링(sealing, 밀봉)과 포메이션(formation, 충방전시험)을 거쳐 헬륨(He)가스를 방폭챔버에 주입시킨 후 최종적으로 진공챔버에서 누설점검을 수행되는 테스트의 공정을 보여준다(test carried out in vacuum chamber).

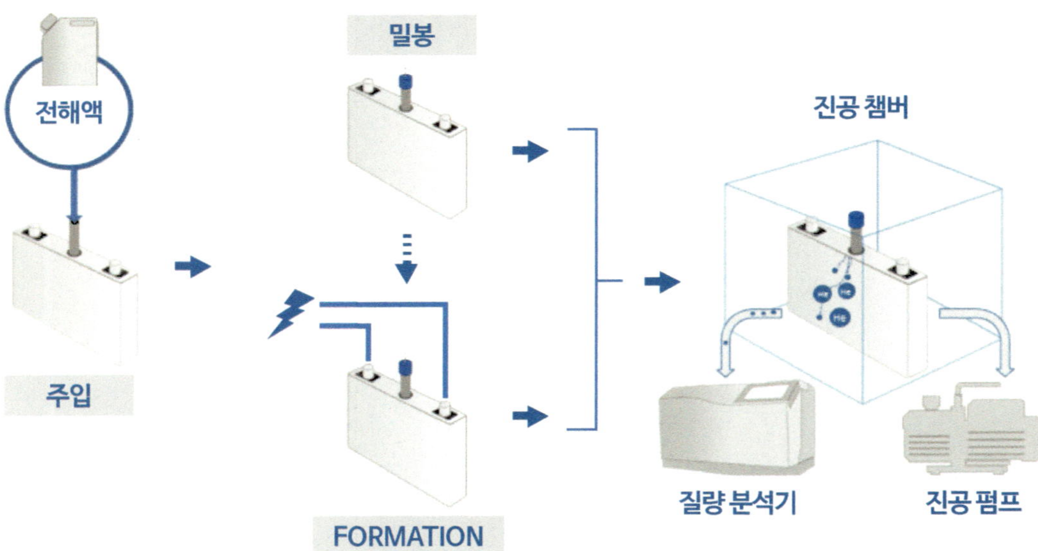

그림 2.100 **전해액을 주입 후, 실링과 포메이션을 거쳐 진공챔버에서 수행되는 누설테스트의 공정**

그림 2.101은 전해액(electrolyte) 주입 시 파우치 셀의 누설검사(leakage check, 누출검사 또는 누수검사)를 위해 방폭챔버(bombing chamber, 방폭실)에 불활성기체 헬륨

(He)을 넣어 사용한다.

테스트 대상 배터리셀(cell)은 먼저 고압 헬륨으로 채워진 방폭챔버에 로딩(loading, 호출 · 싣고 옮긴다)된다. 배터리 하우징(housing, 또는 케이스)에 실링 결함이 있을 경우는, 헬륨이 셀(cell)로 들어간다. 그런 다음 셀은 진공챔버로 옮겨진다. 여기서 방폭(bombing)방식은 먼저 고압 헬륨으로 채워진 방폭챔버 안에서 배터리 셀을 장시간 노출한 후 셀에 누설이 있으면 압력차에 의해 진공상태의 셀 내부로 헬륨이 들어간다. 이것은 압력 테스트로 헬륨이 주입되는 방폭실(bombing chamber)에서 수행된다.

그림 2.101 **방폭챔버에 불활성기체 헬륨(He)을 넣은 후 진공챔버에서의 최종 누설검사**

이 때 진공챔버에서는 질량분석기를 통해 주입된 헬륨의 전후 질량을 측정 · 비교해 질량차에 의해 실링 결함으로 인한 전해액 누설여부를 점검하고 확인하는 공정이다.

배터리는 충전 중에 높은 에너지를 저장하고 있어 폭발이나 화재와 같은 사고 발생 위험이 있다. 따라서 방폭형 챔버(방폭챔버)는 이러한 위험을 관리하는, 배터리의 폭발을 방지하기 위한 방폭실(battery explosion-proof box(chamber))이다.

하우징(케이스)의 완벽한 밀봉은 배터리셀의 품질과 장기적인 신뢰성을 보장하는 가장 중요한 기능 중 하나이다. 한편, 매우 작은 전해액 손실도 방지하는 것이 필수적이다. 전해액 성분은 주변 습기와 반응하여 유독성 화합물을 발생시킬 수 있는 인화성 성분으로 구성되는 경우가 많다. 반면에 습기나 기타 오염 물질이 셀로 유입될 경우 올바르게 작동하지 않고 효율성이 저하될 수 있다.

일반적으로 배터리셀의 기밀성 점검이 리튬이온 배터리셀의 생산라인에 있어 필수적 작업이라면, 이 테스트는 전기자동차 애플리케이션에서 배터리를 사용할 때 자동차의 일반적인 품질 및 안전 표준을 보장하기 위해 더욱 중요한 시험과정이다.

전해액 충전 및 밀봉 전에 완성 셀을 검사하도록 설계된 자동화된 기계(machine)로 모든 공정이 진행된다.

전해액과 함께 셀 내부에 충전된 헬륨을 추적가스로 사용하는 방식으로 동일한 유형의 머신(M/C, 기계)을 사용하여 셀 충전 및 밀봉 후 완성된 셀을 검사할 수 있다.

간단하게 시스템을 설명하면, 진공펌프에 의한 진공펌핑 시스템은 진공챔버 뒤에 배치된다. 전기 배전반과 분석시스템이 포함된 캐비닛(cabinet)은 프레임에 고정되고 공정 가스분배를 위한 공압 보드는 진공챔버에 고정된다. 두 챔버 모두 기계 중앙을 향해 자동으로 열리므로 로딩(loading, 싣고)·언로딩(unloading, 내리는) 위치가 두 챔버 모두 동일하며 광학 안전장벽으로 보호된다. HMI(Human Machine Interface, 인간과 기계의 상호작용)는 터치스크린 컬러 모니터와 작업자를 위한 푸시(push) 버튼과 조명 신호가 있는 두 개의 원격 제어상자(각 챔버에 하나씩 있다)로 만들어진다. 이 장비는 헬륨 및 공기 배출을 위한 별도의 배출 포트(port)를 제공하며 헬륨 회수시스템에 연결하기에도 적합하다.

HMI는 사람과 기계 사이의 인터페이스 역할을 담당하며, 사용자에게 기기, 컴퓨터 프로그램 또는 시스템과의 통신을 가능하게 해주는 대시보드이다. 자동화 현장에서 기계를 조작하기 위한 터치스크린을 HMI라고 부른다.

프로세서 시스템과 운영자 간의 인터페이스로, 기본적으로는 운영자 대시보드이다. 따라서, 주요 도구 운영자와 라인 감독자는 산업 및 제조공정과 기계를 조정하고 제어하기 위해 HMI 솔루션을 사용하고 있다.

사진 2.14는 헬륨(He)의 방폭 스테이션(bombing station) 실물 예시이다.

사진 2.14 헬륨(He)의 방폭 스테이션

사진 2.15는 자동화된 전해액 주입머신(machine, 기계 또는 장비, 설비)으로 전해액을 주입하는 모습이다.

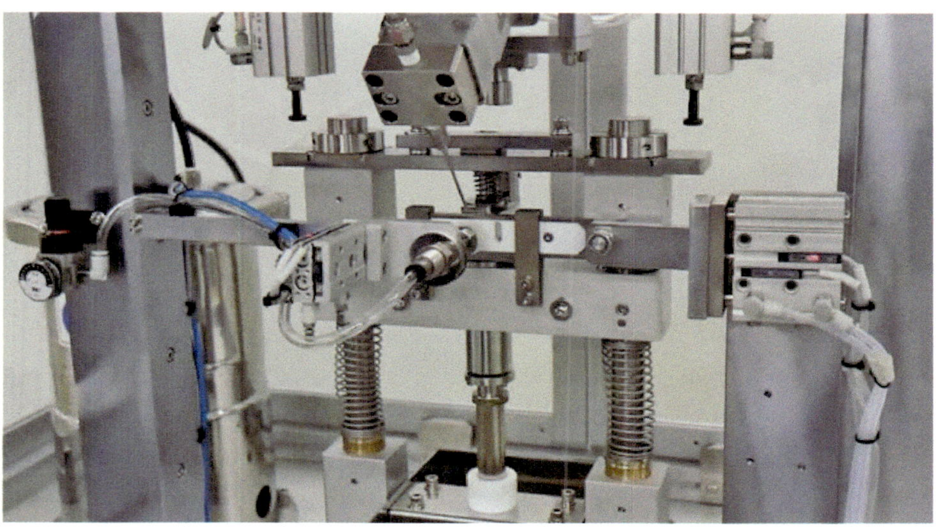

사진 2.15 자동화된 전해액 주입머신

사진 2.16은 동시에 여러 개의 셀에 전해액을 주입하는 모습이다.

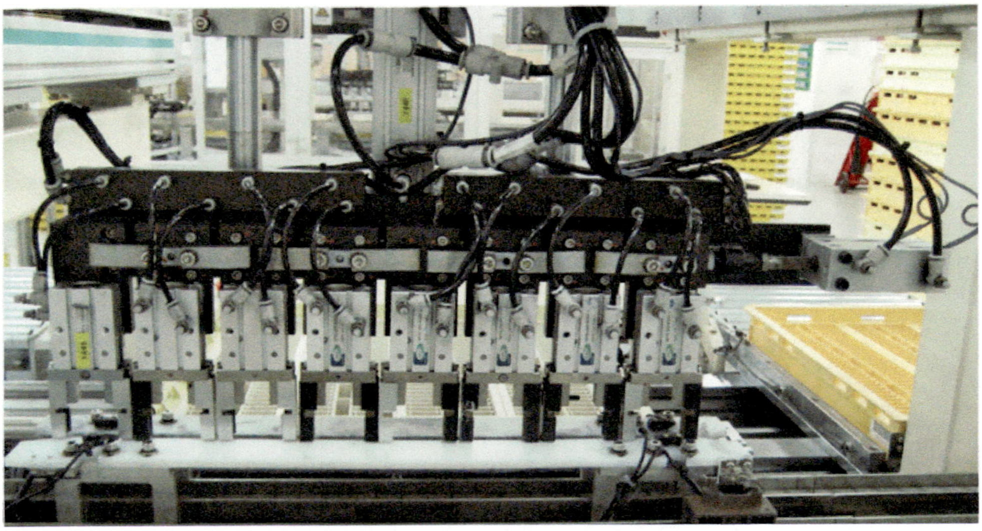

사진 2.16 **전해액의 주입 모습**

그림 2.102는 전해액을 주입 후 패키징을 거쳐 완성된 리튬이온 배터리의 제조공정을 보여준다. 배터리 패키징(battery packaging)은 배터리 제조공정에서 배터리를 밀봉하는 후공정을 말한다. 조립공정은 수분과의 접촉을 막기 위해 건조실(dry room)에서 공정을 진행한다.

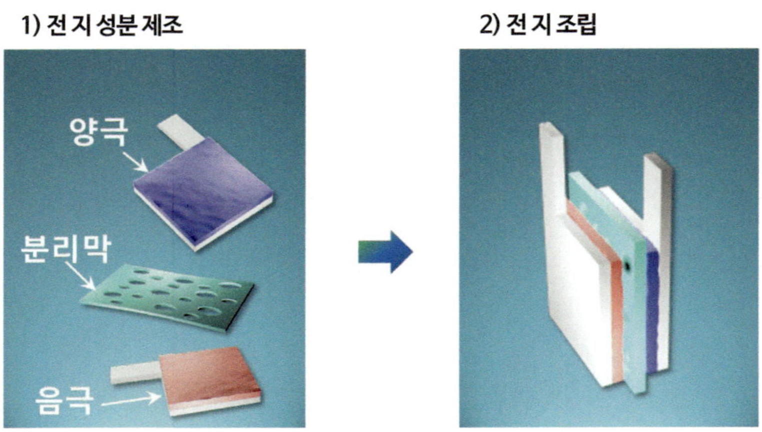

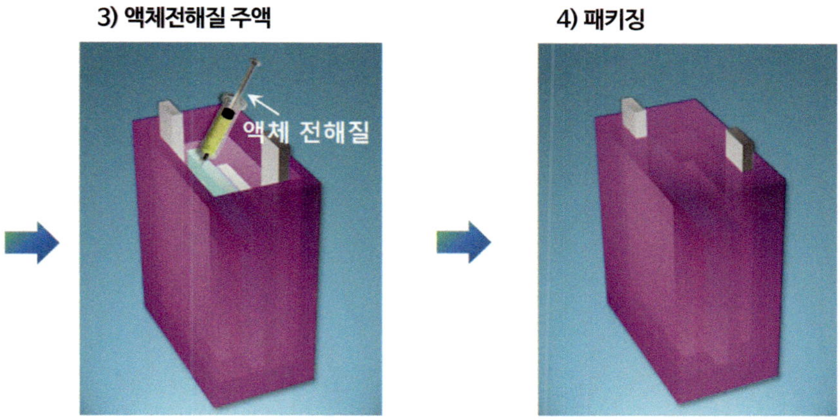

그림 2.102 배터리 패키징(battery packaging)

1) 전해액 주입

원통형과 파우치형에 있어 전해액 주입은 서로 다른 공정으로 진행된다.

① 원통형

전해액을 주입 시 기포 발생과 전해액 주입 비딩(beading)이 완료되면 전해액 주입 공정이 이루어 지는데, 먼저 캔 속을 진공 상태로 만들고(진공펌프 역할) 노즐을 통해 전해액을 주입한다(전해액을 주입 시 기포발생). 이때 압력을 가해 전극의 기공을 통해 전해액이 스며들게 하며, 전해액 주입이 끝나면 크림핑(crimping, 압착이란 뜻으로 기계적으로 밀봉하는 작업)으로 상단 캡과 캔을 밀봉하게 된다.

② 파우치형

캔이 없어 압력을 가할수 없으므로 롤러(roller)로 밀어 전해액이 전극 기공에 강제로 들어가게 하며 이 과정에서 가스가 많이 발생한다. 그림 2.103에서와 같이 전해액 양은 가스를 저장할 수 있는 알루미늄 공기 포켓의 크기에 좌우되며 공기 포켓보다 더 많은 양의 전해액이 주입되면 전해액이 파우치 외부로 분출되어 파우치 외면에 오염이 발생된다.

공기 포켓 공간의 크기는 알루미늄 파우치의 크기에 연관되어 성능과 가격에 영향을 끼친다.

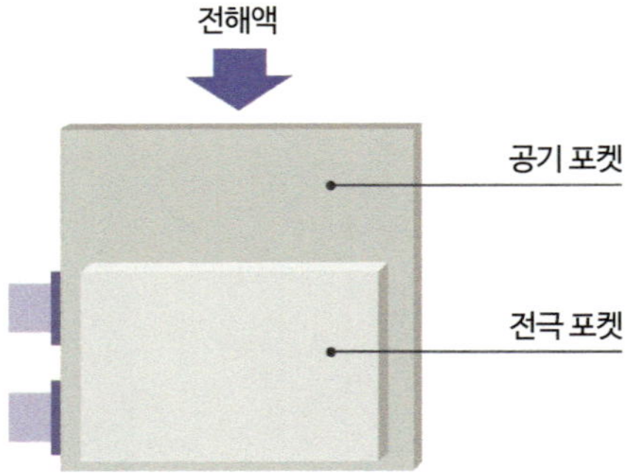

(a) 공기 포켓의 구성

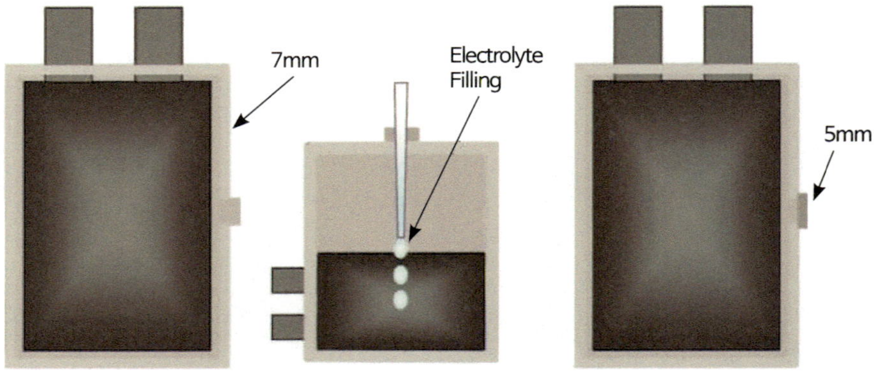

(b) 전해액의 충전(electrolyte filling)-특허의 예시

그림 2.103 **공기 포켓의 구성 및 전해액(전해질)의 충전**

2) 밀봉(Sealing)

그림 2.104 **파우치의 실링공정**

그림 2.104에서 보여주는 바와 같이 밀봉은 실링(sealing)으로 파우치에 안착된 젤리롤(jelly roll) 전지와 외부를 단절시켜 주기위해 파우치와 파우치에 열과 압력을 가해 밀봉해 주는 공정이다.

3) 디개싱(Degassing)

디개싱(degassing)공정은 전해액 주입 공정 중 발생된 가스를 제거하는 공정이다.
전해액을 모두 주입하고 밀봉한 후에는 필요 없는 공기 포켓을 절단한다.
그러면 온전히 완성된 전극 본체만이 남는 것이다(그림 2.105 참조).

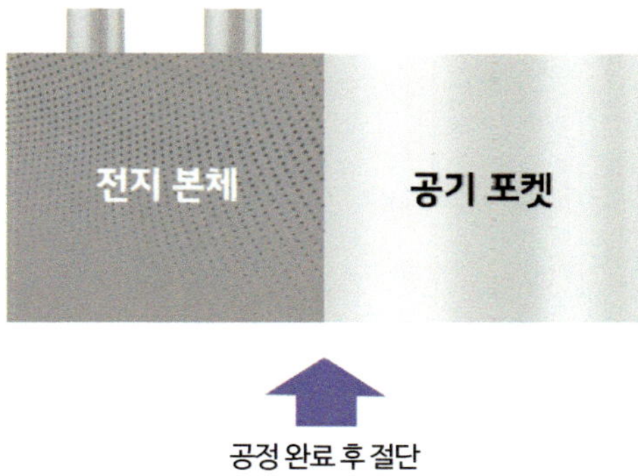

그림 2.105 디개싱공정 후 공기 포켓의 절단

(3) 파우치형 전지 전극판 및 포켓 구조

젤리롤 제조를 단일 시트(single sheet)로 노칭(notching) 후 스택앤폴딩(stack & folding)을 하고 다음과 같은 순서로 진행한다(그림 2.106 참조).

① 양극, 음극 탭(tap)을 무지부에 용접
  그림 2.107과 같이 리드 필름(lead film)에 알루미늄 파우치가 붙어야 한다.
② 알루미늄 실링지로 젤리롤 포켓과 에어 포켓을 성형(에어 포켓은 디개싱 공정에서 사용)
③ 젤리롤을 포켓에 넣고 진공상태를 만든후 전해액을 주입
④ 밀봉

⑤ 젤리롤 포켓과 에어 포켓용 가스가 통과할 수 있도록 연결되어 있음

⑥ 1차 충전 중 발생한 가스가 에어 포켓에 모이면 진공 실링 후 절단

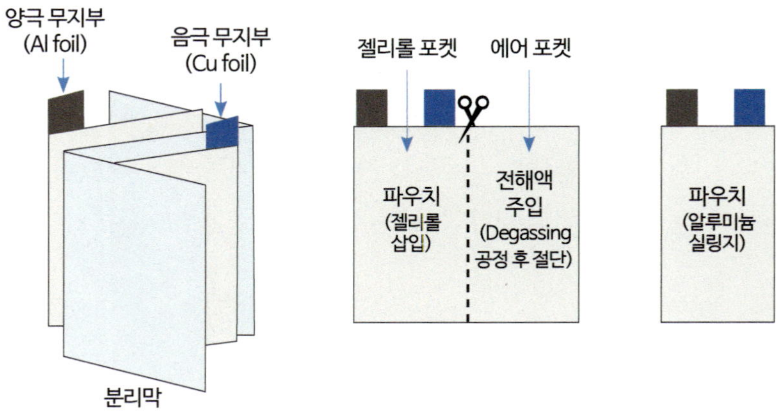

(a) 파우치형 전지 전극판 및 포켓 구조

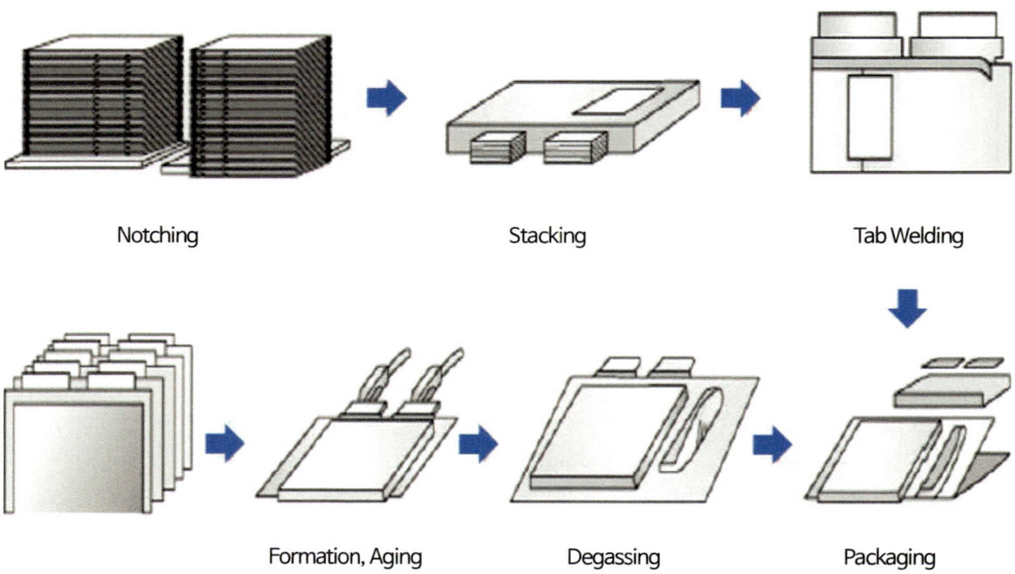

(b) 진공 건조공정(vacuum drying)

그림 2.106 **파우치형 전지 전극판 및 포켓 구조**

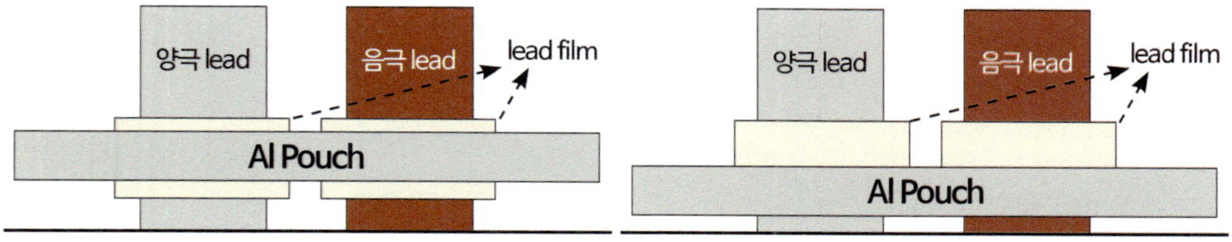

lead film에 알루미늄 파우치가 붙어야 한다.

(a) 정상 (b) 불량

그림 2.107 **용접된 양극, 음극 탭의 정상과 불량 구분**

다음 그림 2.108은 파우치형 전지 전극판 및 포켓 구조에 대한 특허의 예시이다.
특허의 주요 내용은 다음과 같다.

① 네스트 (nest) : 전극조립체 수납부가 형성된 파우치형 전지 케이스의 내부에 전극조립체를 장착한 구조의 가공용 전지셀에 주입하기 위한 장치로써, 하나 이상의 가공용 전지셀이 장착된다.

② 인렛(inlet), 아웃렛 (outlet) : 내부압력을 변경하기 위하여 일측 또는 양측에 형성한다.

③ 진공 챔버 : 전해액이 저장되어 있는 탱크에 연결되어 있고 전해액을 주입하기 위한 주입 노즐을 구비하고 있다.

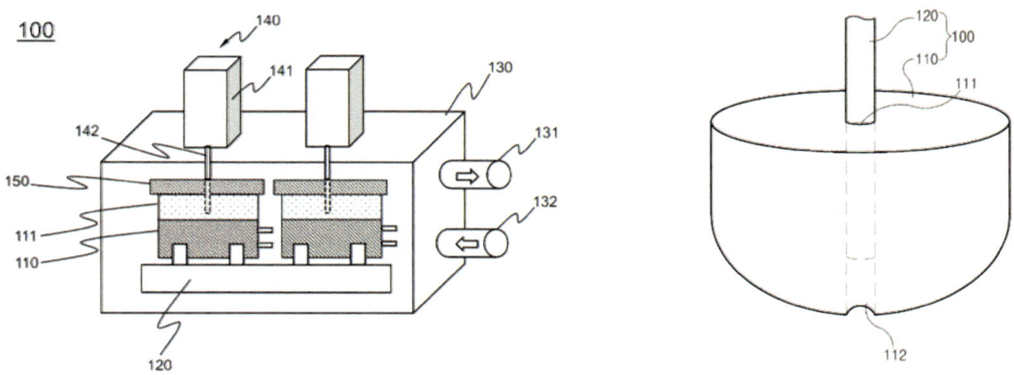

그림 2.108 **파우치형 전지 전극판 및 포켓 구조에 대한 특허의 예시**

④ 전해액 주입기 : 가공용 전지셀의 외주면을 실링하는 하나 이상의 실링 부재를 포함하는 전해액 주입장치이다.

(4) 전해액 주입공정

다음 그림 2.109는 파우치형 조립공정에 있어 전해액 주입공정을 상세히 보여준다.

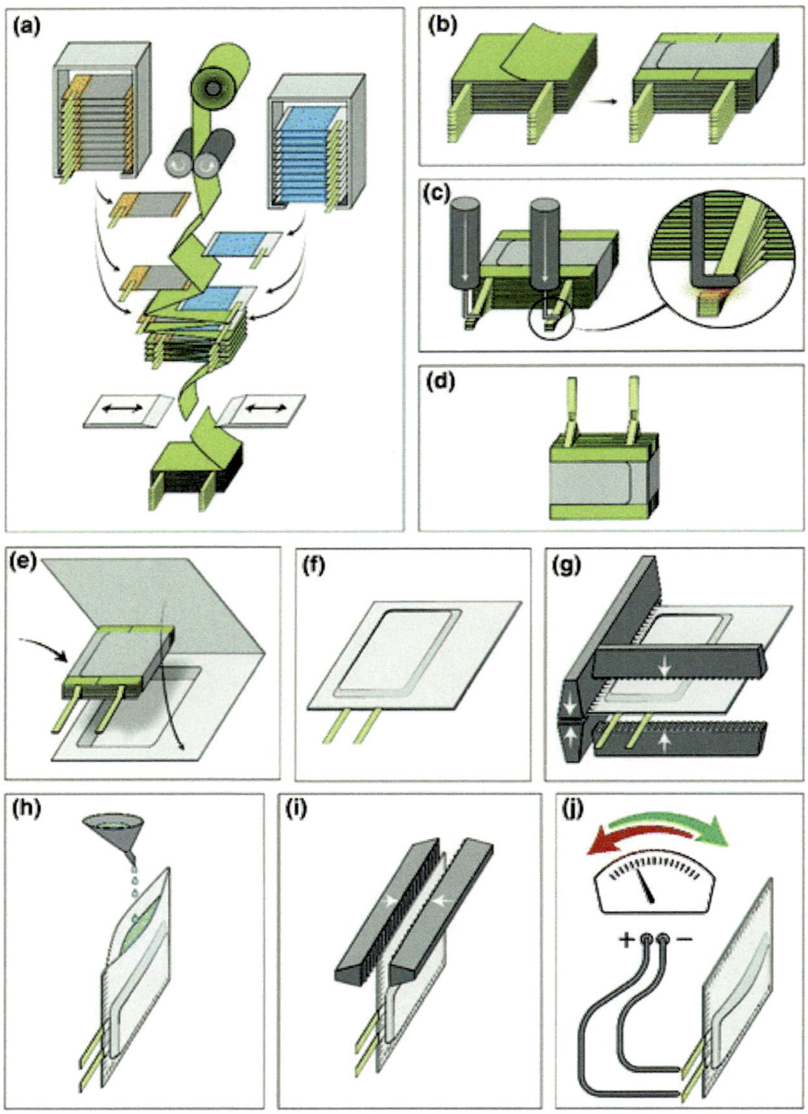

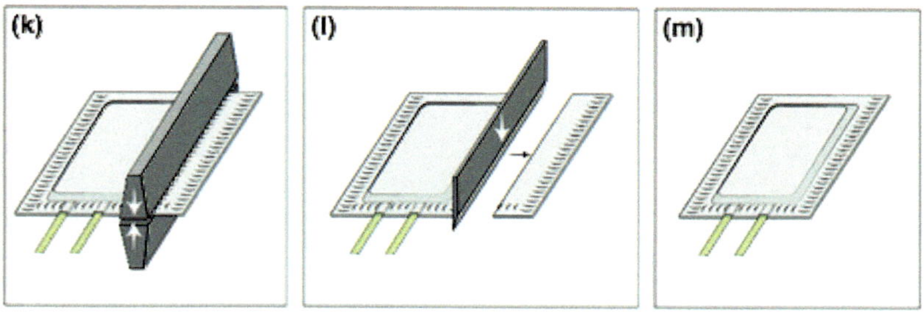

그림 2.109 파우치형 조립공정 중의 전해액 주입공정

리튬은 습도에 굉장히 민감하다. 따라서 온도, 습도 등 전지 조립에 악영향을 끼칠 수 있는 요인은 철저히 배제한 환경에서 공정을 진행한다.

사진 2.17은 드라이룸(dry room, 건조실)의 자동화된 공정라인에서의 오퍼레이팅(operating, 운영) 중 모습을 보여준다.

사진 2.17 드라이룸(dry room)의 자동화된 공정라인 운영(출처 : 삼성전자)

(5) 배터리 제조공정

그림 2.110은 앞에서 설명한 배터리 제조공정에 있어 전극단계, 조립단계, 화성단계에

있어(대분류) 각각의 세부공정(중분류)을 상세한 순차적 공정으로 분류하여 보여준다.

대분류	중분류(과정)				
1. 전극단계 양/음극 활물질을 기재에 도포, 일정 크기로 절단	1. 혼합 (Mixing)	2. 코팅 (Coating)	3. 압연 (Pressing)	4. 슬리팅 (Slitting)	5. 건조 (Drying)

2. 조립단계 제작된 극판을 캔 또는 파우치에 넣어 전지 형태	1. 권취 (Winding)	2. 적층 (Stacking)	3. 조립 (Assembly)	4. 전해액 주입 (Electrolyte Filling)	5. 밀봉 (Sealing)
		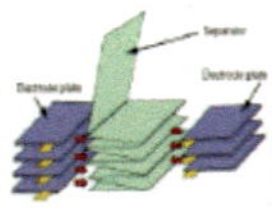	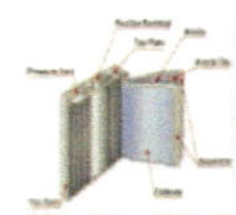		
3. 화성단계 Aging/충·방전 공정으로 전지활성화, 불량품 선별, 전지 등급 부여	1. 고온/상온 Aging	2. 충방전 (Charging/Discharging)	3. 검수 (Inspection)	4. 외관 포장 (Packaging)	

그림 2.110 **배터리 제조공정의 전극단계, 조립단계, 화성단계 분류**

(6) 전해액(Electrolyte) 및 첨가제(Additive)

전해액(electrolyte) 및 첨가제(additive)는 다음과 같은 특징을 갖는다.

① 배터리의 4대 핵심소재 중 기술적 난이도가 가장 낮은 품목으로 가격 경쟁력이 우수한 중국업체의 성장세가 뚜렷하다.

② 전지 조립공정을 거친 후 마지막에 전해액을 주입해 분리막과 전극에 스며들도록 함으로써 리튬이온이 전달되는 통로 역할을 한다.

③ 배터리 내에서 전자는 도선을 통해 이동하며, 리튬이온은 전해액을 통해 이동한다.

④ 전해질은 전자이온을 수송하기 위해, 낮은 화학적 반응성과 높은 이온 전도도, 양극과 음극 보호, 과충전과 과방전 방지 등의 역할을 수행한다.

⑤ 전해액은 염(12%), 용매(85%), 첨가제(3%)로 구성된다.

⑥ 첨가제가 함량 비중은 가장 낮지만 원가 비중은 가장 크며, 국내 첨가제 제조업체로는 리켐, 천보가 있다.

⑦ 대표적인 전해질은 고안전성 유기 용제에 리튬염($LiPF_6$, $LiClO_4$, $LiBF_3$ 등)을 용해한

액체 전해질이다.

육불화인산 리튬($LiPF_6$), 과염소산 리튬($LiClO_4$)이 리튬염의 대표적이다.

⑧ 액체 전해질은 높은 이온 전도성 및 우수한 저온 특성이 있으나, 가연성 액체로 구성되어 고열 및 과충전 시, 팽창으로 인해 폭발 위험이 있어 고온 안전성이 뛰어난 고체 전해질로 교체될 것으로 보인다.

⑨ 고체 전해질은 분리막 역할이 가능해 별도의 분리막이 필요 없어 배터리의 소형화와 형태 변형이 유연한 장점이 있다.

⑩ 국내 대표적인 전해질 기업으로는 솔브레인, 엔켐, 동화기업, 후성 등이 있다.

그림 2.111은 전해질 중 전해액을 구성하는 용매, 염, 첨가제 등의 함량 비중과 그에 따른 원가 비중을 분석한 그래프이다.

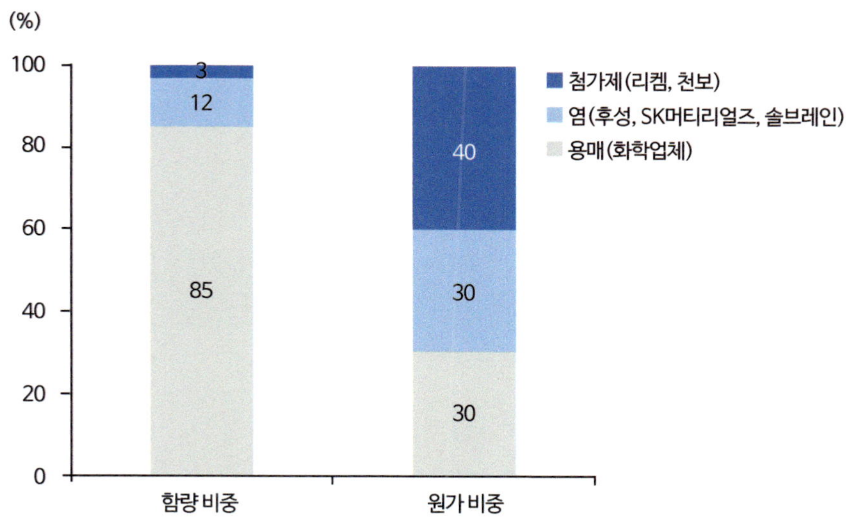

그림 2.111 **전해액의 구성 성분 및 비중(함량 및 원가)**

전지 조립과정 중에 물이 들어가면 전해액과 반응하여 HF(불화 수소)가 생성되어 저항값 상승, 안전성에 큰 영향을 미치기에 리튬과 물은 절대로 붙어서는 안된다.

그림 2.112는 리튬이온 배터리에 쓰이는 리튬염 중 육불화인산 리튬($LiPF_6$)의 가수분해 반응 및 불화수소(HF)와 오불화인산(PF_5)에 의한 배터리 성능 저하 메커니즘 현상을

보여주고 있다.

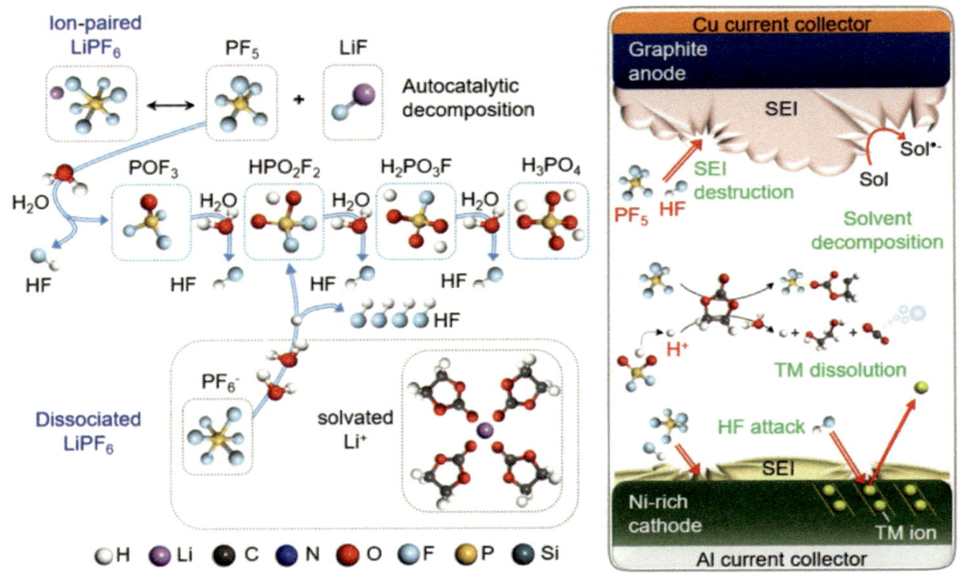

그림 2.112 **리튬이온 배터리 성능 저하 메커니즘**

2.3 리튬이온 배터리 - 모듈 & 팩

전기자동차(전기차)와 같이 많은 배터리가 사용되는 이모빌리티(e-mobility)에서는 배터리의 관리가 아주 중요하다. 예를 들어 미국 테슬라(Tesla)의 모델 S의 경우를 보면, 그림 2.113과 같이 제원(諸元)상 일본의 파나소닉(Panasonic)사의 18650 배터리셀이 대략 7천 개 정도가 들어가는데, 이 엄청난 양의 원형 배터리를 단순히 직렬 · 병렬로 연결한 채로 자동차를 운행한다면 어떻게 될까? 만약 한, 두개가 고장이 나면 그 열(列)의 배터리 사용이 모두 불가능해진다. 또 18650 셀(cell) 하나에 약 3.1Ah 정도로, 스마트폰 배터리와 맞먹는 용량이다. Ah(암페어시)는 1암페어의 전류가 1시간 동안 흘렀을 때 배터리가 저장할 수 있는 에너지의 양을 나타낸다. 고용량 배터리는 Ah값이 높아 전기차를 비롯한 기기에 더 오랜 시간 동안 전력을 공급할 수 있다.

그렇다면 이러한 배터리 7천 개가 빈 공간 없이 꽉 붙어있다면, 그 발열은 얼마나 클까?

그림 2.113 파나소닉사의 18650 배터리셀이 대략 7천 개 사용되는 테슬라(Tesla)의 모델 S 전기차

예시가 좀 과하다고 생각할 수 있지만, 배터리의 사용은 배터리의 제조만큼이나 중요하다는 사실이다. 그럼 배터리셀은 어떻게 구성되어 사용하면 좋을까.

그림 2.114에서 보여주는 바와 같이 셀의 효율적 · 안정적 사용과 관리를 위해 최종제품으로 팩(pack) 단위로 사용한다. 또한 셀에 냉각장치, 배터리 관리시스템 등의 부가적 장치가 설치되어 있다.

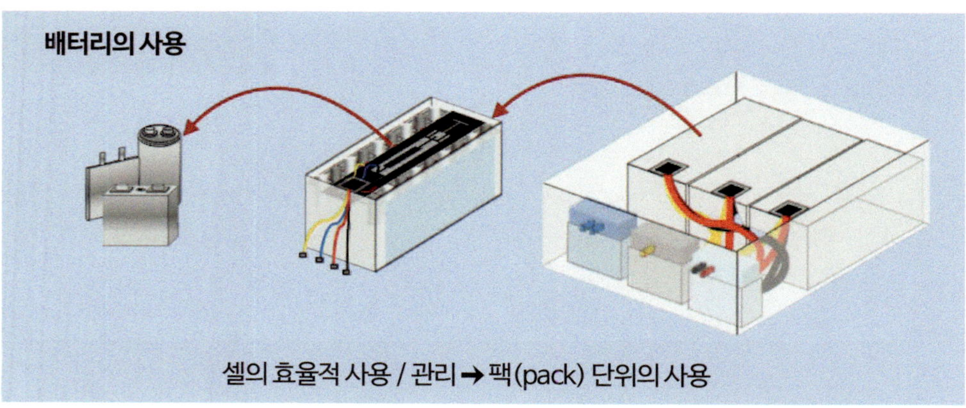

그림 2.114 셀의 효율적 · 안정적 사용과 관리를 위한 팩(pack) 단위로의 활용

그림 2.115와 같이 전기차 배터리는 셀–모듈–팩 순으로 조립된다. 여러 개의 셀(cell)들을 직·병렬로 묶어 모듈(module)을 구성하고, 이 모듈을 다시 여러 개 묶으면 팩(pack)이 된다. 모듈은 셀을 열과 진동 등의 외부 충격으로부터 보호할 수 있도록 하나의 프레임에 넣어 조립한 형태이며 전압, 온도 등을 센싱(sensing, 감지)할 수 있다. 프레임(frame)은 하우징(housing) 또는 케이스(case)라 불리며, 내충격성과 내열성, 내구성을 갖는 금속이나 엔지니어링 플라스틱 소재로 용도에 맞는 형태로 제작된다. 이러한 모듈들을 모아 온도, 전압 등 셀들의 상태를 확인하고 관리하는 각종 제어 및 보호 시스템들(BMS, 냉각장치 등)을 추가해 같이 묶은 것이 팩이다. 당연히 배터리에 안전장치와 시스템이 추가된 팩 형태의 배터리를 전기차에 장착해야 고용량과 안전성을 모두 겸비할 수 있게 된다.

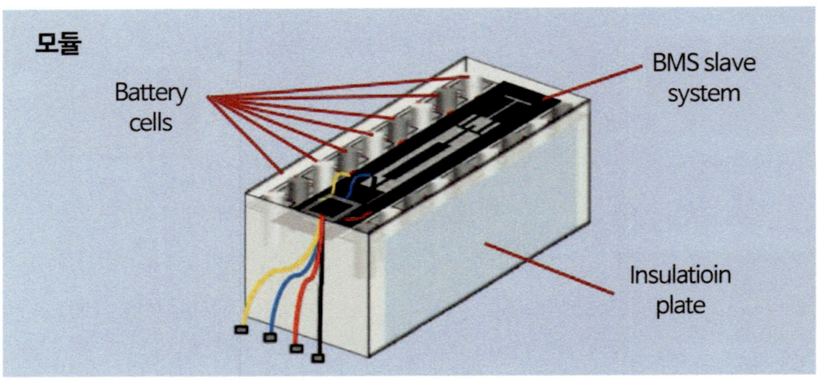

그림 2.115 전기차 배터리 모듈의 구성

01 배터리 모듈(Battery module)

모듈은 일반적으로 수많은 셀, 온도센서, BMS 슬레이브 회로보드(slave circuit board), 전압 측정기, 절연 플레이트 등으로 구성되어 있다. 앞에서 설명했듯이 모듈은 전압과 온도를 센싱할 수 있는데, 온도센서와 전압 측정기가 있기 때문이다. 그리고 BMS 슬레이브 회로보드는 팩의 보조장치 BMS의 종속 회로판으로, 각 모듈 안의 BMS 종속 회로판이 팩의 BMS에 연결되어 있다. 모듈 케이스는 셀들의 충방전 시 부푸는 현상을 막기 위해 단단히 고정되어 있다. 하지만 유연한(flexible) 점이 특징인 파우치형 배터리의 모듈은 스프링으로 유연하게 조정이 가능하다.

그림 2.116은 배터리 모듈들과 모듈의 각 BMS 슬레이브(slave)가 연결되어 하나의 팩 BMS 마스터(master)로 통합된(integrated) 배터리팩 구조를 보여준다.

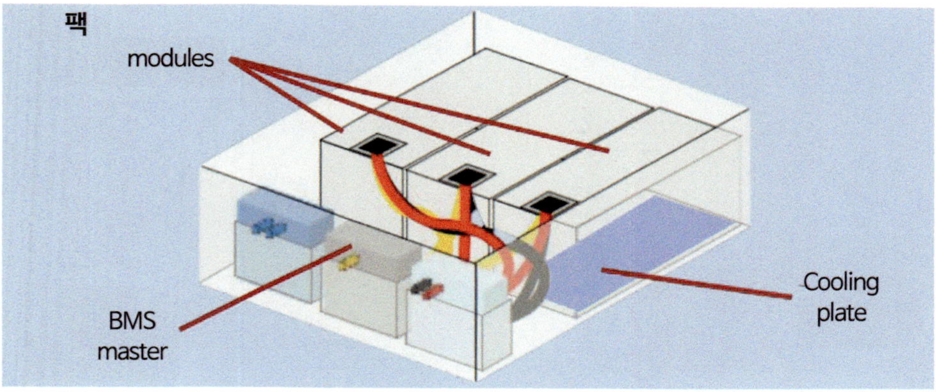

그림 2.116 **모듈들과 모듈의 각 BMS 슬레이브(slave)가 연결된 BMS 마스터(master)로 통합된 배터리팩 구조**

(1) BMS 마스터-슬레이브 보드(Master-Slave circuit board)

BMS의 주요 역할은 배터리팩 내부의 셀이 작동 범위를 벗어나 작동하지 않도록 보호하고, 사용자의 요구에 따라 밸런싱, 충전 및 방전 프로세스를 제어하면서 셀(온도 및 전압)을 정확하게 모니터링하여 수명을 최적화하는 것이다. 따라서 요구 사항이 미리 정의되어 있다.

5kW 미만의 피크 전력(peak power)이 필요한 전기자전거나 전동킥보드, 전기스쿠터와 같은 대부분의 퍼스널 모빌리티의 경우에는 충분히 좋은 BMS가 시중에 나와 있다. 애플리케이션에 5kW 이상의 전력이 필요한 경우는 매개변수 조정(고정 전압, 고정 밸런싱 임계값, 온도 모니터링 없음 및 고정 없음)을 허용하지 않기 때문에 이러한 저렴한 BMS는 팩을 보호하는 데 불충분하다. 이는 전류 제한이 필요하기 때문이다. 비상 시 배터리팩에서 부하를 분리하기 위해 솔리드 스테이트 스위치(Solid-State Relay, 비접촉 스위치)를 사용하고 있다. 솔리드 스테이트 스위치의 주요 문제점은 릴레이나 접촉기처럼 '열림' 오류가 발생하는 대신 '닫힘' 오류가 발생하는 특성과 관련이 있다.

하나의 예를 들고자 한다.

그림 2.117 BMS 마스터-슬레이브 보드

그림 2.117은 BMS 마스터-슬레이브 보드(master-slave board)의 예시이다.

위의 BMS 마스터-슬레이브 보드는 배터리팩의 장기 성능이 중요한 고전력 애플리케이션을 지향한다. BMS 마스터-슬레이브 보드는 메인 보드(main board)에 직접 볼트로 연결된 EVC500 메인 접촉기와 통합되어 있으며 최대 500A 연속 성능을 발휘하는 견고한 PCB 납땜 전류 센서가 장착되어 있다. 동일한 보드에 모든 구성요소를 통합하면 필요한 케이블링(cabling) 양이 줄어들고 설치 프로세스가 단순화된다. BMS 마스터-슬레이브 보드에는 애플리케이션에 따라 사용자가 정밀하게 조정할 수 있는 다양한 매개변수 세트가 있다. 예를 들어, 사용자는 소프트 방전 및 재충전 전압을 제한하여 셀의 내구성을 향상시킬 수 있다. 최소·최대 작동 온도, 밸런싱 임계값, 전류 제한 및 기타 옵션과 같은 기타 매개변수는 앱을 통해 사용자가 정의할 수 있다.

BMS 마스터-슬레이브 보드의 장점으로는 높은 채널 활용도, 시스템 구성의 유연성, 다양한 용량 및 사양의 모듈 및 배터리팩에 적용할 수 있다는 점이다.

슬레이브 보드는 LTC6811-12S, LTC6812-15S 및 LTC6813-18S의 세 가지 버전으로 제공된다. 세 개의 슬레이브 보드는 모두 동일한 내장 기능을 공유하며 유사한 핀 레이아웃과 동일한 물리적 크기를 갖는다. 모든 버전은 마스터 보드 펌웨어(firmware, 하드웨어가 의도한 대로 작동하도록 하드웨어에 직접 내장된 소프트웨어의 일종이다. 전기차, 전자기기 등의 기본적인 제어 및 구동을 담당하는 특수 용도의 소프트웨어라고 보면 된다. 펌웨어는 프로그램의 형태를 갖추고 있으므로 기능적으로는 소프트웨어에 가깝지만 하드웨어 내부에 위치하며, 사용자가 쉽게 그 내용을 바꿀 수 없다)에서 지원되며 직렬로 연결된 셀 번호가 고르지 않을 수 있다. 사용할 버전의 선택은 팩의 물리적 레이아웃 또는 내부 모듈 배열에 따라 달라진다.

MKBMS는 LTC68xx 및 STM32 MCU의 모듈형 BMS를 기반으로 하며 isoSPI 인터페이스를 통해 하나 이상의 슬레이브 보드 및 다양한 크기의 통합 보드에 연결된다. 모듈형 BMS는 150V 이내의 배터리 전압을 사용하여 다양한 애플리케이션에 맞게 구성할 수 있다.

적합한 슬레이브 보드를 선택하는 방법으로, 가장 쉬운 방법은 info@maxkgo.com으로 필요 사항을 보내주면 가장 적합한 것을 대응할 수가 있다.

슬레이브 보드 선택의 근거는 직렬 셀 개수가 고르지 않은 경우 데이지 체인 루프의 마지막 슬레이브 보드만 다른 슬레이브보다 연결 셀이 1개 적어야 한다.

예 39S = 10S + 10S + 10S + 9S

몇 가지 일반적인 배열을 살펴보면 더욱 슬레이브 보드의 배열을 잘 이해하게 될 것이다.

(2) BMS 구성 및 기능들

BMS는 기본적으로 임베디드 시스템(embedded system, 임베디드 시스템은 목적을 기반으로 만들어진 전자기기라는 말로 특정한 응용 분야에서 처리 기능 또한 가지고 있다)이다. BMS의 존재 이유 또는 주목적을 다음과 같이 정리할 수 있다.

① 호스트 애플리케이션(host application)에 장착되어 불안전한(unsafe) 상황과 조건에 대해 감지하고 사용자를 보호하는 것이다.

호스트 애플리케이션은 네트워크를 통해 데이터 또는 서비스를 제공하는 다른 컴퓨터에 연결된 컴퓨터로 구축된 응용 프로그램이다. 예를 들면, 서버 호스트는 각각 하나 이상의 소켓이 있는 여러 동시 애플리케이션 프로세스를 지원할 수 있다. 웹

서버는 각 연결 클라이언트에 대해 다양한 애플리케이션을 제공하고 서비스한다.

② 배터리 셀을 남용(abuse) 또는 단락(short failure를 유발) 같은 상황들에 대해서 셀을 보호하는 것이다.

③ 배터리의 수명을 길게 유지시키는 것이다.

④ 기능적인 설계 요구조건들을 만족시키기 위한 배터리셀 상태를 유지하는 것이다.

⑤ 호스트 애플리케이션(host application)의 제어 컴퓨터(control computer)에 팩의 최적 사용 방법(way)을 즉각 제시해주는 역할을 한다.

그림 2.118은 BMS의 역할과 제어를 체계화한 도식도이다.

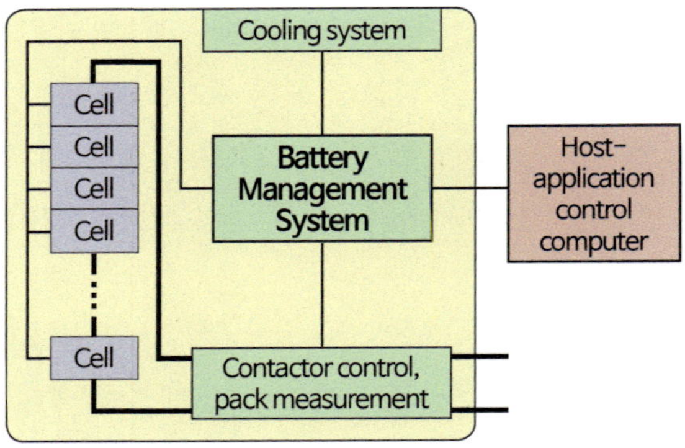

그림 2.118 **BMS의 역할을 체계화한 도식도**

BMS는 배터리팩의 모든 구성요소들과 호스트 애플리케이션(host application)의 제어 컴퓨터와도 연결이 되어있기 때문에 중간의 위치에서 명령을 받거나 또는 명령을 내리거나 하는 역할을 수행하게 된다.

BMS의 대표적인 기능들은 다음과 같다.

① 감지 및 고전압 제어(sensing & high voltage control)

전압, 전류, 온도를 측정하고 접촉기(contactor)와 사전 충전(pre-charge)을 조절하며 지락(ground-fault, 地落 : 접지결함이란 뜻으로 전로와 대지와의 사이에 절연이 저하되어 전류가 흐르는 현상이다)을 감지하고 열관리(thermal management)를 수행한다.

② 보호(protection against)

과충전, 과방전, 과전류의 상황들과 단락(short circuit) 및 극도의 온도 상황에 대해 시스템을 보호하는 역할을 한다.

③ 인터페이스(interface, 상호 작용)

범위를 추정하고 통신이나 데이터를 기록하고 보고하는 역할을 수행한다.

④ 성능 관리(performance management)

SOC(State of Charge, 충전상태)의 추정, 파워(power) 제한 수치를 계산하고, 셀(cell)의 상태에 대해 균형 및 평형유지(balancing & equalizing)를 수행한다.

⑤ 진단(diagnostics)

남용 감지(abuse detection), SOH(State of Health, 건강상태)의 판단(estimation, 평가), SOL(State of Life, 수명상태)의 판단(평가)으로 배터리의 진단 및 예측을 수행한다.

배터리는 사용할수록 내부저항이 증가해 용량이 열화되는 제품인데, SOH는 배터리의 이상적인 상태와 현재 배터리의 상태를 비교하여 나타낸 성능지수를 말한다.

02 배터리팩(Battery pack)

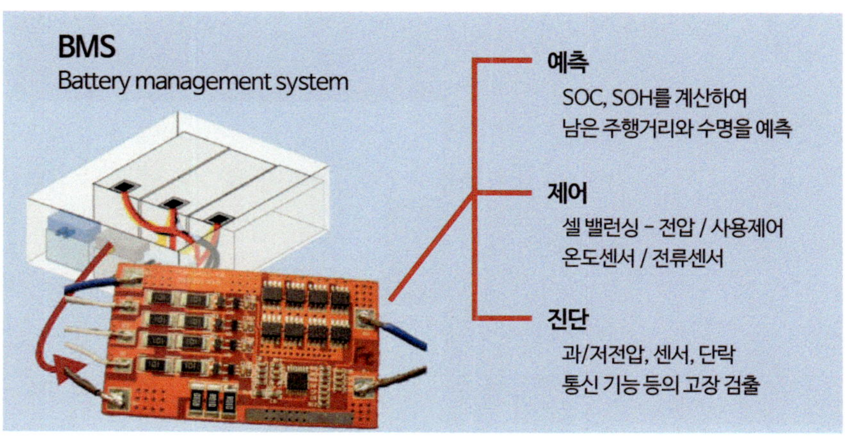

그림 2.119 배터리팩의 구성 및 주요 역할

배터리팩은 일반적으로, 앞에서 제조한 모듈들과 BMS, 냉각장치와 같은 보조장치들로 구성되어 있다. 그림 2.119는 배터리팩의 구성, 구조와 주요 역할(기능)을 나타낸다.

BMS는 팩에서 가장 핵심적인 부품 중 하나이다. 수십 개에서 수천 개의 배터리셀을 하나처럼 움직이게 하고 전압, 전류, 온도 등의 이상(error)이나, 이상 상태(abnormal state)를 감지할 경우 충전과 방전을 중단시키는 등의 안전장치가 포함된 장치이다. 또한, 차량과 배터리 소프트웨어 간의 원활한 통신을 형성하여 배터리 교체 시기와 문제를 사전에 예측하기도 한다. 배터리 수명과 전기차의 연비까지 직접적으로 영향을 끼치는 BMS가 하는 구체적인 역할은 다음과 같다.

① 배터리셀 전압, 전류 및 온도의 모니터링
- 각 셀의 밸런싱을 위해 일정한 전압을 조절하고 과부하가 걸리지 않도록 관리
- 전류 측정을 통해 배터리의 충 · 방전 제어
- 여러 개의 온도센서가 온도 관리

② 주행 가능거리 예측을 위한 배터리 용량(SOC, State of Charge)의 계산
- 전압, 전류, 온도 등을 센싱하여 SOC 예측 및 지정된 배터리의 가용 영역에 한계치를 둠.

③ 배터리 시스템 진단
- 과 · 저전압, 셀 및 센서 고장, 냉각팬 고장, 단락 등 다양한 고장의 진단

④ 냉각장치 제어
- 냉각팬을 두어 특정 온도 이상으로 올라가게 되면 단계별로 냉각장치를 구동시킴.

배터리 모듈 및 팩 공정은 전류의 흐름을 형성하고 내구성을 위한 용접기술과 안전을 위해 단락을 방지하는 절연적인 부분이 대부분을 차지하고 있다. 이미 셀에서 전지로서의 역할을 형성했기 때문에, 이 셀들의 성능과 용량이 안전하고 효율적으로 유지되도록 하는 BMS와 냉각장치와 같은 보조장치의 역할이 중요하다. 따라서 공정 프로세스(process)도 중요하지만, 배터리의 구성요소 중 부수적인 역할을 하고 있는 보조장치도

배터리의 성능과 품질 그리고 내구성을 유지하는데 있어 또한 중요하다는 것을 알 수가 있다.

배터리셀에 대한 원리와 방향성에 있어 계속 기술개발 및 진화가 되고 있다. 이와 병행하여 모듈과 팩 기술도 용량 증가와 안전성을 지향하고 있어 점점 주목받고 있는 상황이다.

배터리팩은 전기차에 직접적으로 연결·실장되는 최종의 형태이기 때문에 전기차의 성능과 디자인에 큰 영향을 미친다. 배터리셀의 에너지밀도는 높이고, 셀이 아닌 팩의 구성요소(안전 및 보호장치 등)를 최소한으로 줄여 슬림(slim)하면서도 최대한 많은 셀들을 담아내는 것이 앞으로 전기차 업계에서 갖추고자 하는 필요 스펙(spec.)이 될 것이다.

2.4 배터리 용어 정리

다음 표 2.5에 이차전지 배터리 용어들을 정리했다.

표 2.5 **배터리 용어 정리**

용어	설명
리튬이온전지(LIB)	이차전지의 대표적 전지, 가볍고 고용량 가능
반고체전지 (Semi-Solid battery)	기존 액체형태의 전해액 대신 반죽상태의 반고체 전해질을 사용해 에너지밀도와 출력 및 안전성을 향상시킨 차세대 전지
전고체전지 (All-Solid-State Battery)	기존 전해액을 고체로 대체한 차세대 전지로 대용량 가능하고 안전성이 높다.
양극(Cathode)	양극활물질로 배터리의 용량과 전압을 결정, 전위가 높은 극
음극(Anode)	음극활물질로 양극으로부터 나온 리튬이온을 가역적으로 흡수/방출하면서 전류를 흐르게 하여 전기를 발생시키는 물질, 전위가 낮은 극
전해액(Electrolyte)	전지 내부의 양극과 음극 극판 사이에서 리튬이온이 이동할 수 있도록 매개체 역할을 하는 물질
분리막(Separator)	전지 내부의 양극과 음극활물질이 서로 섞이지 않도록 분리해주는 막
바인더(Binder)	활물질과 도전재 등이 용매에 잘 분산되게 하고 활물질을 집전체에 결착시키는 용액
도전재	전극에서 활물질 입자간 또는 금속 집전체와의 전자 전도도 향상을 목적으로 소량 첨가하는 미세분말 탄소

집전체	외부도선에서 제공되는 전자를 전극 활물질로 공급하기 위해 중간 매집 역할을 하거나 반대로 전극 반응의 결과 생성된 전자를 모아서 외부도선으로 흘려주는 전달자 역할을 하는 극판 형상 구현 재료
극판	양극/음극 활물질에 도전재, 바인더를 혼합한 기본 양극/음극판
젤리롤(Jelly Roll)	배터리의 기본단위인 셀(Cell)을 만들기 위하여 양극/음극판과 분리막을 접합하여 롤 형태로 감아 놓은 전극 조립체
셀(Cell)	전기에너지를 충전, 방전해 사용할 수 있는 리튬이온 배터리의 기본단위
탭(Tab)	젤리롤에서 각각의 그리드로부터 흘러 나오는 전류를 모아서 하나의 출력으로 내보내기 위한 단자
캔(Can)	원통형/각형 배터리의 금속 케이스
파우치(Pouch)	리튬폴리머전지의 봉지재
믹싱(Mixing)	활물질과 Binder를 용액에 녹여 코팅 Slurry를 만드는 공정으로 양극과 음극의 Slurry를 제조
코팅(Coating)	양극은 알루미늄 호일을 음극은 동박을 코팅하여 양극과 음극 Slurry를 음·양극판에 코팅하는 공정
롤프레스(Roll Press)	금속호일과 전극 필름의 접착력을 증대시키고 전극 필름의 밀도 증대를 위해 전극을 Pressing하는 공정
슬리팅(Slitting)	전극의 셀의 규격에 맞게 재단하여 감는 공정
진공건조(Vacuum Dry)	완성된 극판을 진공챔버에 넣어 극판에 포함된 수분을 제거하고 잔류 응력을 완화시키는 공정
권취(Winding)	젤리롤(Jelly Roll)을 만들기 위하여 전극에 탭(Tab)을 부착하고 분리막을 삽입시켜 감은 후 테이프로 고정하는 공정
적층(Stacking)	Separator Film에 전극을 일정한 간격으로 부착하고 지그재그로 접어 형태를 만든 후 Taping하는 공정
젤리롤 테이핑(J/R Taping)	셀(Cell)의 품질불량 방지/젤리롤 삽입개선을 위한 테이핑 공정
노칭(Notching)	롤 형태의 전극판을 실제 사용될 셀(Cell) 형태로 재단하는 공정
성형(Forming)	파우치를 젤리롤 형상에 맞게 프레스 성형하는 것
젤리롤 삽입	권취가 완료된 젤리롤을 셀(Cell) 용기에 삽입하는 공정
X-ray 검사	젤리롤의 삽입상태 및 품질검사, 불량선별 공정
비딩(Beading)	젤리롤이 캔 속에서 움직이지 않도록 캔 상부를 압연하는 공정
크림핑(Crimping)	원통형 전지의 캔 위에 뚜껑에 해당하는 캡(Cap)을 올려 놓고 밀봉시키는 공정
튜빙(Tubing)	캔의 외부에 외장재를 입히는 공정
리크체크(Leak Check)	각형 전지의 전해액 주입 전 헬륨가스를 이용하여 캔의 누액여부를 검사하는 공정
탭 용접(Tab Welding)	외부와 전자흐름의 통로가 되는 양극과 음극의 단자의 Tab을 부착시키는 공정
볼 용접(Ball Welding)	각형 전지의 캔에 전해액을 주입 후 전해액 주입구에 볼(Ball)을 압입하고 용접하는 공정
전해액 주액(E/L Filling)	설계된 최적량의 전해액을 주입하여 단시간에 젤리롤 형태의 전극에 함습시키는 공정
실링(Sealing)	파우치의 양면을 열압착하여 파우치 내부의 폴리머 성분이 녹아서 내부의 전해액이 흘러 나오지 않게 밀봉하는 것

패키징(PKG)	파우치형 배터리 조립 자동화 Full 라인이며 JR Insert, JR Press, 테이핑, 용접기, 바인더도포기, 언와인더, 포밍, 실링, 설커팅, 주액기, 셀 배출 등 총 11종 설비로 구성됨
에이징(Aging)	전지를 정해진 충방전 상태 및 정해진 온도, 습도로 정해진 시간 동안 보관 방치하는 공정
충방전(Formation)	조립공정을 마친 셀(Cell)에 일정한 전류를 흘려주어 충전과 방전을 반복하여 배터리로 활성화 하는 공정
디게싱(Degassing)	충전 후 셀(Cell) 내부에 발생된 가스를 제거하는 공정
폴딩(Folding)	파우치형 배터리의 제조공정 중 디게싱 후 파우치의 날개를 접어 셀의 형태를 완성하는 공정
IR/OCV	완성된 셀(Cell)의 출하 전 마지막 내부저항 및 전압을 측정하여 셀의 양/불을 검사
모듈(Module)	배터리 셀(Cell)을 외부충격과 열, 진동으로부터 보호하기 위해 일정한 개수(일반적으로 열 개 남짓)로 묶어 프레임에 넣은 배터리 조립체(Assembly)
팩(Pack)	전기차에 장착되는 배터리 시스템의 최종 형태, 배터리 모듈 6~10개에 BMS (Battery Management System), 냉각 시스템 등 각종 제어 및 보호 시스템을 장착해 완성됨
ATC(Auto Transfer Conveyer)	셀(Cell)을 각 공정으로 이송하는 자동 물류 설비의 총칭
Pallet	단위 설비 내에서 또는 단위 설비와 단위 설비 간 중간 가공 중인 전지를 이동하기 위한 부품
Tray	가공 중인 셀(Cell)의 이동 시에 사용되는 적재함 또는 받침
PPM	Pieces per minute 분당생산속도(전지 생산공정 속도를 나타내는 단위)
xEV	전기모터 파워트레인을 가진 차들의 통칭
ESS(Energy Storage System)	에너지저장장치

이차전지 공정제조기술 Process and Manufacturing Technology of Secondary Cell

CHAPTER 03

분리막의 안전성 그리고 화재 및 폭발의 예방

3.1 이차전지의 문제점

배터리는 전기화학 반응에 의해 전기에너지의 형태로 저장된 전하를 방출할 수 있는 화학에너지 저장장치이다. 화학에너지를 전기에너지로 변환하는 여러 형태의 배터리가 오늘날 다양한 분야에서 사용되고 있다. 배터리의 음극, 양극, 전해질 등이 서로 다르고 또한 디자인과 전력, 크기에 따라서도 달라진다. 기본적으로 배터리는 두 가지 유형이 존재하는데, 1차전지는 재충전이 불가능하고 1회용인 반면, 축전지와 같은 이차전지는 화학에너지의 가역적 변환이 가능해 재충전이 가능하다.

리튬 배터리는 전극에 리튬이 순수하게 사용되거나 또는 활성물질로 결합된 형태로 배터리 시스템의 일반적 용어이다. 리튬은 원소의 주기율표에서 가장 가벼운 금속(원자질량 M=6.941g/mol : 밀도 0.53g/cm^3)이다. 리튬은 모든 금속 중 가장 높은 전기 화학 퍼텐셜(potential)을 가지고 있다. 높은 전기적 용량과 다른 음극 물질들과 결합하여 높은 셀 전압을 가지는 특성 때문에 리튬은 화학에너지 저장장치에서 이상적인 전극재료로 사용되고 있다.

한국 기업이 세계 시장을 주도하고 있는 이차전지는 전기차를 비롯한 미래 모빌리티(차세대 모빌리티), 전자장치, IT 디바이스, 에너지저장장치(ESS) 등에 있어 혁신적인 산업발전을 주도하고 있다. 그러나 이차전지도 흠이 없는 완벽한 제품은 아니기에 여러 문제점들이 나온다. 그러나 이런 문제점들도 기술의 발전으로 충분히 개선 · 보완 및 해결되리라 생각한다. 저자는 이차전지의 문제점들을 여러 방향에서 분석하고 의견을 피력하며 한편으론 나름대로의 해결안을 제시하려고 한다. 우선 이차전지의 개념과 더불어 문제점을 살펴보도록 하자.

01 리튬 이차전지

리튬금속의 뛰어난 전기화학적 특성 때문에 40년 전부터 리튬금속을 재충전이 가능한 셀 타입으로 변환하려는 연구가 시도되었다. 초기 리튬 이차전지의 가장 큰 문제점은 부분적으로 발생되는 누전과 이로 인한 위험성으로부터 배터리 내부의 화학반응을 통제하는 것이 불가능했다는 점이다. 또한 이차전지로서 지속적인 충전과 방전 가능여부도 개발자에게는 주요한 과제였다. 리튬은 방전 과정에서 소모되어, 리튬금속으로 만든 전극은 용해되기 때문에 재충전 과정을 위한 전극의 기하학적 재구성은 더 이상 불가능했다. 이러한 측면에서 리튬금속 전극은 기술적 결함으로 인해 이차전지로 적합하지 않았다. 최근 이러한 리튬금속 전극이 가지는 결함을 보완하여 개발된 것이 리튬이온 배터리이다. 리튬금속을 사용하는 대신 리튬 층간 화합물이 사용되었으며, 리튬이온이 층 구조인 양극과 음극 사이를 유기 전해액을 통해 이동함으로써 리튬금속의 안전성을 개선시켰다. 리튬 이차전지에 사용되는 전해질은 전도성 염이 용해된 PVDF-(Polyvinylidene fluoride, 폴리비닐리덴 플루오라이드, 이소불화비닐: 불소 중합체 계열의 특수 플라스틱 소재로 일반적으로 가장 높은 순도, 강도 및 용제, 산, 염기 및 열에 대한 저항성과 화재 발생 시 낮은 연기 발생을 요구하는 응용 분야에 사용된다), PVDF-HFP(Polyvinylidene fluoride-co-hexafluoropropylene, 비닐리덴 플루오라이드와 헥사플루오로프로필렌 : 리튬 폴리머전지용 PVDF(HFP)계 블렌드(blend) 고분자 전해질)뿐만 아니라 탄산 에틸렌(Ethylene carbonate, 에틸렌카보네이트), 탄산 디에틸렌(Diethyl carbonate, 디에틸카보네이트)과 같은 유기용매가 사용된다.

02 리튬 배터리의 응용

리튬 배터리는 니켈 · 카드뮴, 알카라인 · 망간 등의 기존 배터리 시스템과 다른 새로운 기술이다. 리튬 배터리는 상용화된지 얼마 안 지났지만, 기존 배터리를 대신하여 배터리 기기 분야에서 높은 성장률을 보이고 있다. 리튬 배터리의 장점은 기존의 니켈 · 수소 합금 축전지 등의 화학적 에너지 저장장치와 비교하여 다른 전기화학적 특성을 갖는다는 점이다. 리튬 배터리는 일반적으로 3.6V의 높은 셀 전압을 가지며, 하나의 셀로 배터리를 디자인할 수 있게 되었다. 현대의 휴대전화 스마트폰은 대부분 리튬 배터리를 사용하고 있으며, 오직 하나의 셀로 구성되어 있다.

표 3.1은 이차전지의 종류와 특징, 용도의 비교를 나타낸다.

표 3.1 이차전지의 종류와 특징, 용도

구 분	리튬 이온	니켈 수소	니켈 카드뮴	리튬 폴리머
용량	크다	크다	적다	크다
자연방전	거의 없다	보통	많다	거의 없다
메모리 효과	없다	보통(약간 있다)	많다	거의 없다
특징	-폭발사고 위험 존재 -저온 방전 가능성 적음 -전압이 높음 -이차전지 시장의 대부분을 차지함 -가벼운 무게 -역충전의 위험에 노출	-저렴한 가격 -전압이 니켈카드뮴 전지와 동일해 호환성이 있음 -급속 충, 방전이 가능하고 저온특성이 우수함 -밀폐화가 가능하여 과충전 및 과방전에 강함 -공해물질이 거의 없음	-급속 충, 방전에 유리 -전류를 충분히 소모시킨 후에 완전 재충전해야 함 -전기, 기계적으로 튼튼하여 수명이 길고, 안정함 -튜브식의 경우 수명이 가장 길고 완방전용에 적합함 -포켓식은 두꺼운 형과 얇은 형이 있는데 완방전용과 급방전용의 양쪽에 사용됨	-액체 전해질 대신 고분자 전해질을 사용해 이온 전도도와 안정성이 높음 -유연성이 높고 종이처럼 얇고 가벼워서 형상을 다양하게 설계할 수 있음 -전해질이 반고체 상태인 젤이기 때문에 폭발의 위험이 없음 -과충전, 과열, 찌그러짐은 파열, 화재 등 치명적 고장 초래
용도	디지털 카메라, 휴대전화, 노트북	AA건전지, 하이브리드 자동차의 배터리, RC카	전동면도기, 코드 없는 진공청소기, 가정용 무선전화기, 전동드릴, RC 카 등	드론의 전원, 핸드폰, 노트북 등의 배터리, RC카

리튬이온 이차전지는 기존의 축전지와 달리 반복적인 충·방전에 의한 배터리 용량 손실이 없으며, 충·방전 용량 비율이 최고 95%까지 달하는 등 높은 효율을 갖는다. 또한 −40℃~70℃까지 넓은 온도 범위에서 사용될 수 있으며, 특히 저온에서의 높은 활동성과 10년 이상의 긴 수명은 다양한 응용분야에서 폭넓게 사용될 수 있게 되었다. 리튬이온 배터리의 응용 분야는 전력의 관점에서 크게 다음의 3가지 범주로 나뉜다.

(1) 소형 모바일 전자기기들

최초의 리튬이온 배터리는 주로 소형 모바일 전자기기에 사용하기 위해 생산되었다. 리튬이온 배터리의 급성장은 휴대폰과 디지털 카메라, 노트북 부분에서의 세계적 확산에 중요한 역할을 했다. 리튬이온 배터리를 사용하여 전자기기의 무게가 감소되었으며, 장시간의 기기 사용이 가능해졌다.

(2) 중간 전력 범위에서의 배터리

리튬이온 배터리는 전기자전거, 전동스쿠터, 전동킥보드를 비롯한 퍼스널 모빌리티

(PM, Personal mobility, 개인용 이동수단), 드론, 잔디깎기 기계, 지게차 등의 사용으로 이전보다 더 다양한 영역에서 사용되어지고 있다.

(3) 전기자동차를 위한 고(高) 에너지 배터리

하이브리드 자동차, 전기자동차 등에서의 리튬이온 배터리 사용은 폭발적인 발전이 이루어졌다. 2009년 독일 연방정부에 의해 채택된 전기 이동기기에 대한 국가발전계획은 전기자동차의 시장 점유율을 높이는 것을 목표로 하고 있다.

기존 납축전지가 30Wh/kg의 에너지밀도를 갖는 반면, 리튬이온 배터리는 120Wh/kg의 높은 에너지밀도를 가지며, 몇 백 밀리와트(mW)부터 몇 백 와트(W)에까지 이르는 에너지저장 능력을 갖고 있다. 높은 동력을 위한 몇 백 볼트(V)의 높은 전력을 얻기 위해, 각 셀은 직렬과 병렬로 연결되어 사용된다.

3.2 리튬 배터리의 위험성과 원인

01 위험요소

사용자가 올바르게 리튬 배터리를 사용한다면 리튬 배터리는 비교적 안전한 장치라고 할 수 있다. 정교한 제작 기술과 배터리에 내장된 보호 메커니즘은 사용자들이 안전하게 배터리를 사용할 수 있도록 도와준다. 배터리는 많은 양의 에너지를 저장하고, 방전 과정을 통해서 화학적으로 저장된 에너지를 전기적 에너지로 변환한다는 것을 유념해야 한다. 만약에 이차전지에 기술적인 결함 또는 사용자의 잘못된 사용 습관으로 인해 전하의 방출이 가속화된다면, 화학적 에너지는 전기적 에너지가 아닌 열에너지로 방출된다. 방출된 열에너지는 화재로 이어지고, 재산 및 인명 등의 피해로 이어질 수 있다.

높은 에너지밀도와 기술적 결함 가능성을 가진 이차전지를 보호하기 위한 전기회로가 사용된다. 이러한 전기회로에는 가연성, 독성, 반응성 물질이 포함되어 있어 잠재적 위험성을 가지고 있다. 그러므로 리튬 배터리가 설계된 조건 이외의 장소에서 보관되거나 작동된다면, 리튬 배터리는 위험할 수 있다.

이러한 위험성은 사용자의 잘못된 사용과 취급 부주의로 인해 발생된다. 충격, 낙하, 눌림 등으로 인한 기계적인 손상, 과방전, 과충전, 단락으로 인한 전기적인 결함, 내부과열, 외부로부터 이차적 열 방출로 인한 전해질 누설, 화재의 발생과 최악의 경우 그로 인한 폭발반응이 일어날 수 있다.

예를 들어, 리튬 배터리의 과충전은 양극 분해와 높은 발열 반응을 초래한다. 이것은 리튬 셀 내부에서 자체 반응을 일으켜 고온의 가스가 생성되고, 배터리 셀 내부 구성 물질이 외부로 누출된다. 이와 같은 잘못된 사용방법 이외에도, 리튬 셀의 구조적 결함은 또 다른 화재 위험을 야기한다.

예를 들어, 전극 내 금속 분자 또는 불순물과 같이 전극 생산과정에서 발생된 결함은 배터리를 장기간 사용한 후에 내부적인 전기적 단락을 야기할 수 있다.

배터리에 대한 위험요소를 분류하기 위해서는, "위험등급"이 정의되어져 있다.

EUCAR(European Council for Automotive R&D, 유럽 자동차 R&D 위원회)에서 규정한 배터리 셀의 위험등급 분류는 표 3.2와 같다.

EUCAR 위험기준은 배터리 취급과 관련한 위험성의 수준을 평가하는 데 사용되며, 배터리에 제시된 위험을 분류하고 그 결과를 기술하고 있다.

표 3.2를 살펴보면, 위험 0~4등급 제품은 UN 38.3 테스트를 통과된 것으로 간주되며, 위험 5~7등급 제품은 배터리의 위험성이 있어 항공기 또는 선박으로 운반해서는 안된다.

표 3.2 **EUCAR(European Council for Automotive R&D)에서 제정한 위험등급**

위험등급	잠재적 위험	UN 38.3 테스트
0	위험요소 없음	합 격
1	안전장치가 장착됨	
2	결함, 손상	
3	누출 또는 전체 손실이 50% 미만인 경우	
4	방전 또는 전체 손실이 50% 초과된 경우	
5	연기, 화염의 형성	불합격
6	터짐	
7	폭발	

〈주〉 위험등급은 배터리 셀 또는 배터리 외관에만 초점이 되었을 뿐, 전기적인 안전성은 포함되지 않았다.

(1) 전압

화재위험은 전기장치 및 전자부품에서 발생되는 화재위험뿐만 아니라, 배터리 단자 사이의 고전압은 사람들에게 매우 위험하다. 응용프로그램에 따라서 배터리 시스템은 수백 볼트의 공칭전압을 갖기도 하며, 접촉이 일어나는 경우에 전기적 충격의 원인이 되기도 한다. 특히, 전기자동차와 관련된 사고가 났을 때 어디서 전원이 꺼졌는지 또는 어떤 케이블에서 문제가 발생되었는지에 대한 원인을 쉽게 찾을 수 없다.

고(高)전압 에너지저장장치는 작은 발전소로 간주되는 데, 하나의 스위치가 꺼졌다고 하더라도 전체를 총괄하는 메인 스위치는 쉽게 꺼지지 않는다. 그래서 고전압은 유지 보수하는 직원과 긴급서비스 요원이 주의해야 할 위험요소이다.

(2) 전류

전기자동차에 사용된 배터리 시스템은 단기간 동안에 수백 암페어의 전류를 공급한다. 전류로부터의 위험은 전기선로 차단에 의한 아크(arc, 불꽃 방전(放電)), 과부하 및 단락에 의해 발생된다. 이러한 종류의 모든 전기결함은 순간적으로 온도 증가 및 화재 위험을 초래하는 원인이 된다. 과열로 인한 높은 전력은 알려진 대로 통제할 수 없는 열폭주(thermal runaway) 현상을 초래한다. 또 하나의 중요한 측면은 접촉저항의 지속적인 증가는 과열의 결과를 초래한다는 것이다. 이것은 순차적인 온도 상승을 초래하며,

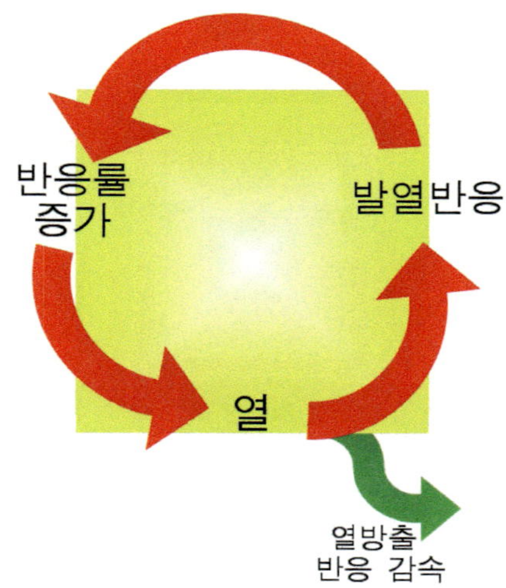

그림 3.1 열폭주가 생기는 발열의 순환 고리

다른 부품의 접촉 저항을 증가시킨다. 이러한 연속적인 도미노 현상으로 높아진 온도는 분리막, 전극 등의 배터리 구성요소를 녹이며 화재로 이어질 수 있다.

열폭주(熱暴走, thermal runaway)는 그림 3.1과 같이 열의 발생(발열)으로 인한 온도 변화가 그 온도 변화를 더욱 가속시키는 방향으로 환경을 변화시키는 상태를 말한다. 일반적으로 열폭주의 결과물은 매우 파괴적이다. 즉, 열폭주는 일종의 통제 불가능한 양성 피드백이다. 따라서 열폭주를 방지하기 위해서는 열의 순환 고리에 있어 발열 초기 열방출을 위한 방열 또는 냉각시스템 등이 반드시 필요하다.

1) 열폭주(Thermal runaway) 현상

리튬(Li)은 배터리 화재 원인 중 하나다. 리튬은 에너지혁명을 가능케 한 금속원소로, 배터리 안전성에 영향을 주는 소재이기도 하다. 리튬은 이온화 경향이 큰 금속이다. 이온화 경향은 금속이 전자(−)를 내주고 양이온(+)이 되려고 하는 정도를 말한다. 이온화 경향이 큰 금속일수록 공기 중 산소와 결합해 쉽게 산화한다.

순수 리튬은 물, 공기와도 반응할 정도로 폭발 위험이 높아 배터리로 쓰기엔 위험하다. 반면 산화 금속 상태의 리튬은 상당히 안정적이다. 이런 점을 활용해 이차전지 내에서 금속 리튬 대신 다른 금속에 섞은 리튬산화물을 활용한다. 배터리는 음극, 양극, 전해액, 분리막으로 구성된다. 리튬이온이 음극으로 가는 과정이 충전이고, 양극으로 돌아오는 과정이 방전이다. 분리막은 양극과 음극이 접촉해 단락(합선, short)으로 화재가 발생할 수 있는 걸 막는다. 분리막에는 리튬이온만 오갈 수 있는 미세한 구멍이 뚫려 있다. 리튬배터리는 보통 열폭주라는 현상을 통해 폭발한다. 음극에서는 약 70~90℃에서 발열반응이 발생하기 시작하고, 양극에서는 130~150℃에서 발생한다. 이때 적절하게 냉각되지 않으면 온도가 지속적으로 상승하면서 열에너지 발생 속도도 증가해 폭주하게 된다. 열폭주가 발생하면 분리막이 녹아 내부 단락이 발생할 수 있는데 이렇게 되면 화재가 발생한다.

열폭주는 설계 오류, 제조 결함, 운영상 부주의, 오남용 등 다양한 원인으로 배터리 셀에 스트레스가 가해지면 시작하게 된다. 또 음극과 양극을 손상시키는 과전압이나 음극 표면에 리튬 금속이 나뭇가지 모양으로 들러붙는 덴드라이트(dendrite, 리튬 결정체가 뾰족한 돌기 모양을 닮았다 하여, 수상돌기를 뜻한다)가 생기는 과방전 등으로도 발생할 수 있다. 다양한 원인으로 단락이 발생하고, 내부 온도관리가 안 돼 일정 온도 이상 올라가면, 분리막이 손상되고 불이 붙게 된다. 이때 리튬은 물과의 반응성도 높아 물을 뿌리면 불이 더 격렬해지기도 한다.

분리막은 양극과 음극의 접촉을 차단하는 역할을 한다. 배터리의 내부 결함이나 외부 충격에 의해 분리막이 손상되면 양극과 음극은 직접 접촉하게 된다. 이 경우 배터리가 단락되어 충전된 에너지를 순식간에 방출하여 많은 열이 발생하고, 열에 의해 전해액이 열분화되어 오프 가스(off-gas, 오프 가스는 일반적으로 공정(工程)이나 사용중에 배출되는 기체이다)가 발생한다. 한편 전해액으로 가장 많이 사용되는 DMC(Dimethyl Carbonate, 디메틸 카보네이트, 탄산디메틸 : 용해성이 우수하여 벤젠, 자일렌, 톨루엔 등의 유해한 유기용매를 대체 할 수 있는 친환경 화학물질로 화학 산업에서 중요물질로 각광받고 있다), DEC(Diethyl Carbonate, 디에틸 카보네이트, 탄산디에틸 : 탄산과 에탄올의 에스테르이다. 실온에서 디에틸 카보네이트는 인화점이 낮은 무색 액체로 리튬 배터리의 전해질 성분으로 사용된다)는 인화점이 각각 18℃, 25℃로 인화성 위험물이다. 일단 오프 가스(off-gas)가 방출되면 인화성 가스이므로 배터리 온도는 급격하게 상승한다. 온도의 상승은 더 많은 오프 가스를 방출시켜 열폭주를 일으키고, 배터리의 내부 압력이 증가하여 셀이 폭발하게 된다. 셀 하나의 폭발은 인접한 배터리를 가열한다. 배터리의 온도가 일정 수준 이상으로 높아지면 분리막이 녹아내리거나 전해액이 열분해되어 마찬가지로 열폭주가 발생한다. 화재가 급격히 확산되므로 대형 배터리팩에서 일단 화재가 발생하고 나면 아주 초기가 아닌 이상 사실상 진화할 방법이 없게 된다. 화재가 진화되더라도 파손된 배터리에 남아있는 내부 에너지에 의해 언제든지 재발화가 가능한 상태가 된다.

그러나 배터리 열폭주 현상이 생기면 화재 직전까지 전압, 온도변화는 없다.

① 리튬이온 배터리(LIB)

가열폭주 온도(188℃→527℃, 발열, 발화), 과충전 열폭주 온도(110℃→317℃, 발열, 발화), 송곳 관통(발열, 발화)

② 리튬인산철(LFP) 배터리

가열폭주 온도(186℃→267℃, 발열), 과충전 열폭주 온도(109℃→179℃, 발열), 송곳 관통(발열, 발화 없음)

그림 3.2는 리튬이온 배터리에서 열폭주가 진행하는 순서를 나타낸다.

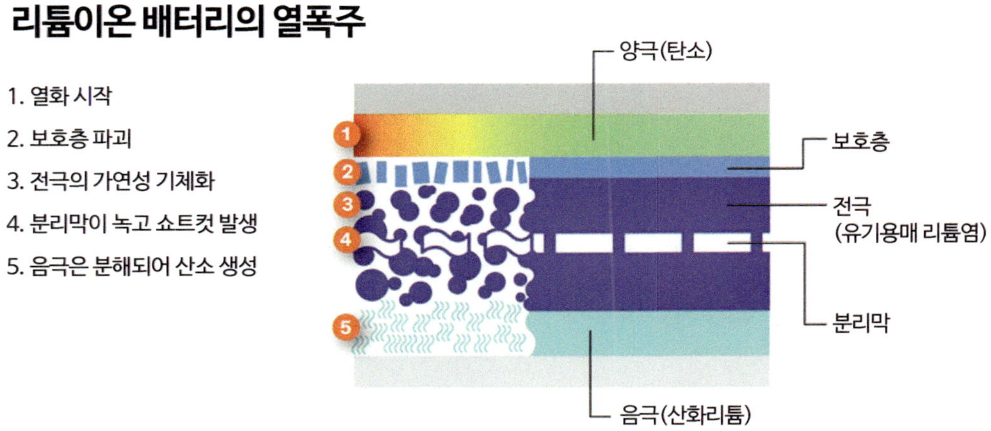

그림 3.2 리튬이온 배터리에서 열폭주가 진행하는 순서

2) 배터리 화재 대처 방안

배터리 자체를 안전하게 설계하는 것도 중요하지만 수많은 배터리 셀의 온도, 충전 상태, 전압 등을 감시·관리하는 역할을 하는 BMS(Battery Management System, 배터리 관리 시스템) 등이 중요하다. 이 밖에도 내부 압력이 가해졌을 때 가스가 발생해 분리막을 손상시킬 수 있기 때문에 이상 상황이 되면 가스를 분출하는 가스배출 장치(vent)가 있다.

배터리 위 작은 구멍이 평상 시에는 닫혀 있다가 이상 상황이 되면 열린다. 배터리에 문제가 생기면 배터리 내부와 외부의 회로를 격리시키는 과충전 방지장치(OSD, Overcharge Safety Device, 배터리 이상 상황 발생 시 배터리 외부와 내부 간 연결돼 있던 에너지 흐름을 단절하는 화재 위험을 방지하는 장치이다), 특정 전류가 흐르면 회로를 끊는 단락 차단 장치(fuse)도 있다. 이 밖에 LS일렉트릭은 최적의 설정 온도(실온 25℃)를 기준으로 모니터링을 하고, 이상 징후를 보이는 40℃ 직전부터 '알람', '위험' 경고를 하는 시스템을 개발했다. 비상 시 운영시스템을 강제로 정지하거나 냉방·공조 시스템을 가동해 화재와 배터리 손상을 예방한다.

삼성SDI는 배터리 셀에서 화재가 발생할 경우 다른 셀로 번지는 걸 막기 위한 신개념

열 확산 차단재를 부착한다. LG화학은 분리막 표면을 세라믹 소재로 얇게 코팅해 안전성과 성능을 대폭 향상한 안전성 강화 분리막(SRS, Safety Reinforced Separator®) 특허기술을 보유하고 있다. 독일계 특수화학사 랑세스(Lanxess)와 같은 화학 회사는 배터리 팩에 화재가 나면 외부로 옮겨 붙는 걸 막기 위한 난연재를 개발하기도 한다.

(3) 화재 시 배터리 구성부품에 포함된 유해물질

리튬 배터리의 기본적인 위험은 리튬 금속의 사용으로부터 파생되는 위험 가능성에 있다. 리튬은 반응성이 높으며, 격렬한 자기촉매반응을 가지는 특성이 있다. 리튬은 181℃의 비교적 낮은 녹는점을 가지고 있으며, 녹은 리튬은 배터리의 통제 불능 상태를 초래할 수 있다. 예를 들어, 기술적인 결함으로 인해 온도가 리튬금속의 녹는점 이상까지 상승된다면, 리튬과 전해질 사이에서 폭발반응이 일어날 수 있다.

리튬과 관련된 또 다른 위험은 물과 접촉에 의해 발생한다. 이 경우에 물분자(H_2O)는 알칼리 금속의 강한 반응성으로 인해 각 원소로 분해가 되며, 수소가스가 형성된다. 수소-공기 혼합물의 폭발범위는 4~75vol.%로 발화 위험성이 높으며, 점화 에너지가 매우 낮은 정전기나 전기 스파크도 수소폭발의 점화원이 될 수가 있다.

물과의 접촉으로 인한 또 다른 위험은 전극 전위 및 배터리 단자 사이의 직류전류 때문에 발생된다. 전극 내부가 물에 접촉될 가능성이 거의 없다 하더라도, 배터리 단자 사이의 전압으로 인해 물이 생성될 수 있다. 이로 인해 수소가스가 발생되고 수소폭발로 이어지는 위험이 존재한다.

리튬 셀은 가스가 새지 않도록 봉인되고 있으며, 포함된 물질이 누출되지 않도록 만들어진다. 그러나 셀 표면의 기계적 손상 또는 화재로 인해 먼지, 가스, 액체 등의 독성 및 인화성 물질이 누출될 수 있다. 이차전지에는 코발트, 니켈, 망간 등의 산화물이 사용되며, 화재 시 발생된 연기속에는 산화물로부터 생성된 유해물질 및 독성물질이 포함되어 있다. 코발트 화합물의 경우 25mg의 적은양이 피부에 노출되더라도 종양, 심장, 신장이 손상될 수 있다. 니켈 화합물은 폐암, 상부 호흡기 기관 장애와 관련이 있다.

일반적으로 전해질은 가연성 유기용제의 혼합물로 구성되어 있으며, 누출 시 공기와 결합하여 폭발 혼합물을 형성할 수 있다. 전해질에 포함된 불소(F) 또는 인(P)은 화재 시 독성가스로 방출된다. 이러한 독성 가스는 사람에게 피부 및 호흡기 질환을 일으킬 수 있다.

(4) 화재하중

리튬 배터리에 사용되는 원료 및 구성요소들은 높은 화재하중을 가지고 있으며, 화재 시 많은 열에너지를 방출한다. 또한 양극은 높은 온도에서 지속적으로 분해되면서, 열을 발생한다. 이 과정에서 산소가 방출되며, 산소는 다른 반응을 가속화시키는데 기여한다.

(5) 기계적 손상

만약 배터리가 기계적 손상을 입었다면, 배터리는 내부 단락현상이 발생되고 화재로 이어질 위험성을 갖고 있다. 생산과정에서의 실수 및 낙하, 충돌 등과 같은 물리적 충격, 지나친 압력으로 인해 배터리 외관이 손상될 수 있다.

(6) 보조 열응력

화재 시 발생되는 열복사로 인해 리튬 배터리 구성 부품들이 녹을 수 있으며, 이는 단락 현상으로 이어지고 화재를 초래할 수 있다.

(7) 과충전

만약 리튬 배터리가 과충전 상태이면, 리튬금속은 음극으로 이동하게 된다. 음극물질은 산화작용으로 안정성을 잃게 된다. 산화과정에서 온도가 급속도로 증가되어 화재로 이어지거나, 폭발적인 방전반응이 일어날 수 있다.

충전은 양극 결정에서 리튬이온이 탈리되어 음극 결정에 삽입되는 과정이다. 양극재로는 리튬금속산화물이 사용된다. 리튬금속산화물의 결정구조가 유지되기 위해서는 당연히 리튬이 필요하고, 양극에서 필요 이상으로 리튬이 탈리되면 양극의 결정구조가 파괴되어 배터리 용량이 손실될 수 있다.

또한 과도하게 탈리된 리튬이 음극에 더이상 삽입되지 못하여 전해질에서 리튬 농도가 높아지면 덴드라이트라고 하는 뾰족한 나뭇가지 구조의 석출물이 생성된다. 덴드라이트는 분리막에 천공을 만들어 열폭주를 일으킬 수 있다.

그림 3.3은 리튬이온 배터리의 충방전 원리와 과정을 보여준다.

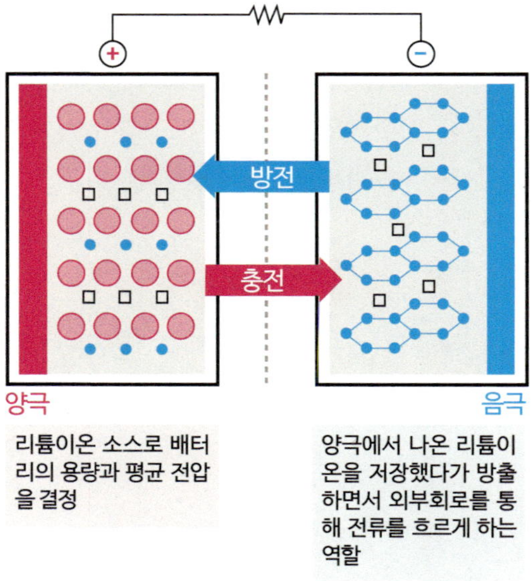

그림 3.3 리튬이온 배터리의 충방전 원리

(8) 과방전

과방전 시에도 마찬가지로 덴드라이트가 형성될 수 있다. 배터리의 음극은 충전되면서 부피가 증가하는데, 이 과정에서 과방전 시 생긴 덴드라이트가 분리막을 관통할 수 있다.

(9) 과열

배터리에 과부하가 걸리거나 외부의 열에 의해 배터리가 과열되면 분리막이 용융되어 배터리가 단락될 수 있다.

(10) BSA 시스템 불량

BSA(Battery System Assembly, 배터리시스템) 시스템 불량으로 인한 결로나 누수현상이 발생하여 배터리 셀을 냉각시켜야 하는 냉각수가 제대로 돌지 않는다든가, 냉각수에 의해 셀들이 쇼트(short, 합선 · 단락)되는 경우가 발생한다.

BSA는 배터리가 전기차에서 안전하고 효율적으로 작동할 수 있도록 배터리팩에 전장품과 BMS(배터리관리시스템)등을 합친 완제품을 의미한다. 고용량, 고효율 BSA 시스템은 배터리를 사용하는 전동화 차량의 품질과 성능을 좌우하는 핵심부품이다.

(11) 설치작업자 부주의

배터리 공정 과정에서도 간혹 발생하는데, 배터리 자체가 물리적 충격에 의해 내부 분리막이 손상되어, 운행 중에 나가 충·방전 사이클을 반복하는 경우, 내부 쇼트로 열이 발생하게 되는 경우(case)가 생긴다.

(12) BMS 결함 혹은 보호장치 누락

배터리팩 단위 EV(Electric Vehicle, 전기차) 혹은 ESS(Energy Storage System, 에너지 저장장치)에서 발생할 수 있을법한 문제인데 배터리를 제어하는 BMS가 제대로 동작하지 못해 과충전·과방전을 막지 못하여, 제어 실패로 셀이 가열되어 화재가 생기는 경우이다. 보통, 이런 경우는 자기보정 모드(fail safe mode)를 통해 조기 진단(diagnosis)을 하고, 고전압 배터리의 메인 플러그를 끊어버린다. 보호장치 누락은 비슷한 맥락인데, 시동을 걸고 메인 릴레이가 붙고(on) 바로 전류를 흘려주게 되면, 서지 전류(surge current, 회로에 순간적으로 가해지는 큰 전류를 뜻한다)라고 해서 순간적으로 큰 전류가 흘렀다가(마치 화학의 활성화 에너지처럼) 점차 전류가 안정화된다. 이 때의 서지 전류(surge current)를 막아주기 위한 적절한 저항이나 보호회로가 없다면 배터리 셀이 순간적으로 과전류 유입이 되어 내부 쇼트가 나버리는 경우도 있다.

자기보정 모드(fail safe mode)

여기서 페일(fail)의 의미는 기계가 잘 작동하지 않는 것 즉, 고장에 한정해서 사용한다. 그리고 페일 세이프(fail safe)란 기계가 고장났을 경우, 그대로 폭주해서 사고 및 재해로 연결되는 일이 없이 안전을 확보하는 장치를 의미한다. 즉, 고장이 발생했을 때 사고나 재해를 예방하도록 안전 확보를 하는 장치 또는 기구이다. 따라서 자기보정 모드(fail safe mode)는 차량 주행 중 차량 일부에 결함 또는 고장이 발생했을 때 다른 안전장치가 작동하여 결정적인 사고나 파괴를 예방하는 방식(mode, 모드)인 것이다.

02 보호 대책

모래 또는 분말 소화약제가 일반적인 금속화재용 소화약제로 사용된다. 그러나 이러한 약제들은 산소를 차단하여 소화시킬 뿐, 냉각효과가 없기 때문에 배터리 내부에서 방출된 열에너지를 효과적으로 진압할 수 없다. 또한 모래가 제거될 경우 산소가 다시 연소를 도와 격렬한 폭발 반응이 발생할 수도 있다. 그러므로 높은 열에너지를 방출하는 화재에서 모래와 분말 소화약제는 초기의 작은 화재에만 진압할 수 있다. 대체 소화약제인 물은 화재 초기 단계에서 사용될 수 있다.

물의 효과적인 열 차단 능력은 열에너지를 방출하는 배터리 화재 소화약제로 어느 정도 적응성을 갖고 있으나, 소화약제인 물은 리튬금속과 반응하여 수소가스를 발생시키며, 이는 수소폭발 반응을 일으킬 수 있다. 그러므로 효과적인 손실방지를 위해 입증된 다른 보호대책 등을 리튬 배터리 화재에 적용해야 한다.

사진 3.1은 현재 주로 사용하고 있는 전기차의 배터리 부위까지를 수조의 물에 담금으로써 배터리로 인한 전기차 화재를 진화하는 수조침수(액침) 냉각방법(냉각소화)을 보여준다.

사진 3.1 **전기차의 수조침수(액침) 냉각방법(냉각소화)**

다음 기사를 인용해 보면,

"배터리 온도 낮추는 초기 대응에서 갈려 … 소화수조 등 활용", 체계적 매뉴얼은 아직 없어 … "데이터 누적 부족"

최근 잇따라 발생한 전기차 화재를 진화하는 데 걸린 시간이 4배가량 차이가 나 그 이유에 관심이 쏠린다.

소방 당국은 전기차 배터리의 온도를 이른 시간 안에 낮추는 '냉각소화'가 중요하다고 설명했다.

24일 대구 · 경북소방안전본부 등에 따르면 이날 오전 1시 8분께 경북 경주시 율동 한 펜션 앞에 주차된 코나 전기차에서 불이 나 30여분 만에 꺼졌다.

통상 일반 자동차 화재 진압 시간이 30분 정도임을 고려하면 이른 시간에 진화한 것으로 볼 수 있다.

경북소방본부는 배터리 온도를 낮추는 '냉각소화'가 초기에 잘 이루어졌다고 보고 있다.

소방본부 관계자는 "영상으로만 봤을 때 출동한 소방대원들이 소화 용수를 뿌려 냉각소화를 초기에 잘 한 것으로 보인다"고 설명했다.

전기차 화재는 배터리 열폭주로 발생한다.

전기차 배터리는 셀 수백개가 모여 한 팩을 이루는데 한 셀에서 열폭주가 시작되면 다른 셀로 불이 옮겨 붙으며 연쇄적으로 열폭주가 일어난다.

그 만큼 냉각소화가 중요한 이유다.

2023년 4월 23일 대구시 달서구 아파트 지상 주차장에서 난 쉐보레 전기차 화재의 경우 진화에 2시간여가 걸린 이유도 소방대원들이 초기 냉각소화에 어려움을 겪었기 때문이다.

달서소방서 관계자는 "질식 소화포(전기차 전체를 덮어서 소화하는 방법)를 사용하고 전기차 밑으로 소화 용수를 뿌렸지만 (냉각소화가) 잘 안됐다"고 말했다.

소방대원들은 수조를 설치해 배터리 높이까지 물을 채워 화재를 진압하는 '소화수조'를 통해 결국 불을 끌 수 있었다.

이처럼 전기차 화재는 상황에 따라 완전히 불을 끄기까지 시간이 제각각이지만 그에 맞는 체계적인 매뉴얼이 아직 없는 실정이다.

한 소방 관계자는 "아직 전기차 화재 데이터가 체계적인 매뉴얼을 만들 만큼 충분히 쌓이지 않았다"고 말했다.

(출처 : 연합뉴스, "전기차 화재, 진화시간 제각각 이유는 … 초기 냉각소화 중요", 2023. 04. 24)

(1) 구조적 대책

화재위험을 수반하는 물질로부터 생산시설과 저장장소를 보호하기 위해서 공간과 구조 분리는 효과적인 손실방지 대책으로 입증되었다. 이러한 점에서, 기본적으로 리튬 배터리를 다루고 저장하는 것은 내화구조에 의해 구획된 장소 또는 적절한 안전거리가 확보되는 곳에서 이루어져야 한다. 90분의 내화성능을 가진 방화벽으로 구획 및 20m의 안전거리 확보가 국제 표준으로 규정되어 있다.

리튬 배터리의 생산 및 저장 공간의 분리를 통한 화재 보호대책 이외에, 불연성 물질로 만든 카세트나 컨테이너를 이용한 제품의 배치, 혹은 개별 배터리의 캡슐화를 통하여 잠재적 위험을 줄일 수 있다.

만약 기술적으로 개별구역의 구조적 분리가 가능하지 않다면, 화재구역을 포함한 방화구획 및 안전거리 확보와 병행하여 기술적 보호조치를 보강하여 운영하여야 한다.

(2) 조직적 대책

취급 부주의, 작동 오류, 기술적 결함 등에 의한 화재위험 때문에, 조직적 손실방지 대책은 특히 중요한 측면이다. 기본적으로 위험물질을 다루는 직원들의 교육과 구체적인 운영지침이 마련되어야 한다. 터미널 캡(terminal cap)의 사용과 적절한 저장 공간의 선택은 히터와 태양열로부터 복사열을 차단시켜 배터리 터미널 단락 방지 등의 사고를 예방할 수 있다.

(3) 기술적 대책

제조, 생산, 저장 등의 리튬 배터리 셀을 취급하는 모든 장소에는 화재감시 시스템에 의해 감시되어야 한다. 화재감시 시스템은 기기제어반에서 알람이 울릴 수 있도록 알람장치를 설치하고, 종합방재센터에 의해 감시되어야 한다.

(4) 전기 · 전자 보호대책

다양한 종류의 전기적 위험으로 인해, 리튬 배터리는 전기 보호 수단으로 보호회로가 필요하다. 예를 들어 사용자의 취급 부주의 또는 기술적 결함으로 인해 이차전지의 과충전이 발생된다면, 이차전지는 보호회로에 의해 자동적으로 차단될 것이다. 또한 배터리 각 부품들이 녹는 것을 방지하기 위해 셀 온도는 모니터링 되어야 한다. 보호회로는 충전과정에서 셀의 최고 전압을 제한하고, 방전에 의한 초과 전압 강하를 막아야 한다. 리튬 배터리는 전자, 전기적 문제와 관련이 있으며, 보호회로는 결함 없이 작동되어야 한다.

(5) 맺음말

최신 리튬 배터리의 화재 예방대책은 대개 피상적인 경험에 근거한다. 따라서 리튬을 포함한 에너지저장장치 위험성을 평가하고, 효과적인 손실방지를 위한 화재 예방대책을 추천하는 것은 매우 어렵다. 따라서 효과적인 화재 예방대책을 수립하기 위해서는 현장 상황과 동일하게 재현된 화재 시험이 필요하며, 이러한 화재 테스트로부터 얻어진 결과와 경험은 지침서 등으로 발간 배포되고, 위험 전문가들이 쉽게 접근하여 화재 예방 등에 적극적으로 활용할 수 있는 여건조성이 필요하다.

3.3 리튬 배터리의 화재 원인

분리막이 손상되면 양극과 음극의 국부적 단락(short, 합선)이 발생하면서 방전량에 따라 리튬이온 배터리(LIB, Li-ion battery)의 내부 온도를 상승시킨다. 이로 인해 자기 발열(self-heating)이 지속되면서, 과열로 인한 열폭주에 진입하여 가스 분출과 폭발이 발생하고 화재로 이어진다.

따라서 LIB가 열폭주에 도달하면 물 분사 또는 냉각 등의 방법으로 열폭주를 쉽게 중단시킬 수 없다.

그림 3.4는 가장 일반적인 열폭주 과정(most common process of thermal runaway)을 나타낸 것이다. 크게 3가지로 기계적 남용(abuse), 전기적 남용, 열적 남용으로 인해 발생하는 것이다. 각 원인들을 상세히 나타내고 있다. 주요 원인으로는 분리막(separator)의 뚫림, 찢어짐, 붕괴로 나타나는 분리막 파손이 대표적이다.

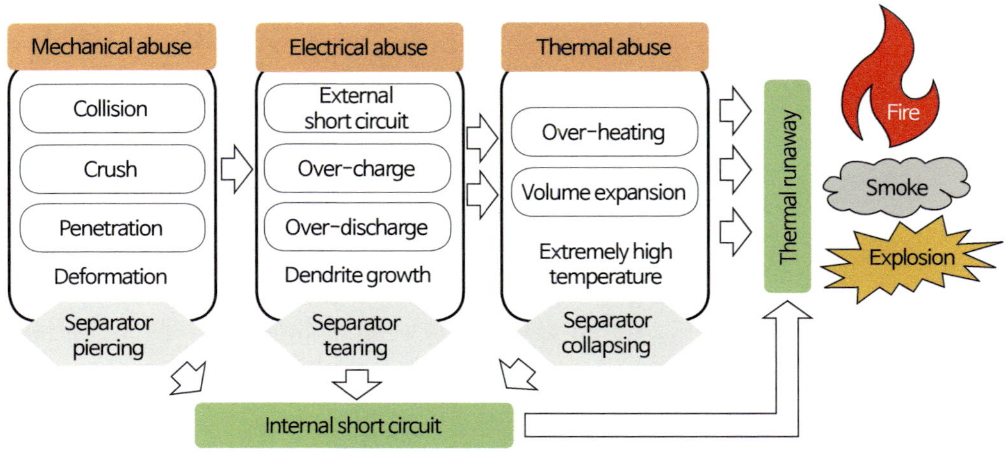

(a) Separator piercing(꿰뚫음) (b) Separator tearing(찢어짐) (c) Separator collapsing(붕괴)

그림 3.4 **열폭주를 일으키는 기계적 · 전기적 · 열적 남용의 요인**

리튬이온 셀은 작은 부피에 많은 양의 에너지를 담을 수 있도록 설계되었으며, 큰 고장이 발생하면 이 에너지가 빠르게 방출된다. 단독으로 보면 극적인 사건이지만, 고에너지밀도의 전기차 배터리가 빽빽하게 들어찬 환경에서 발생하면 한 셀의 고장으로 인해 주변 셀의 고장이 연속으로 일어나 화재가 발생하고 배터리시스템 전체가 파괴되는 경우도 많다. 이 현상을 열전파(heat propagation, 열전이)라고 한다.

리튬이온 전지는 내부 구성요소의 분해와 수소 및 기타 탄화수소와 같은 가스를 방출한 후 점화되어 발열 반응을 일으키는 화학물질로 인해 열폭주 경향이 있다. 배터리 하우징(housing)과 배선도 점화되어 더 많은 열이 발생하여 열전파로 인해 더 많은 셀이 고장날 수 있는 것이다.

그림 3.5에서 보여주는 바와 같이 온도가 증가함에 따라 리튬이온 전지의 다양한 요소가 어떻게 작동하여 열폭주가 발생하는 지를 나타낸다.

그림 3.6은 LIB 리튬 · 코발트산화물(LCO, Lithium Cobalt Oxide, $LiCoO_2$) 흑연전지의 열폭주 과정의 개략도이다.

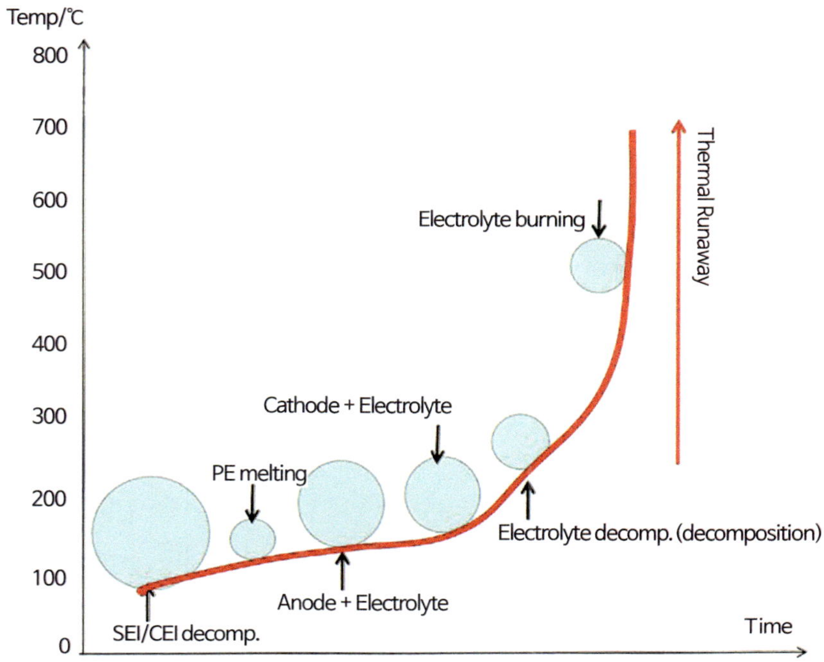

그림 3.5 온도 상승에 따른 열폭주 발생 메커니즘

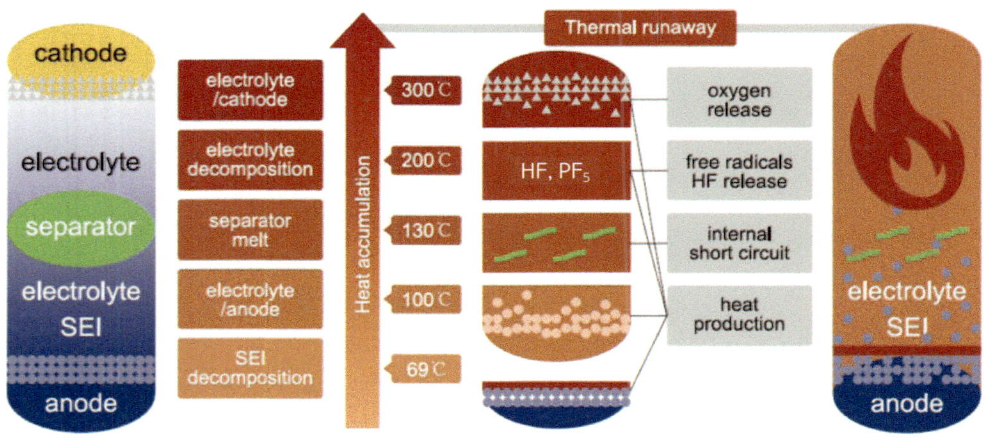

그림 3.6 LCO 흑연전지의 열폭주 개략도

01 이차전지 리튬 배터리 화재 예방

(1) Z스태킹(Stacking, 적층)

배터리의 화재를 줄이는 방법으로 사진 3.2와 같은 분리막의 Z스태킹(stacking, 적층)이 주목받고 있다. 그러나 분리막의 접힘 · 정렬 문제 해결이 관건으로 이는 결국 수율 · 생산성에 있어 문제가 된다.

양 · 음극 사이로 분리막을 지그재그로 적층하는 방법은 분리막 파손(손상)으로 인한 화재 위험성을 차단할 방법 중 하나이다.

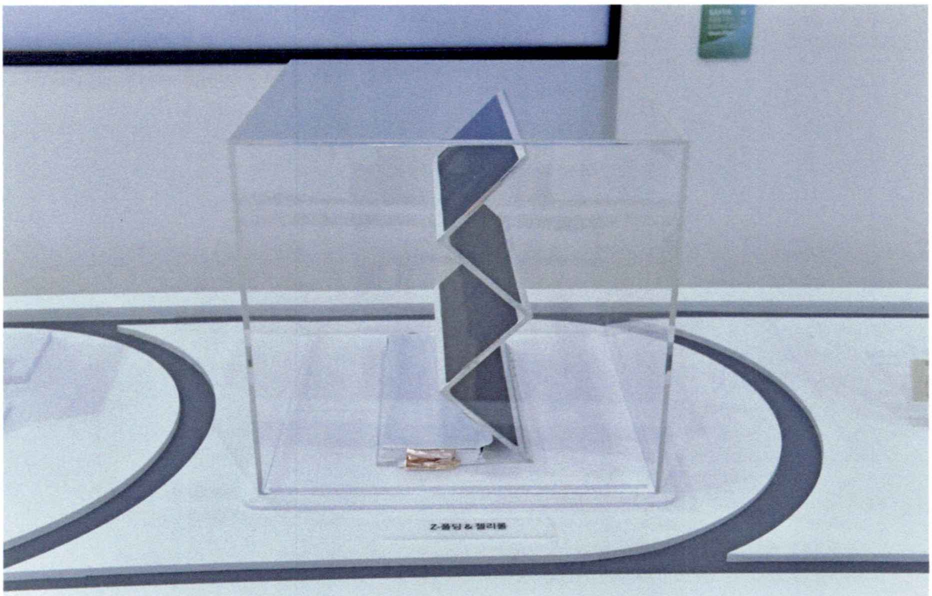

사진 3.2 분리막의 Z스태킹(stacking, 적층)

와인딩(winding) 공법을 채택한 원통형 배터리가 공급력에서 앞선 가운데, 전극을 쌓아 올리는 적층(stacking) 공법이 적용된 파우치형 및 각형 배터리의 생산성이 향후 업계 구도를 좌우할 중대 변수로 평가받고 있는 가운데 안전성이 높은 Z스태킹 공법이 부상하고 있다.

현재 전기차용으로 활용하는 배터리 타입은 원통형, 파우치형, 각형 3종류다.

① 원통형 : 전극이 동그랗게 말려 원통 캔 안에 들어가는 전통적인 형태이다. 생산 속도가 빠르고 화재 위험성이 낮다는 평가를 받는다.

② 파우치형 : 납작하게 적층된 전극을 알루미늄 필름에 포장해 에너지밀도를 극대화한 타입이다.

③ 각형 : 알루미늄 캔 안에 말거나 적층한 전극을 포장한 형태이다.

각 폼팩터(form factor)는 전극을 만들고 충 · 방전을 위한 활성화(화성)를 거치는 제조공정은 같으나, 조립공정에 따라 타입(type, 형 · 형태)이 달라진다.

Z스태킹

화재 위험성을 방지하기 위한 공법으로, 분리막을 자르지 않고 그 사이에 양극 · 음극을 번갈아 적층하는 방식이다. Z스태킹 공법의 특징은 다음과 같다.

① 화재에 대한 안전성
Z형태 분리막 안에 양극과 음극을 넣기 때문에 발화성 물질인 전해액이 주입되더라도 양극 · 음극이 직접 만나지 않아 화재를 방지할 수 있다.
② 수율 제고 및 생산성이 낮아 개선의 요구
화재에는 안전성이 있으나 기존 스태킹 대비로도 낮은 초당 생산량이 걸림돌이다. 타 공법 대비 낮은 수율을 갖는다. 분리막을 자르지 않고 고속으로 양극·음극을 번갈아 적층 하는데, 이 과정에서 분리막이 접히거나 정렬(align)이 엇나가는 등 불량이 발생하기 쉽다.
현재 업계의 Z스태킹 공법 수율 추정치는 약 80%다. 따라서 수율과 생산성 향상이라는 과제가 존재한다.

(2) 리튬 배터리의 화재 예방

① LIB의 폭발이나 화재를 예방하기 위하여 열폭주에 진입하기 전에 LIB의 분리막 손상을 초기에 검출하고 전기적으로 분리시켜 충 · 방전을 정지하는 것이 중요하다.

② 분리막의 양극과 음극의 접촉을 물리적으로 완벽하게 차단한다. 만약 분리막이 손상되어 쇼트(short, 단락) 현상이 일어나면 엄청난 반응성으로 인해 화재나 폭발이 생겨 안전성에 큰 영향을 준다.

③ 리튬이온 이동을 위해 분리막 자체가 이온 전도성이 있거나, 다공성 구조를 통해 이동할 수 있는 통로를 제공해야 한다(다공성 기공 사이에 스펀지처럼 전해질이

쏙 들어가고 전해질을 통해서 이온 이동이 일어난다).

(3) 안전장치 장착

분리막을 보호하기 위한 안전장치로 다음과 같은 장치들이 있다.

① 가스배출장치(Vent)

② 과충전 방지장치(OSD, Overcharge Safety Device)
배터리 이상 상황 발생 시 배터리 외부와 내부 간 연결돼 있던 에너지 흐름을 단절하는 장치다. 내부에 압력이 차면 OSD가 올라와 내부와 외부의 회로를 격리시킨다. 마치 건물에 설치된 방화벽과 같은 역할을 하는 것이다.

③ 단락 차단장치(Fuse)

④ 열확산 차단재 부착(삼성SDI에서 적용하고 있다)

⑤ 안전성 강화 분리막(SRS, Safety Reinforced Separator® : 안전성 강화 분리막)의 공정기술 적용(차별화된 특허기술)

그리고 전기적 단락으로 인한 화재 및 열폭주를 방지하기 위해서는 분리막은 절연체가 되어야 한다.

02 이차전지의 개선설계안

전기 저항에 따른 발열을 최저한으로 줄여 열을 잡고 전기효율을 증대시키는 것이다. 이에 따른 효율적인 방열장치 또는 냉각장치, 냉각시스템이 반드시 필요하다.

또한 화재를 조기 진압할 수 있는 혹은 화재가 발생하지 않게 하거나, 아니면 화재를 초기에 진화 또는 최소화 할 수 있는 기술개발 및 보완이 필요하다.

열폭주로 인한 화재 또는 폭발 시 독성물질 배출 관련 환경문제 대응도 필요하다.

(1) 이차전지의 개선설계안(저항 문제)

최근 이슈가 되었던 상온에서의 초전도체는 현재까지 아직 검증되지 않은 상태이기는 하다. 하지만, 아직 많은 사람들이 초전도체에 기대를 걸고 있는 것 또한 사실이다.

비록 상온에서는 저항이 0이 아닐지라도, 최소한의 저항만을 갖게 된다면, 저항이 거의 0에 가깝기 때문에, 많은 (고)전압과 전류를 필요로 하지 않게 될뿐더러 열을 획기적으로 줄이게 된다. 그로 인하여 화재 위험성 또한 줄일 수 있다. 신소재를 개발하는 것이 향후 이차전지 설계의 가장 큰 핵심이라고 생각된다.

사진 3.3은 자기 부상하는 초전도체 현상의 예를 보여준다.

사진 3.3 **초전도 현상으로 자기 부상**

(2) 이차전지의 개선설계안(화재 예방 1)

전기차의 배터리 화재의 경우 2가지를 생각하고 있는데, 첫 번째로는 대부분의 사람들이 그림 3.7과 같은 AI(Artificial Intelligence, 인공지능) 알고리즘을 통한 자율주행만을 생각하고 있지만, 저자는 자율주행 또한 중요하지만 AI를 통하여, 자동차 내의 BMS 관련 배터리의 화재를 일으키는 기계적 · 전기적 · 열적 남용 등을 수시로 수집 · 점검하여, 문제가 되는 부분을 정확하게 빠르게 진단해주는 것이 매우 중요하다고 생각한다.

우선 배터리 내부의 온도를 수시로 확인할 수 있게 해주는 감지시스템 방법을 시작으로, 이후에는 점진적으로 AI가 차 내의 모든 문제를 확인하고, 사용자에게 알려줄 수 있다면 화재 예방 및 생명 안전에 있어 획기적일 것 같다.

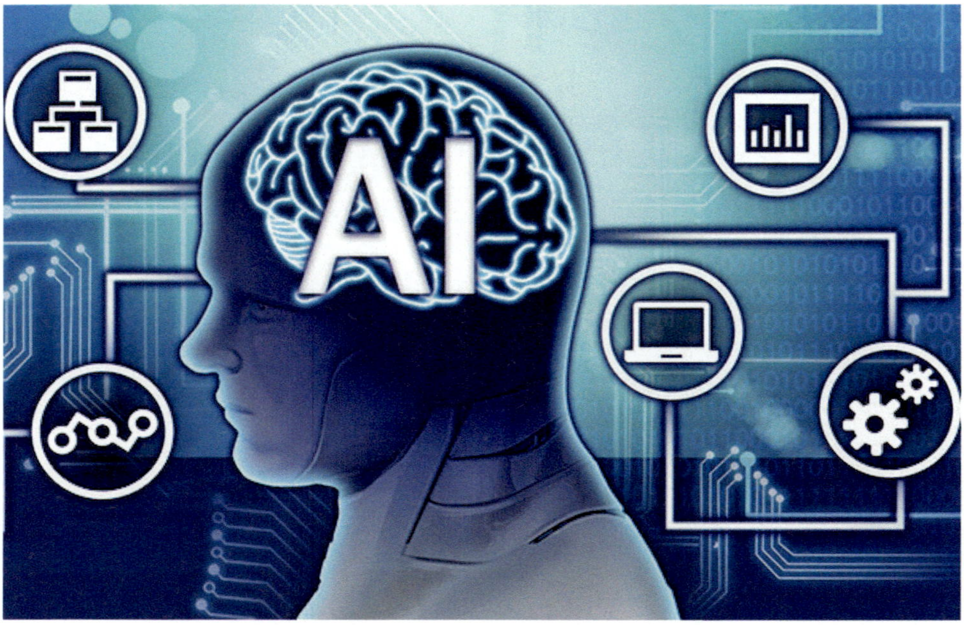

그림 3.7 배터리에 적용하는 배터리 안전감지 AI 알고리즘

(3) 이차전지의 개선설계안(화재 진압 2)

두 번째로는 아무리 과학적으로 전기차 시스템에서 화재가 안나게 한다 할지라도 전기차 주행 중 돌발적 여러 변수(차체의 충격, 충돌, 시스템 오류 등) 등으로 인해 화재가 났을 때의 상황에 대비가 되어야 한다. 이차전지는 한번 불이 붙기 시작하면 계속해서 발열을 하기 때문에 소화가 쉽지 않다. 현재는 냉각수조를 이용해 소화를 하고 있지만, 신속한 대응이 어려운게 사실이다. 따라서 산불 진화를 위해 진화용 헬기 수조탱크에 물을 신속하게 싣도록 지상에 물저장수조를 곳곳에 비치하는 것과 같이 전기차 화재 진화(소화)용 냉각수조(고정식 또는 이동식)를 충전스테이션이 설치된 충전소, 공용 도로와 함께 많은 공공장소 및 아파트 단지 등 공용 장소에 적합한 냉각수조를 배치하는 것이 가장 바람직한 방법이 아닐까 생각한다.

사진 3.4는 전기차 화재진압을 위한 이동식 냉각수조(침수조)의 예이다. 이동식 침수조(이동식 소화수조)는 불이 난 전기차 주변에 틀(방수가 된 테두리)을 울타리처럼 둘러쳐 수조를 만든 다음 그 안에 물을 채워 배터리를 냉각시켜 전기차 배터리 열폭주(thermal runaway)가 일어나지 않도록 하는 장비다.

(a) 튜브 타입

(b) 플라스틱 타입

사진 3.4 **이동식 냉각수조(침수조)**

1) 전기차 배터리의 열폭주 단계(그림 3.8 참조)

① 1단계 : 특정 배터리의 열화

- 전기차 및 ESS 화재 사례를 분석한 결과, 최초 화재는 배터리팩 내부의 특정 배터리에서 발생
- 특정 배터리 열화 원인은 제조 상 결함, 과충전, 외부 전극 간 단락, 외부 충격에 의한 배터리 손상 등

② 2단계 : 오프 가스(off-gas) 배출

- 열화에 의해 배터리 내부 SEI(Solid Electrolyte Interphase, 충 · 방전 시 음극 표면에 생기는 얇은 피막을 뜻한다)가 분해되면서 온도가 증가하고, 리튬이 전해액의 유기용매와 반응하여 가연성 탄화수소가스(오프 가스)가 배출
- 오프 가스에 의해 배터리 내부 압력 상승 및 스웰링(swelling) 현상의 발생

③ 3단계 : 열폭주 발생

- 1, 2단계에서 발생한 열과 가연성 가스에 의해 연소 · 폭발 발생
- 열폭주 과정에서 리튬산화물이 분해하면서 지속적으로 산소 공급

④ 4단계 : 열폭주 전이

- 특정 배터리 열폭주로 발생된 열로 인해 주변 배터리의 온도 상승
- 주변 배터리로 전이되어 연쇄 열폭주 발생

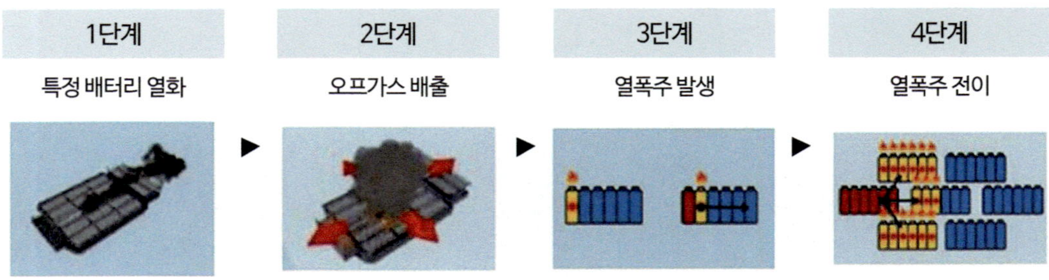

그림 3.8 **전기차 배터리 열폭주 단계**

2) 열폭주의 원인

치명적인 배터리 고장의 파괴적인 특성으로 인해 원인을 추적하는 것이 상대적으로 어렵다. 결과적으로 배터리 및 셀 제조업체는 제품 고장모드의 원인과 동작을 완전히 이

해하기 위해 상세한 테스트 프로그램을 수행하고 있다. 일반적으로 열 폭주 과정을 촉발할 수 있는 네 가지 주요 메커니즘이 있는데 다음과 같다.

① 과충전 : 완속 충전 및 고속 충전 중에 발생
② 단락 : 냉각수 누출, 기계적 고장
③ 과도한 셀 온도 : 냉각시스템 고장, 예상치 못한 상황
④ 물리적 손상 : 도로 교통사고 등

그림 3.9는 최근 연구에서 전기차(EV) 배터리 고장의 가장 일반적인 원인을 분석 · 확인한 결과의 비율(분포)을 나타낸 것이다.

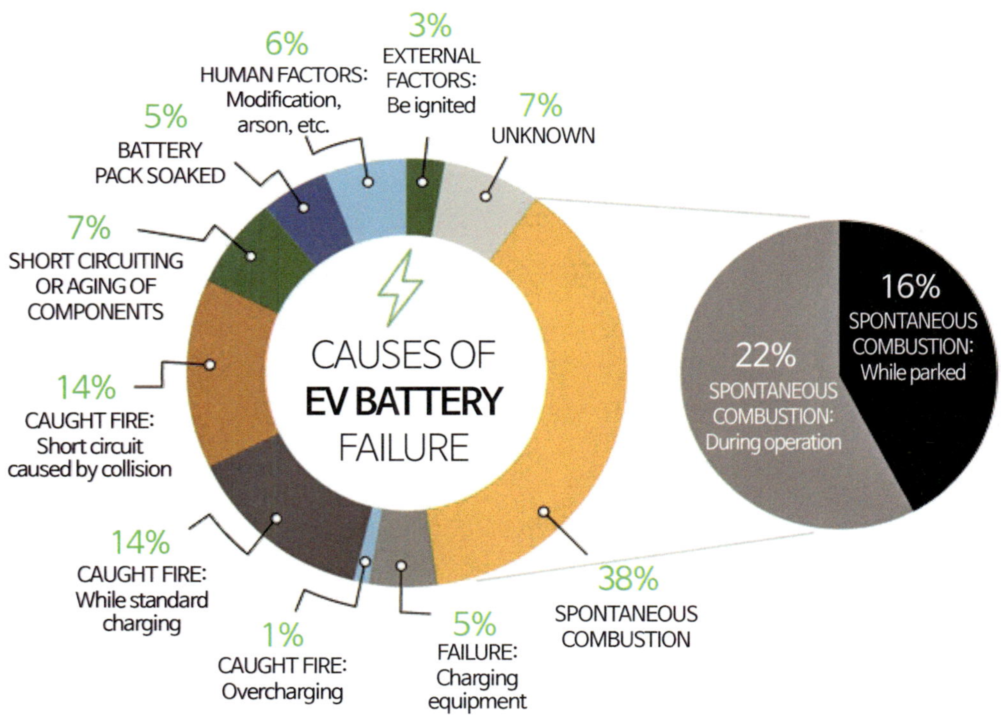

그림 3.9 최근 연구의 EV 배터리 고장의 가장 일반적인 원인들

(4) 이차전지의 개선설계안(독성 및 환경 1)

이차전지를 개발하기 위해서는 니켈, 망간, 코발트, 알루미늄 등 여러가지 화학적 소재들이 들어가고 그 중에는 하이니켈(high Ni)이라 불리는 소재가 단연 가장 많이 들어간다. 수명을 다한 폐배터리의 재사용 또는 재활용에 있어 현재 많은 나라에서 이 분야에 골몰하고 있다. 이는 이차전지 배터리를 오래 사용하면 방전되는 현상으로 인해, 수명이 끝나면 충전을 해도 조금만 충전되는 이유이다. 그렇다고 환경에서 쉽게 산화되거나 부식되지도 않는다.

재활용을 통한 가격이 비싼 희토류를 추출해 자급적 수요를 늘리고 한편으론 환경친화적으로 사용하지 못하는 배터리 부수물(구성요소)을 폐기하는 것이 중요한 이슈이다.

현재로서는 이차전지 리사이클링(recycling, 재활용) 공장에서는 이를 재활용하고 있는데, 그것 또한 중요하지만, 애초에 폐배터리가 되는 것을 가능한 연장시키거나 어떻게든 막는게 가장 중요하다고 생각된다.

(5) 이차전지의 개선설계안(독성 및 환경 2)

이차전지가 방전되는 이유는 전기의 저장 및 방출되는 과정이 반복되면서 흑연의 구조가 바뀌기 때문이다. 흑연 구조의 변형으로 인해 그 만큼 저장할 수 있는 리튬이온의 양이 줄어들기 때문이다. 이를 보완하기 위하여 변형이 적은 실리콘(Si)을 사용하는 다양한 소재가 연구 중이며, 추후 이를 이용한다면 폐배터리 및 재활용 문제도 개선 · 보완되며 향후 또 다른 혁신적 소재로의 기술개발이 이뤄진다면 해결될 것으로 보인다.

1) 화재 예방을 위한 배터리 냉각시스템의 중요성

일반적으로 배터리 관리시스템(BMS)은 배터리가 완전히 충전되면 전류를 차단하지만 해당 시스템에 문제가 발생하면 셀에 에너지가 너무 많아질 때까지 충전을 계속한다. 이러한 시스템은 일반적으로 안정적이지만 때때로는 오류가 발생되고, 실패할 수 있다. 열폭주에 대한 더 나은 이해를 얻으려면 열폭주 현상(event, 이벤트)을 유발하는 다양한 조건에서 배터리를 분석해야 한다. 일반적인 기술은 못 관통 테스트를 사용하는 것이지만, 서비스 중에 이런 일이 발생하는 것은 매우 드물다. 과열로 인해 열폭주가 발생할 가능성이 더 높다고 판단하여 배터리 설계, 개발 및 테스트에 중점을 두고 있는 것이다.

그러면 열폭주 테스트를 어떻게 수행할까?

열폭주 완화로 열폭주 위험을 줄이는 것은 열폭주 발생을 애초에 방지하는 것부터 시작하고, 다른 셀로 확산되지 않도록 억제하는 데 집중하여 팩의 전반적인 손상을 최소화하는 것이다. 따라서 최우선 과제는 먼저 열폭주를 방지한 다음 두 번째로 열폭주를 방지하는 배터리를 설계하는 것이다.

냉각시스템(cooling system)은 주행 및 충전 시, 특히 고속 충전 시 전기차(EV)의 배터리 온도를 제어하는 중요한 방법이다. 이러한 시스템에는 팩에 유전체 냉각수를 채우거나 액체가 들어 있는 금속 방열판(냉각판, heat sink · heat plate)을 셀 위와 아래에 배치하는 작업이 포함될 수 있다. 셀을 최적의 온도 범위 내로 유지함으로써 효율성을 유지할 수 있다. 이는 즉각적인 셀 고장으로 이어질 수 있는 핫스팟(hot spot)의 위험을 최소화할 뿐만 아니라 셀 노화를 줄여 배터리 수명 후반에 작동 온도를 높일 수 있다.

핫스팟(hot spot)은 배터리 내부에서 가장 뜨거운 지점의 온도를 말한다.

예를 들면 그래픽카드에서 간단한 비교를 통해 그래픽카드 온도(즉, GPU 온도)가 어떻게 되는 지를 살펴보면 다음 그림 3.10과 같이 코어(cores) 부위의 좌우 2개소가 빨갛게 표시되어 칩세트 내부에서 가장 뜨거운 지점의 온도임을 확인할 수가 있다. GPU (Graphic processing unit, 그래픽처리장치)는 컴퓨터에서 그래픽 연산을 빠르게 처리하여 결과값을 모니터에 출력하는 연산장치이다.

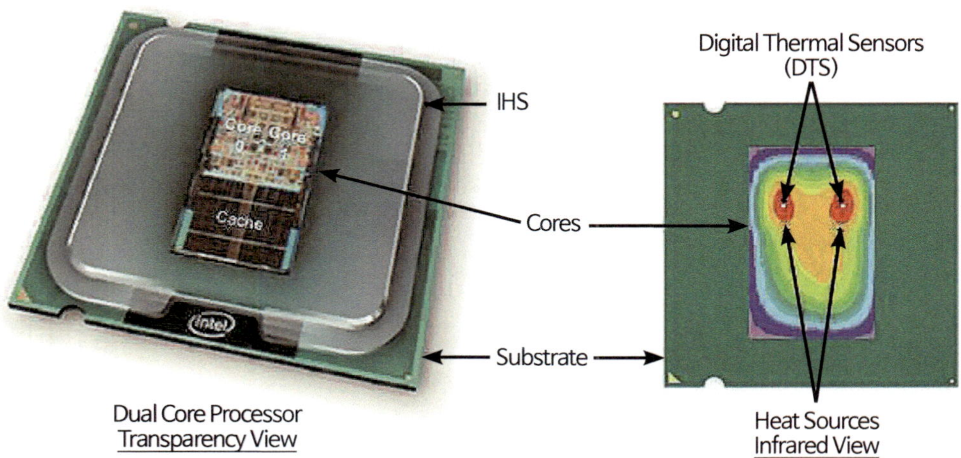

그림 3.10 그래픽카드(GPU, Graphic processing unit : 그래픽처리장치)의 핫스팟 예시

그림 3.11과 같이 CFD(Computational Fluid Dynamics, 전산유동해석) 및 열 시뮬레이션은 배터리팩 냉각시스템의 성능을 최적화하는 데 도움이 되는 유용한 도구이다.

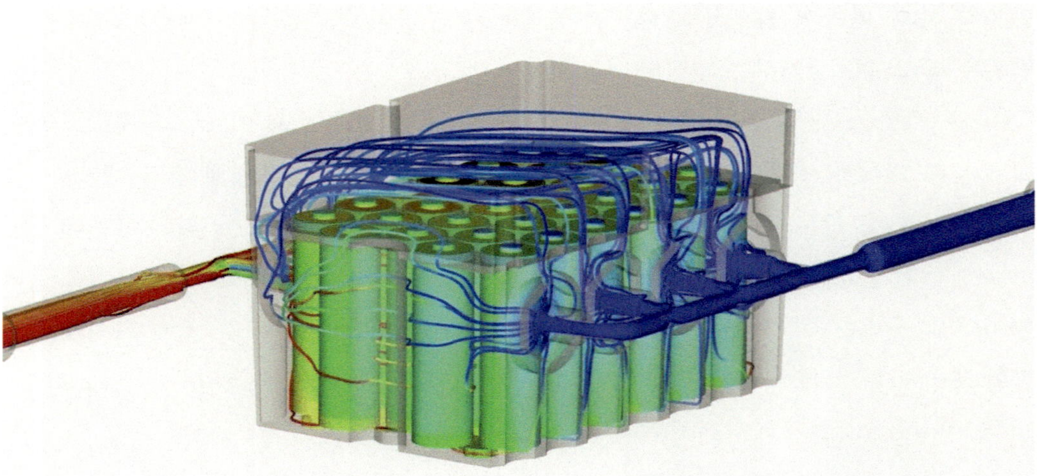

그림 3.11 CFD 및 열 시뮬레이션에 의한 열 유동해석의 예시

예방이 불가능할 경우 열폭주로 인한 에너지 방출을 억제하는 것은 재료 선택에 달려 있다. 에너지 방출은 거의 폭발 수준에 가깝지만 압력은 형성될 수 없으므로 폭연이 발생하고 화염과 함께 용융 금속입자가 배터리 내부의 재료로 직접 분출된다. 이상적으로는 2,000℃(3,632°F)를 견디는 목표를 세웠지만 이를 무한정 견딜 수 있는 물질은 없다. 그래서 적어도 일정 기간에 걸쳐 대처할 수 있는 다양한 자료를 사용하고 있으며, 현재 열경화성 복합재료가 가장 적합한 소재이기도 하다. 열경화성 복합재료는 고온에 대한 저항력을 제공하고 매우 가볍기 때문에 배터리 설계 전반에 걸쳐 이러한 재료(소재)를 활용하고 있다.

3.4 요점 정리(분리막 파손 원인)

01 개요

(1) 이차전지 폼 팩터(Form factor, 형태)

이차전지 폼 팩터에 따른 분리막 형태 및 가공방법, 조립방법, 제조공정은 서로 다르다.

① 원통형(cylindrical type)

② 각형(prismatic type, 직사각형)

③ 파우치(pouch, 작은 주머니/작은 가방)

(2) 분리막 가공방법 및 제작

① winding(권선형)

② lamination(다층구조)

③ stacking(적층형)

④ lamination(다층구조) & stacking(적층형)

⑤ Z-폴딩으로 적층(lamination & stacking, zigzag(지그재그) 방법)

위에서 분리막을 원하는 이차전지(배터리) 폼 팩터(형태)에 맞도록 가공 및 제작 후

(3) 양극판(활물질, 도전재, 바인더 결합)+분리막+음극판활물질, 도전재, 바인더 결합된 일종의 모듈(sub-a'ssy, 서브 어셈블리)로 만든다.

(4) 압출로 만들어진 이차전지 케이스 금속 캔(can) 또는 파우치 케이스에 위 모듈을 삽입한다.

(5) 금속 캔(Al 재질) 또는 파우치 케이스에 전해액을 주입한다.

전해액 주입을 원활하게 하기 위해 파우치 케이스 옆에는 공기 포켓(air pocket, 공기층으로 가스를 채우기 위함이다)이 설치되어 있다.

02 분리막 파손 원인

저자가 그동안 연구하고 분석한 바로는 다음과 같은 복합적인 문제들이 결합되어져 분리막 파손의 원인이 되고 있다.

분리막 파손은 여러 변인에 의해 실금 등 아주 미세크랙(micro crack)의 발생과 성장으로 인해 부분적인 국소 파괴가 일어나 분리막의 기공 파손이 발생한다. 이 때 전해액이 통과하고 전해액의 화학적 반응으로 초기 스웰링(swelling) 등이 계속 진전되어져 과열이 가속되고 140℃ 이상으로 온도가 급속히 올라가면 화재가 발생하기 시작하는 것이다.

그림 3.12는 앞에서 설명한 내용에 대해 저자가 배터리의 화재 발생 원인을 다각도로 분석한 내용을 칠판에 정리한 강의 자료의 예시이다.

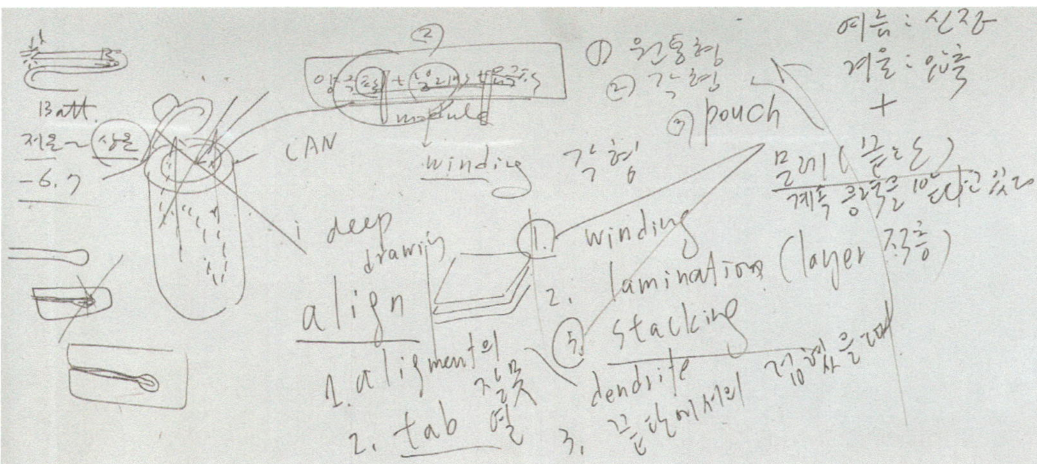

그림 3.12 **저자가 배터리의 화재 발생 원인을 분석한 강의 자료의 예시**

(1) 강도(Strength, 強度)와 강성(Rigidity, 剛性)

분리막 파손 방지를 위한 세라믹 코팅법도 결국은 분리막의 내구성을 향상시키기 위해 분리막 표면에 강도와 강성을 동시에 주기 위해 코팅을 하는 것이다.

여기서 강도(strength)는 절단 또는 파괴를 일으키는 외력에 얼마만큼 잘 견디느냐로 예를 들면 인장강도는 응력-변형률 곡선에 따른다. 강성(rigidity)은 얼마만큼 변형에 잘 견디느냐로 변형에 저항하는 능력을 의미한다. 다시 정리하면 다음과 같다.

1) 강도(strength, failure load)

재료(소재)가 파괴되기까지의 저항으로, 강도는 일반적으로 단위면적 당 힘으로 나타내며 SI 단위로 N/m^2이다.

다시 말해 강도는 외력이 가해졌을때 파괴되는 힘을 말한다. 즉, 단위면적 당 힘으로 표기하는데 응력(stress)이라고 한다.

강도의 종류에는 인장강도(tensile strength), 압축강도(compressive strength), 굽힘강도(bending strength), 비틀림강도(torsional strength) 등이 있다.

2) 강성(rigidity, stiffness)

재료(소재)가 변형에 저항하는 정도이며, 단위길이 당 힘으로 나타내며 SI 단위로는 N/m이다.

즉 같은 재료라도 모양, 길이, 부피 등에 따라서 강성이 달라지게 된다.

어떤 재료가 외력을 받았을때 강성이 약하면 크게 변형되며, 강성이 크면 작게 변형이 발생한다. 예를 들자면 고무줄을 잡아당기면 작은 힘으로도 많은 변형을 발생시킬 수 있으나 스틸 바(steel bar)를 잡아당기면 왠만한 힘으로는 변형이 거의 일어나지 않음을 알 수 있다.

따라서 어느 정도까지 힘을 주었을 때 소성변형이 발생하고 결국은 끊어지거나 부서지느냐는 강도(strength)의 설계이고, 어느 정도 힘을 가했을 때 얼마만큼 휘어지느냐는 강성(rigidity, stiffness)에 관한 설계 영역이다.

강도는 '얼마나 힘을 버티냐'의 정도이고, 강성은 '얼마나 잘 늘어나냐'의 정도로 강도와 강성은 서로 반비례 개념이다.

(2) 분리막의 세라믹 코팅

이차전지 배터리는 계속 전기를 주고 받아야 하는 특성 상 발생하는 운동에너지로 인해 쉽게 열이 날수 있는데, 분리막이 특히 열에 취약하다는 점이다. PE(Polyethylene, 폴리에틸렌) 분리막은 약 130℃ 근처에서 녹기 시작해 기공(pore)이 폐쇄되는 셧다운(shut down) 특성이 있다. 또 150℃ 이상에서는 완전히 용융해 내부 단락을 막지 못하고 붕괴하는 상태에 이른다.

이로 인해서 나오게 된 방식이 코팅방식이다. 코팅(coating)은 세라믹(ceramic)으로 하는 것, 폴리머(polymer)로 하는 것, 컴바인(combine)으로 하는 3가지 종류가 있다. 사례를 들면, LG화학은 분리막 표면에 세라믹 입자와 고분자 바인더를 코팅하는 딥(dip, 담그는) 코팅방식을 적용하는 분리막을 리튬이온 이차전지 배터리에 적용했다. LG화학의 SRS(Safety Reinforced Separator®, 안전성 강화 분리막) 기술의 경우 나노 세라믹 코팅을 적용해 배터리의 내구성과 내열성을 강화하고 이온이 잘 통하는 다공성 폴리올레핀(PO, Polyolefin) 소재로 배터리 내부의 전기적 단락을 감소시켜 준다. 이 기술은 특히 안전 문제가 중요한 전기차용 배터리에서의 경쟁력에 큰 영향을 주고 있다.

PE(폴리에틸렌) 소재는 130℃가 넘어가면 용융되기 시작하여 150℃가 넘어가면 내부 단락을 일으킬 정도로 완전 용융된다. 전기차용 이차전지 분리막은 이러한 문제로 인해서 PP(Polypropylene, 폴리프로필렌)를 사용한 건식분리막이 사용되었으나, 최근에는 PP의 경우에도 안전성이 부각되면서 분리막 표면에 세라믹 입자와 고분자 바인더를 코팅한 제품이 개발된 것이다.

LG화학이 개발한 세라믹 코팅 SRS(Safety Reinforced Separator) 기술이 표준화되었으나, 최근 LG에너지솔루션(LGES)의 배터리 화재 등으로 다른 기업들도 더 나은 기술개발을 현재 진행 중에 있다.

(3) 요점 정리

① 분리막 가공 방법에서 양끝단을 Z폴딩 방법(zigzag) 등으로 접을 시 양끝단에 벤딩을 위한 내경이 없이(분리막 두께가 10~25㎛, 초박막) 접혀져(와인딩, Z 라미네이션 & 스태킹 등) 오래 사용 시 응력집중 및 지속적으로 응력이 작용한다. 보통 정적응력이지만, 특히 외부 충격 시는 배터리에 가해지는 동적응력(변동하중)도 작용된다 → 이때는 정적+동적응력의 가중으로 파손되기 쉽고, 집중응력으로 인해 실금, 크랙의 발생 → 크랙의 성장 및 파손으로 진행된다.

② 배터리를 사용하는 전기차 주행성능(능력) 평가는 1회 충전주행거리의 비교측정이다. 일반적으로 저온 −6.7℃에서 상온 25℃까지의 비교측정이다. 특히 추운 날씨인 저온에서는 전해액이 굳어져 리튬이온의 이동이 둔해지며, 성능이 감소한다.

이를 해결하기 위해 차량 내부에서 발생하는 열을 활용하는 열관리시스템이 사용되지만, 일단 전해액이 굳어지면 분리막이 압축되고, 상온에서는 팽창되어지는(신장 및 압축 변형 · 변위) 즉, 지속적인 떨림(진동)현상으로 분리막에 가해지는 아주 미세한 반복적 동적인 힘이 원인이 되어 파손이 일어날 수도 있다.

참고로 전기차 배터리의 열폭로시험은 극한에서 −20℃~40℃이지만, 더 심한 극한환경에서는 −40℃(시베리아 등 극저 지방에서는 영하 −50℃가 된다)~60℃(중동 등 더운 지역에 모터 및 배터리 등에서 발생하는 열까지 더해져)까지도 시행된다.

③ 충 · 방전 시 분리막 및 기공에 리튬이온의 이동에 의한 초미세한 전기장력의 작용으로 위의 ①, ②에 부하가 계속 작용한다.

④ 분리막의 적층 시 정렬 · 배열(어레이, array)이 정확히 안돼 강도 및 내구성이 떨어진다. 이는 정렬(alignment)이 정확하지 못하기 때문이다.

LG에너지솔루션의 제품은 정확한 정렬(alignment)을 갖고 있지만, 중국산은 정확한 정렬이 안되어 있다.

⑤ 파우치를 비롯한 전극(+), (−)용 전극판(tab, 탭)을 용접 시 용접열에 의한 손상 가능성이 있다.

⑥ 충 · 방전 시 Li 이온의 덴드라이트(dendrite, 뾰족한 수상돌기가 분리막에 쌓여 바늘처럼 된 돌기가 분리막을 찢거나 파손시킴) 현상에 의한 분리막의 찢어짐이나 파손 가능성이 존재한다.

(4) 기타 원인

1) 배터리의 과열

분리막 파손(분리막 면적 대비 분리막의 기공비율은 70%(기공비율이란 분리막 전체 면적 대비 모든 기공을 합친 면적비율이다. 즉 분리막 전체의 70%가 기공이다)와 나머지 부분이 30%를 차지한다 → 전해액이 섞힘으로 화학반응에 의한 열발생 → 압력이 커지고 부피가 커져 순간적 팽창 → 스웰링(swelling) 현상 발생 → 누액(전해액 누설) → 화재 발생 → 열폭주 → 폭발로 이어진다.

참고로 다공성 소재인 분리막 두께가 10~25 μm, 기공 크기는 0.01 μm~0.5 μm(10~500nm) 정도로 매우 작아서 리튬이온(Li^+)이 빠르고 안전하게 이동할 수 있다.

2) 전기배선(cable)의 불량

① 고전압용(60V 이상의) 케이블 사용 안함.

② 절연이 완전하지 않음(불완전) : UL승인 절연케이블(insulation cable) 사용 안함(고가이므로 가격을 줄이기 위해 승인 안된 불량제품의 사용).

③ 고전압 전극용 버스바(busbar) 등을 사용하지 않고 일반 커넥터나 용접으로 사용하며, 이때 용접불량 등이 발생할 가능성이 있다.

3) 배터리의 직렬 및 병렬 연결

배터리 성능과 용량을 맞추고(올리고), 배터리팩 사이즈를 줄이기 위해 예를 들면, 16S20P 등으로 배터리 셀을 어레이(array, matrix에서 row(x 방향)와 column(y 방향)으로, S는 Serial로 직렬, P는 Parallel로 병렬을 의미한다)하고 있다. → BMS가 직렬에서는 과전압 · 과충전을 감지하나, 병렬에서는 불가하다.

4) 전원이 꺼진 후 BMS 감지 문제

주행 중이나 충전 중에는 BMS가 직렬에서는 과충전 · 과방전을 감지하나, 전원을 끈 상태의 주차 중이거나 시동이 꺼져 있는 상태에서는 전원도 오프(off)되어져 BMS가 과충전 · 과방전을 감지하지 못한다. 따라서 이때 분리막 파손 등으로 인한 발열이 지속되어지는 것을 사전에 감지 못하므로 나중에 화재나 폭발로 이어진다. 이 때 열변형에 의한 크리프(creep) 현상도 발생한다.

① 별도의 주차 등 전원이 꺼졌을 때 배터리안전관리를 위한 BMS용 여분(spare, 스페어) 배터리 장착의 필요(main 이차전지+BMS 등의 감지용 2차 spare 배터리).

② 또한 주차 · 정차 중에 배터리로 인한 혹시 화재 발생 예상 시 냉각시스템을 스스로 동작시키도록 한다.

③ 배터리 스웰링 현상(배터리 케이스의 열변형 즉 평탄도 변화) 감지용 센서 동작.

5) 배터리 내부의 냉각시스템의 문제

① 현재 전기차는 냉각시스템이 제대로 작동하지 않거나 냉각효율이 떨어진다.

② 이는 배터리의 전력 소모를 가능한 줄이기 위한 전기차의 조치이다.

따라서 혹시나 모를 기준치를 상회하는 고온 상승, 이상 발열, 스웰링 현상 등에서는 2차 스페어 배터리로 반드시 내부의 냉각시스템이 자동으로 작동되어야 한다.

화재와 폭발로 이어질 수 있는 원인들에 사전 대응조치가 선행돼야 한다.

6) 값싼 비인증 불량 배선 사용

합선(short, 단락) 방지를 위한 배선 최적화(wiring optimization)는 배터리 용량 · 에너지밀도에 맞는 반드시 인증(KC, UL 등)을 받은 최적화된 배선 길이와 배선 폭을 사용해야 하나, 비용을 줄이기 위해 값싼 비인증 불량품(대부분 중국산) 사용 및 이로 인한 불량 발생에 기인한다.

① 최적화된 고전압 · 고출력 배선 작업(wiring)은 60V 이상의 고전압에 의한 전기 흐름에 있어 저항 등에 의한 열발생 등의 최소한의 대책이다.

② 배선 최적화는 가장 기본적인 사항으로 반드시 KC인증을 받은 또한 정격에 맞는 제품을 사용해 어떠한 환경조건 하(온도, 습도, 염수분무 등)에서도 전기 스파크, 단락(합선) 등이 절대로 발생해서는 안된다. 이는 화재의 직접 원인이 되기 때문이다.

참고문헌

1. 이국환, “2차전지공학 개론 - 전기자동차 · 모빌리티 배터리 핵심요소기술”, 구민사, 2024. 5. 20.
2. 이국환, “이차전지 슈퍼커패시터 개론 및 활용”, 진샘미디어, 2024. 7. 15.
3. 이국환, “냉각장치 · 냉각시스템 개발 및 활용”, 구민사, 2023. 3. 10.
4. 박정기 외 공저, “리튬이차전지의 원리 및 응용(PRINCIPLES and APPLICATIONS of LITHIUM SECONDARY BATTERIES)”, 홍릉과 학출판사, 2023. 1. 10.
5. W. A. Schalkwijk, B. Scrosati, Advances in Lithium–Ion Batteries, Kluwer Academic, New York, 2002.
6. LG에너지솔루션 자료
7. 삼성SDI 자료
8. 홍영식, “차세대 2차전지 응용기술”, 한국산업기술지원센터, 2006.
9. 김명환, “에너지변환화학소재 심포지엄”, 한국화학연구원, 2008.
10. H. H. Heimes et al., “BATTERY MODULE AND PACK ASSEMBLY PROCESS”, RWTH AACHEN UNIVERSITY.
11. 현대 오트론, “환경차 제어 및 배터리 관리 제어기”
12. 조선비즈, “파우치형 vs 각형 … LG · 삼성, 배터리 형태 신경전”, 2024. 3. 17.
13. 조선경제, “국내 전기차 ‘전비왕’은 아이오닉6”, B2, 2024. 3. 19.
14. 모터그래프(https://www.motorgraph.com)
15. 현대트랜시스(HYUNDAI TRANSYS) 자료
16. UNCAR, “리튬이온 배터리의 위험과 손실예방”, S+S Report International, 2011년 2월호.
17. CZ, HY, HL, “리튬이온 배터리에서 고체 전해질 간기의 열 안정성 활성화”, 2021.(https://onlinelibrary.wiley.com/doi/10.1002/inf2.12190)
18. LK, “2022년 글로벌 EV 배터리 시장 점유율 : CATL 37%, BYD 13.6%”, CnEVPost, 2023.(https://cnevpost.com)
19. UN GTR No. 22(Addendum 22), “UN Global Technical Regulation on In–vehicle Battery Durability for Electrified Vehicles”, 14 April 2022.
20. LK, 2022. 리튬 이온 파우치 배터리의 제조 품질 평가[온라인]. 전기기계학회지. 출처 : https://iopscience.iop.org/article/10.1149/1945–7111/ac6539/pdf
21. 위키피디아(위키백과, www.wikipedia.org) 검색자료
22. 구글(www.google.com) 검색자료
23. 네이버(www.naver.com) 검색자료

찾아보기

국문

찾아보기

저자소개

이 국 환(李國煥)

한양대학교 정밀기계공학과와 동대학원을 졸업한 후 한국산업기술대학교에서 기계시스템응용설계 관련 박사학위를 받았다. 40년 이상 대우자동차 연구소, LG전자 중앙연구소, 대학교에서 기계시스템 및 부품 · 소재, 전자 · 정보통신, e-모빌리티, 2차전지, 환경 · 에너지, 의료기기 산업 등에서 아주 다양한 융 · 복합기술 분야의 첨단 R&D, 제품개발 및 프로젝트를 수행하였다.

주요 내역은 다음과 같다.

- LG전자 특허발명왕 2년(1992년~1993년) 연속 수상(회사 최초)
- LG그룹 연구개발 우수상 수상(1996년)-국내 최초 및 세계 최소형 · 최경량 PDA(개인휴대정보단말기) 개발로 1996년 한국전자전시회 국무총리상 수상
- 문화관광부선정 과학기술분야 우수학술도서 저술상 3회 수상(1998년, 2001년, 2014년)-국내 최다
- 2021년 제39회 한국과학기술도서상 출판대상 수상(과학기술정보통신부장관상)-"이국환 교수와 함께하는 스마트폰 개발과 설계기술" 시리즈 총 3권
- "중소기업을 위한 지식재산관리 매뉴얼" 자문 및 감수위원(특허청, 대한변리사회)
- LG전자, 삼성전자, 에이스안테나, 만도 등 다수 기업(BM발굴, 개발 및 현업문제해결 컨설팅, 특강)과 현대 · 기아 차세대 자동차 연구소(창의적 문제해결 방법론 교육)
- 삼성전기에서 제품개발 및 설계 직무교육
- 정부출연연구기관, 한국산업단지공단, 중소기업진흥공단, 한국생산성본부, 지자체, 대학교 등에서 창의적 제품개발, 신사업발굴, R&D전략 및 기술사업화(R&BD), 창의적 문제해결 방법론 등 교육 및 강의
- 첨단 제품 및 시스템 관련 미국특허(2건), 중국특허(2건) 및 국내특허 20여개 보유

현재 한국공학대학교에서 기계시스템응용설계, 창의적 공학설계, ICT 제품설계 · 개발 등과 더불어 대학원에서 기술사업화 및 R&D전략, 특허기반의 제품 · 시스템개발 및 기술사업화(IP-R&D, R&BD), 기술경영(MOT) 등을 가르치고 있으며, 정부 R&D 개발사업화 과제 선정 및 평가위원장 등 다수 역할을 수행하고 있다.

또한, 다양한 융 · 복합기술 분야에서 창의적이며 혁신적인 특허 · 지식재산권(PM : Personal Mobility, 전동개인이동수단 관련 다수의 국내 및 미국특허등록, 중국특허등록, 해외특허 PCT 출원)을 보유하고 있으며 이를 활용한 글로벌 혁신적, 창의적이며 차별화된 첨단 제품과 시스템 개발에도 열정을 쏟고 있다.
㈜피엠모터스(www.pmmotors.co.kr) 창업자 겸 원천기술 개발자(30여 편의 국내외 특허 보유)로 과학자, 공학자, 발명가로 활동 중이다.

다음과 같은 전문 분야에서도 활발한 활동을 하고 있다.

- 창의성, 창의적 문제해결의 방법론 및 창의적 개념설계안의 도출 · 구체화
- 혁신적 · 창의적 개념설계(Concept design) R&D 및 연구과제 · 아이템 창출
- 선행 연구개발 및 창의적(Creative) 도전기획과제 발굴 및 창출
- 특허기술의 사업화(Open innovation), 특허분석 및 회피설계
- 제품개발과 기술사업화 전략, 사업아이템 발굴 및 BM(비즈니스 모델) 전략수립
- 제품 · 시스템설계 및 개발공학, 동시공학적 개발(CAD/CAE/CAM), 원가절감(VE) 및 생산성(Q.C.D) 향상
- 기술예측, R&D 평가 등

PROCESS AND MANUFACTURING TECHNOLOGY OF SECONDARY CELL

저서로는 〈이차전지 슈퍼커패시터 개론 및 활용〉, 〈2차전지공학 개론〉, 〈다이슨 '날개없는 선풍기' 선행개념 연구개발〉, 〈플라스틱 제품개발 사례 및 활용〉, 〈냉각장치 · 냉각시스템 개발 및 활용〉, 〈알기쉬운 도면연습〉, 〈알기쉬운 기계제도 도면해석〉, 〈제품 · 서비스 플랫폼 개발전략〉, 〈스마트폰 해석과 개선설계〉, 〈플라스틱 응용과 재활용〉, 〈플라스틱 금형 · 사출성형과 제품설계〉, 〈복합 엔지니어링 플라스틱 및 응용〉, 〈수퍼 엔지니어링 플라스틱 및 응용〉, 〈엔지니어링 플라스틱 및 응용〉, 〈플라스틱 개론과 제품설계〉, 〈설계사례 중심의 기구설계(개정증보판)〉, 〈스마트폰 부품목록과 설계도면〉, 〈스마트폰 개발전략(Development Strategy of Smart Phone)〉, 〈스마트폰 개발과 설계기술〉, 〈최신 제품설계(Advanced Product Design)-ICT 및 융 · 복합 제품개발을 위한〉, 〈4차 산업혁명의 핵심소재, 플라스틱 미래산업에 답하다〉, 〈최신 기계도면 보는 법〉, 〈메커니즘 사전〉, 〈제품설계 · 개발공학〉, 〈제품개발과 기술사업화 전략〉, 〈동시공학기술(Concurrent Engineering & Technology)〉, 〈설계사례 중심의 기구설계〉, 〈2차원 CAD AutoCAD 2023, 2022, 2021, 2020, 2019, 2018, 2017, 2016, 2015, 2014 등〉, 〈3차원 CAD SolidWorks 2015, 2013, 2011 등〉, 〈SolidWorks를 활용한 해석 · CAE〉, 〈3차원 CAD Pro-ENGINEER Wildfire 2.0 등〉, 〈기계도면의 이해 Ⅰ · Ⅱ〉, 〈2D 드로잉 및 3D 모델링 도면 사례집〉, 〈미래창조를 위한 창의성〉, 〈알파고 시대, 신인류 인재 육성 프로젝트〉 등 제품설계 및 개발, R&D, 기술사업화, CAD/CAE, 특허, 창의성, 창의적인 혁신제품의 개발전략 분야 등 상품기획, 제품설계 및 생산에 이르는 전분야 · 전주기에 걸친 총 81권의 관련 저서가 출간되어 있다.

김 재 광(金在光)

경상국립대학교 화학공학과를 학사로 졸업하고 공학연구원에서 연구원으로 재직하며 2005년부터 리튬-황 전지, 리튬인산철 전지를 연구개발하였다. 스웨덴 찰머쉬공대(Chalmers University of Technology)에서 Per Jacobsson 교수님 지도 아래 재료공학으로 박사학위를 받고 찰머쉬공대 응용물리부서에서 박사후 연구원 과정을 수행하였다. 2009년 유럽의 Advanced rechargeable batteries 대형 EU프로젝트에 참여하며 Volvo car, 폭스바겐, KIT 등의 유럽 내 여러 기관과 전고체전지, 유기이차전지 등 차세대 전지 개발들을 공동수행 하였다. 울산과학기술원에서 연구중점 조교수로 근무한 후 현재 청주대학교 에너지융합공학과에 교수로 재직 중이다.

이차전지분야 전문가로 주요 내역은 다음과 같다.

- 2020년~2022년 한국화학공학회 에너지분과 위원으로 활동
- 2017년 에너지 분야 우수성과 선정 교육부장관상 수상
- 2023년 세계 상위 2% 이내 연구자로 선정
- 국제저명학술지(SCI(E)) 120여 편 출판
- 국내/국제 이차전지 기술 특허 20여건 등록/출원
- 2018년~현재 : 충청북도 에너지신산업 자문위원
- 2022년~현재 : 충북 음성군 신성장동력사업 자문위원
- 2023년~현재 : 충북 청주시 정책자문위원
- 2023년~현재 : 충청 지식연구회 이차전지분과 위원장
- 2024년~현재 : 충북 이차전지산업 육성 협의회 운영위원